Eugen Schäfer

Technische Optik

Eugen Schäfer

Technische Optik

Mathematische und Physikalische Grundlagen

Mit 68 Abbildungen, 39 Beispielen und 4 Tabellen

Alle Rechte vorbehalten
© Friedr. Vieweg & Sohn Verlagsgesellschaft mbH, Braunschweig/Wiesbaden, 1997

Der Verlag Vieweg ist ein Unternehmen der Bertelsmann Fachinformation GmbH.

Das Werk einschließlich aller seiner Teile ist urheberrechtlich geschützt. Jede Verwertung außerhalb der engen Grenzen des Urheberrechtsgesetzes ist ohne Zustimmung des Verlags unzulässig und strafbar. Das gilt insbesondere für Vervielfältigungen, Übersetzungen, Mikroverfilmungen und die Einspeicherung und Verarbeitung in elektronischen Systemen.

Umschlaggestaltung: Klaus Birk, Wiesbaden
Technische Redaktion: Hartmut Kühn von Burgsdorff

Gedruckt auf säurefreiem Papier

ISBN 978-3-528-06893-6   ISBN 978-3-322-89783-1 (eBook)
DOI 10.1007/978-3-322-89783-1

Vorwort

Die Einführung der Computertechnik und der elektronischen Datenverarbeitung mit ihren theoretischen und praktischen Problemen in Hard- und Software hat in den Lehrplänen der technischen Fachhochschulen in allen Disziplinen große Veränderungen hervorgerufen.

Insbesondere wurden die Konstruktionsfächer durch die vordringende Datenverarbeitung stark beschnitten. Hinzu kommt, daß sich mechanische Anordnungen in vielen Fällen dank moderner Bauelemente durch elektronische Schaltungen ersetzen lassen. Das war Grund genug, den Vorlesungsstoff wegen der reduzierten Vorlesungszeit und auch im Hinblick auf Diplomarbeiten durch begleitende Manuskripte zu entlasten und zu ergänzen, um einen Qualitätsverlust der Vorlesung zu vermeiden.

Aus einer Begleitschrift des Faches Feinwerktechnik, das mit der Optik eng verbunden ist, ist dieses Buch entstanden, wobei bewußt Schwerpunkte gesetzt wurden.

Hannover, im Mai 1997 *Eugen Schäfer*

Inhaltsverzeichnis

1 Temperaturstrahlung

1.1 Verteilungsgesetze

1.1.1 Kombinatorik

In der Thermodynamik und Festkörperphysik beruhen viele Gesetzmäßigkeiten auf den Regeln der Kombinatorik und Statistik. Es sollen daher einige dieser Regeln aufgeführt werden.

1.1.1.1 Permutationen

Bei der Umordnung der natürlichen Zahlen 1,2,3,4 ... N oder entsprechend nummerierter Elemente in eine andere Reihenfolge ergeben sich

$$P_{\text{perm}} = N! \tag{1.1-1}$$

Möglichkeiten oder Permutationen.

∎ Beispiel 1.1-1 Permutationen

$N = 3 \qquad P_{\text{perm}} = 3! = 6$

Ausgangsmenge	Mögliche Anordnungen der Elemente					
①②③	①②③	①③②	②①③	②③①	③①②	③②①

Enthält die Menge der N Elemente p_1 Elemente einer Art, p_2 gleiche Elemente einer zweiten Art usw. und schließlich p_k Elemente einer k–ten Art, so beträgt die Anzahl der möglichen Anordnungen

$$P_{\text{perm}} = \frac{N!}{p_1! \, p_2! \cdots p_k!} = \frac{N!}{\prod\limits_{i=1}^{i=k} p_i} \, , \qquad p_1 + p_2 + p_3 \cdots = n \, . \tag{1.1-2}$$

∎ Beispiel 1.1-2 Permutationen

$N = 3 \quad p_1 = 1 \quad p_2 = 2 \quad P_{\text{perm}} = \dfrac{3!}{1! \, 2!} = 3$

Ausgangsmenge	Mögliche Anordnungen der Elemente		
①②③	①②②	②①②	②②①

1.1.1.2   Kombinationen

Bei der Kombination von N Elementen in ungeordneten Gruppen (ohne Beachtung der Reihenfolge) zu r Elementen beträgt die Anzahl der Möglichkeiten, wenn keine Wiederholungen zugelassen sind, d.h. wenn dasselbe Element in jeder Kombination nur einmal enthalten sein darf,

$$P_{\text{komb}} = \binom{N}{r} = \frac{N!}{r!(N-r)!} \quad .$$

(1.1–3)

■ Beispiel 1.1–3   Kombinationen

$$N = 3 \quad\quad r = 2 \quad\quad P = \binom{3}{2} = 3$$

Ausgangsmenge	Mögliche Anordnungen der Elemente
①②③	①② ①③ ②③

Wenn Wiederholungen zugelassen sind, d.h. wenn jede Kombination dasselbe Element bis zu r-mal enthalten darf, beträgt die Anzahl der Kombinationen

$$P_{\text{komb}} = \binom{N+r-1}{r} = \frac{(N+r-1)!}{r!(N-1)!} \quad .$$

(1.1–4)

■ Beispiel 1.1–4   Kombinationen

$$N = 3 \quad\quad r = 2 \quad\quad P_{\text{komb}} = \binom{4}{2} = 6$$

Ausgangsmenge	Mögliche Anordnungen der Elemente
①②③	①① ①② ①③ ②② ③③

Wenn keine Wiederholungen zugelassen sind und die Größe der Gruppen variabel ist und von 1, 2, ... bis N anwächst, ergibt sich folgende Anzahl von Kombinationen.

$$P_{\text{komb}} = \binom{N}{1} + \binom{N}{2} + \ldots + \binom{N}{N} = 2^N - 1$$

(1.1–5)

■ Beispiel 1.1–5   Kombinationen

$$N = 3 \quad\quad P_{\text{komb}} = 2^3 - 1 = 7$$

Ausgangsmenge	Mögliche Anordnungen der Elemente
①②③	① ② ③ ①② ①③ ②③ ①②③

1.1.1.3   Variationen

Die Anzahl der möglichen Variationen von N Elementen in geordneten Gruppen (mit Beachtung der Reihenfolge) zu je r Elementen beträgt, wenn keine Wiederholungen zugelassen sind

$$P_{var} = \binom{N}{r} \, r! = \frac{N!}{(N-r)!} \, . \qquad (1.1\text{-}6)$$

■ Beispiel 1.1-6 Variationen

$N = 3 \qquad r = 2 \qquad P_{var} = \dfrac{3!}{1!} = 6$

Ausgangsmenge	Mögliche Anordnungen der Elemente
①②③	①② ①③ ②③ ②① ③① ③②

Werden Wiederholungen zugelassen, ergibt sich die Anzahl der Variationen zu

$$P_{var} = N^{\,r} \, . \qquad (1.1\text{-}7)$$

■ Beispiel 1.1-7 Variationen

$N = 3 \qquad r = 2 \qquad P_{var} = 3^2 = 9$

Ausgangsmenge	Mögliche Anordnungen der Elemente
①②③	①① ①② ①③ ②② ②③ ③③ ②① ③① ③②

1.1.2. Thermodynamisches Verteilungsgesetz

1.1.2.1 Thermodynamische Verteilung

In der Thermodynamik werden Systeme mit molekularer Teilchenstruktur (Gasgemische, flüssige und feste Lösungen usw.) mit Hilfe der Statistik untersucht. Ein Merkmal der unterscheidbaren und durch Wärmeeinwirkung bewegten Teilchen kann z.B. der Aufenthalt in einem Teilvolumen eines Behälters sein. Für die Berechnung der Verteilung P_{Th} der Teilchen in den einzelnen Teilvolumina sind alle Bedingungen und Größen in einem Modell festgelegt.

Dem thermodynamischen Verteilungsgesetz liegt folgendes Modell zugrunde. Ein Kasten ist in n Fächer unterteilt, wobei jeweils ein Fach wieder aus $z_1, z_2, \ldots z_n$ Teilfächern besteht. Die Summe aller Teilfächer beträgt z. In den Kasten werden insgesamt N durch Nummerierung unterscheidbare Kugeln (oder allgemein: Teilchen) eingefüllt, wobei N_1 Kugeln auf das Fach 1, N_2 Kugeln auf das Fach 2 und allgemein N_i Kugeln auf das Fach i fallen bis hin zum Fach n mit N_n Kugeln. Die Teilfächer füllen die Fächer und diese den Kasten vollkommen aus. Alle Teilfächer sind gleich groß. Es wird die Möglichkeit eingeschlossen, daß alle N Kugeln in ein einziges Teilfach eingefüllt werden können. Mit dem thermodynamischen Verteilungsgesetz werden die möglichen Umordnungen oder die Verteilung P_{Th} der nummerierten Kugeln in den Teilfächern berechnet, wenn die Gesamtzahl N der Kugeln, die Aufteilung der Kugeln auf die Fächer $N_1, N_2, \ldots N_n$, die Anzahl n der Fächer und die Anzahl der Teilfächer $z_1, z_2, \ldots z_n$, in die sich die Fächer aufteilen, bekannt sind. Es werden hier nicht die Möglichkeiten untersucht, die sich dadurch ergeben, daß die Aufteilung der N Kugeln auf die n Fächer alle denkbaren Konstellationen durchläuft. Davon wird später noch die Rede sein. Das thermodynamische Verteilungsgesetz untersucht nur eine fest vorgegebene Verteilung der Kugeln auf die einzelnen Fächer. Das thermodynamische Verteilungsgesetz lautet

$$P_{\mathrm{Th}} = N! \prod_{i=1}^{i=n} \frac{z_i^{N_i}}{N_i!} \quad \text{mit} \tag{1.1-8}$$

$$N = \sum_{i=1}^{i=n} N_i \quad \text{und} \tag{1.1-9}$$

$$z = \sum_{i=1}^{i=n} z_i \ . \tag{1.1-10}$$

Im Beispiel 1.1–8 wird in einem Zahlenbeispiel das thermodynamische Verteilungsgesetz mit Hilfe des Kasten-Kugel-Modells angewandt. Durch dieses Beispiel läßt sich die Gleichung (1.1–8) bestätigen.

■ Beispiel 1.1–8   Thermodynamisches Verteilungsgesetz

Gesamtzahl der Kugeln (Teilchen) $N = 3$ Gesamtzahl der Teilfächer $z = 5$
Anzahl der Kugeln in Fach 1 $N_1 = 1$ Anzahl der Kugeln in Fach 2 $N_2 = 2$
Anzahl der Teilfächer in Fach 1 $z_1 = 2$ Anzahl der Teilfächer in Fach 2 $z_2 = 3$
Anzahl der Fächer $n = 2$

Kasten mit $n = 2$ Fächern und $z = 5$ Teilfächer   Vorratsbehälter für $N = 3$
nummerierte Kugeln

Fach 1 mit 2 Teilfächern		Fach 2 mit 3 Teilfächern		
1	2	3	4	5

Bei der einen Kugel im Fach 1 ($N_1 = 1$) kann es sich um die Kugeln ①, ②, oder ③ handeln, wobei diese wiederum im Teilfach 1 oder 2 liegen kann. Die beiden Kugeln in Fach 2 ($N_2 = 2$) können die Kugeln ② und ③ oder ① und ③ oder ① und ② sein, die sich dann wiederum auf die Teilfächer 3, 4, und 5 verteilen (Beispiel 1.2–2). Die Anzahl der Verteilungsmöglichkeiten beträgt

$$P_{\mathrm{Th}} = \frac{3! \, 2^1 \, 3^2}{1! \, 2!} = 54 \ .$$

1.1.2.2   Makro- und Mikrozustände

Man unterscheidet übergeordnete und untergeordnete Makrozustände. Der übergeordnete Makrozustand ist durch die Vielzahl $P_{\mathrm{Th}\,\triangle\,\mathrm{mak}}$ der möglichen Aufteilungen $N_1, N_2, \ldots N_n$ der N Kugeln auf die n Fächer ohne Berüchsichtigung der Teilfächer und der Nummerierung der Kugeln gekennzeichnet. Der untergeordnete Makrozustand benötigt eine der möglichen Gruppierung $N_1, N_2, \ldots N_n$ wie sie der übergeordnete Makrozustand angibt, um für diesen Fall die Anzahl $P_{\mathrm{Th}\,\nabla\,\mathrm{mak}}$ der Umordnungen der nummerierten Kugeln in den n Fächern ohne Berücksichtigung der Teilfächer festlegen zu können.

Der Mikrozustand ist durch die Vielzahl $P_{\mathrm{Th\,mik}}$ der möglichen Umordnungen von nummerierten Kugeln in den Teilfächern gekennzeichnet. Der Mikrozustand benötigt eine der möglichen Gruppierung $N_1, N_2, \ldots N_n$ wie sie der übergeordnete Makrozustand angibt. Die zahlenmäßige Bewertung des Mikrozustandes $P_{\mathrm{Th\,mik}}$ setzt multiplikativ aus den Bewertungen der einzelnen Fächer zusammen.

Das thermodynamische Verteilungsgesetz für eine bestimmte Konstellation N_1, $N_2 \ldots N_n$ der N Kugeln in den n Fächern, d.h. für einen bestimmten übergeordneten Makrozustand, kann man sich multiplikativ zusammengesetzt denken aus der Anzahl der möglichen untergeordneten Makrozustände $P_{\mathrm{Th\,\nabla\,mak}}$, in der nur die Umordnungen in den Fächern mit der ihnen zugeordneten und vorgegebenen Anzahl von Kugeln $N_1, N_2 \ldots N_n$ berücksichtigt werden, wobei die Umordnungen in den Teilfächern keine Beachtung finden, sowie aus der Anzahl der möglichen Mikrozustände $P_{\mathrm{Th\,mik}}$, die die mögliche Anzahl von Umordnungen in den Teilfächern angibt. Das Produkt aus der Anzahl der Makro- und Mikrozustände ergibt dann wiederum die thermodynamische Verteilung.

$$P_{\mathrm{Th\,\nabla\,mak}} = \frac{N!}{\prod_{i=1}^{i=n} N_i!} \tag{1.1--11}$$

$$P_{\mathrm{Th\,mik}} = \prod_{i=1}^{i=n} z_i^{N_i} \tag{1.1--12}$$

$$P_{\mathrm{Th}} = P_{\mathrm{Th\,\nabla\,mak}}\, P_{\mathrm{Th\,mik}} \tag{1.1--13}$$

1.1.2.3 Gesamtheit der Makro- und Mikrozustände

Die Wahrscheinlichkeit eines Verteilungszustandes in unserem Kasten-Kugel-Modell ist von der Anzahl der Möglichkeiten die Gesamtmenge N der Kugeln auf die einzelnen Fächer zu verteilen, d.h. in die Teilmengen $N_1, N_2, \ldots N_n$ aufzuspalten, abhängig. Hier spielt die Nummerierung der Kugeln keine Rolle. Für jede mögliche Konstellation $N_1, N_2 \ldots N_n$ muß das thermodynamische Verteilungsgesetz angewendet werden, wenn über die Wahrscheinlichkeit der einzelnen Zustände eine Aussage gemacht werden soll (Beispiel 1.2--2).

Die Summe der übergeordneten Makrozustände, die sich auf die Verteilung der Kugeln in den einzelnen Fächern bezieht ohne Berücksichtigung der Nummerierung der Kugeln und der Teilfächer beträgt

$$\Sigma P_{\mathrm{Th\,\triangle\,mak}} = \binom{N+n-1}{N} = \frac{(N+n-1)!}{N!\,(n-1)!} \,. \tag{1.1--14}$$

■ **Beispiel 1.1–9   Gesamtheit der übergeordneten Makrozustände**

Gesamtzahl der nicht nummerierten Kugeln (Teilchen) $N = 3$

Kasten mit $n = 2$ Fächern   Vorratsbehälter für $N = 3$ $\boxed{\text{OOO}}$
                                            nicht nummerierte Kugeln

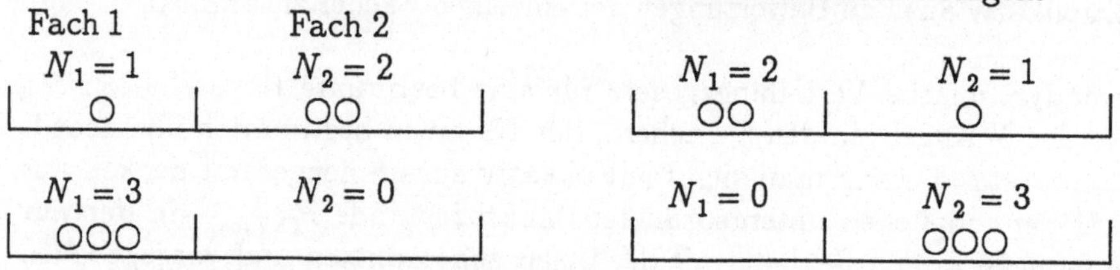

Fach 1	Fach 2
$N_1 = 1$	$N_2 = 2$
O	OO

$N_1 = 2$	$N_2 = 1$
OO	O

$N_1 = 3$	$N_2 = 0$
OOO	

$N_1 = 0$	$N_2 = 3$
	OOO

$$P_{\mathrm{Th}\,\triangle\,\mathrm{mak}} = \frac{4!}{3!\,1!} = 4$$

Wird die Aufteilung der N Kugeln auf die einzelnen Fächer nicht festgelegt sondern soll sie alle möglichen Gruppierungen $N_1, N_2 \ldots N_n$ mit der Bedingung

$$N = \sum_{i=1}^{i=n} N_i \tag{1.1-15}$$

durchlaufen, bleibt außerdem der Einfluß der Teilfächer auf die Aufteilung der Kugeln unberücksichtigt, so kann man die Verteilungsmöglichkeiten, d.h. die Summe aller möglichen untergeordneten Makrozustände $\Sigma P_{\mathrm{Th}\,\nabla\,\mathrm{mak}}$ mit Hilfe der Beziehung

$$\Sigma P_{\mathrm{Th}\,\nabla\,\mathrm{mak}} = n^N \tag{1.1-16}$$

berechnen.

■ **Beispiel 1.1–10   Gesamtheit der untergeordneten Makrozustände**

Gesamtzahl der nummerierten Kugeln (Teilchen) $N = 3$

Kasten mit $n = 2$ Fächern   Vorratsbehälter für $N = 3$ Kugeln $\boxed{①②③}$

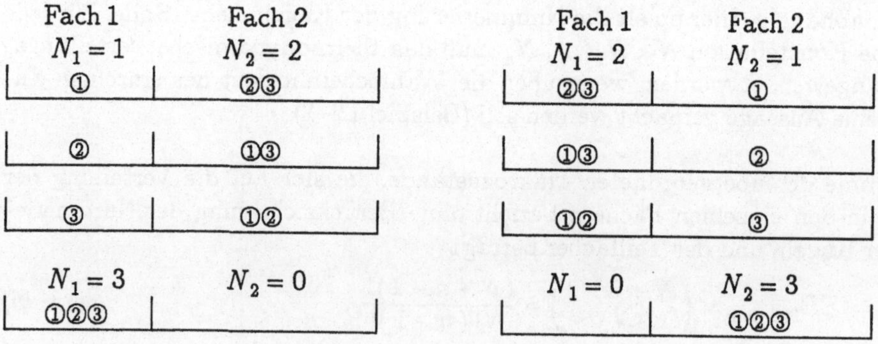

Fach 1	Fach 2
$N_1 = 1$	$N_2 = 2$
①	②③
②	①③
③	①②

Fach 1	Fach 2
$N_1 = 2$	$N_2 = 1$
②③	①
①③	②
①②	③

$N_1 = 3$	$N_2 = 0$
①②③	

$N_1 = 0$	$N_2 = 3$
	①②③

$$\Sigma P_{\mathrm{Th}\,\nabla\,\mathrm{mak}} = 2^3 = 8$$

1.1.2.4 Gesamtheit der thermodynamischen Zustände

Die Gesamtheit aller überhaupt möglichen Umordnungen der Kugeln im Sinne
der thermodynamischen Verteilung, wenn also die Aufteilung der Kugeln N_1, N_2.
.. N_n auf die einzelnen Fächer alle möglichen Umordnungen durchläuft, beträgt

$$\Sigma P_{\mathrm{Th}} = \prod_{i=1}^{i=n} z^{N_i} = z^N \, . \tag{1.1-17}$$

Diese Beziehung ist für die Bestimmung der Wahrscheinlichkeit eines thermodynamischen Zustandes als Bezugsgröße von Bedeutung.

● Beispiel 1.1-11 Gesamtheit der thermodynamischen Zustände

Gesamtzahl der Kugeln (Teilchen) $N = 3$ Gesamtzahl der Teilfächer $z = 5$
Kasten mit $z = 5$ Teilfächern   Vorratsbehälter für $N = 3$

Fach 1 mit	Fach 2 mit		
2 Teilfächern	3 Teilfächern		
1	2	3	4	5

nummerierte Kugeln

①②③

Bei der Ermittlung der Gesamtheit der thermodynamischen Zustände spielt nur
die Gesamtzahl der Teilfächer eine Rolle. Die Anzahl der Fächer bleibt unberücksichtigt.

$$\Sigma P_{\mathrm{Th}} = 5^3 = 125$$

1.1.3 Maxwell-Boltzmannsches Verteilungsgesetz

Im Gegensatz zum thermodynamischen Verteilungsgesetz wird beim Maxwell-
Boltzmannschen Verteilungsgesetz die Nummerierung der Kugeln aufgegeben.
Dadurch wird das Gibbssche Paradoxon [5], das unter bestimmten Umständen
bei einer Entropieberechnung idealer Gase auftreten kann, beseitigt. Die Kugeln
unterscheiden sich nicht mehr. Ansonsten stützt sich das Maxwell-Boltzmannsche Verteilungsgesetz auf das gleiche Modell wie das thermodynamische Verteilungsgesetz.

Die durch den Wegfall der Nummerierung bedingte Nichtunterscheidbarkeit der
Teilchen wird dadurch berücksichtigt, daß die durch das thermodynamische Verteilungsgesetz errechnete Anzahl von Umordnungen noch durch die Anzahl der
möglichen Permutationen P_{perm} (Gleichung (1.1-1)) geteilt wird.

$$P_{\mathrm{MB}} = \frac{P_{\mathrm{Th}}}{P_{\mathrm{perm}}} = \prod_{i=1}^{i=n} \frac{z_i^{N_i}}{N_i!} \tag{1.1-18}$$

Die Gesamtheit aller überhaupt möglichen Umordnungen ΣP_{MB} beträgt

$$\Sigma P_{\mathrm{MB}} = \frac{z^N}{N!} \, . \tag{1.1-19}$$

Die Aufteilung der Kugeln $N_1, N_2 \ldots N_n$ auf die einzelnen Fächer durchläuft hier alle möglichen Umordnungen, deren Anzahl durch die übergeordneten Makrozustände bestimmt wird. Die Gesamtheit der Umordnungen ΣP_{MB} spielt bei der Berechnung der Wahrscheinlichkeit der Maxwell-Boltzmannschen Verteilung eine Rolle.

1.1.4   Bose-Einsteinsches Verteilungsgesetz

Beim Bose-Einsteinschen Verteilungsgesetz liegt ebenfalls Nichtunterscheidbarkeit der Kugeln vor. Ansonsten stützt es sich auf das gleiche Kasten-Kugel-Modell wie das thermodynamische Verteilungsgesetz. Die untergeordneten Makrozustände sowie die Mikrozustände entfallen wegen der Nichtunterscheidbarkeit der Kugeln. Die übergeordneten Makrozustände haben Einfluß auf die Wahrscheinlichkeit der möglichen Verteilungen der Kugeln.

$$P_{BE} = \prod_{i=1}^{i=n} \binom{N_i + z_i - 1}{N_i} = \prod_{i=1}^{i=n} \frac{(N_i + z_i - 1)}{N_i!\,(z_i - 1)!} \tag{1.1-20}$$

Die Gesamtheit aller überhaupt möglichen Umordnungen ΣP_{BE} beträgt

$$\Sigma P_{BE} = \binom{N + z - 1}{N} = \frac{(N + z - 1)!}{N!\,(z - 1)!} \quad . \tag{1.1-21}$$

Die Aufteilung der Kugeln $N_1, N_2 \ldots N_n$ auf die einzelnen Fächer durchläuft hier alle möglichen Umordnungen, deren Anzahl durch die übergeordneten Makrozustände bestimmt wird. Die Gesamtheit der Umordnungen ΣP_{BE} spielt bei der Berechnung der Wahrscheinlichkeit der Maxwell–Boltzmannschen Verteilung eine Rolle.

1.1.5   Fermi-Diracsches Verteilungsgesetz

Beim Fermi-Diracschen Verteilungsgesetz liegt ebenfalls Nichtunterscheidbarkeit der Kugeln vor. Ansonsten stützt es sich auf das gleiche Kasten-Kugel-Modell wie das thermodynamische Verteilungsgesetz mit dem Unterschied, daß hier nur eine Kugel je Teilfach erlaubt ist. Dadurch ist wegen der Bedingung

$$z_i \leqq N_i \tag{1.1-22}$$

die Anzahl der übergeordneten Makrozustände eingeschränkt. Die untergeordneten Makrozustände sowie die Mikrozustände entfallen wegen der Nichtunterscheidbarkeit der Kugeln.

$$P_{FD} = \prod_{i=1}^{i=n} \binom{z_i}{N_i} = \prod_{i=1}^{i=n} \frac{z_i!}{N_i!\,(z_i - N_i)!} \tag{1.1-23}$$

Die Gesamtheit aller überhaupt möglichen Umordnungen ΣP_{FD} beträgt

$$\Sigma P_{FD} = \binom{z}{N} = \frac{z!}{N!\,(z-N)!} \quad .$$

(1.1-24)

Die Aufteilung der Kugeln N_1, $N_2 \ldots N_n$ auf die einzelnen Fächer durchläuft hier alle möglichen Umordnungen, deren Anzahl durch die übergeordneten Makrozustände bestimmt wird. Die Gesamtheit der Umordnungen ΣP_{FD} spielt bei der Berechnung der Wahrscheinlichkeit der Fermi-Diracschen Verteilung eine Rolle.

1.1.6 Allgemeines Verteilungsgesetz

In der Festkörperphysik und in der Optik spielen das Maxwell-Boltzmannsche, das Bose-Einsteinsche und das Fermi-Diracsche Verteilungsgesetz eine besondere Rolle. Sie lassen sich zu einem allgemein formulierten Verteilungsgesetz zusammenfassen.

$$P_{MB} = \prod_{i=1}^{i=n} \frac{z_i^{N_i}}{N_i!}$$

(1.1-25)

$$P_{BE} = \prod_{i=1}^{i=n} \frac{z_i(z_i+1)(z_i+2)\ldots(z_i+N_i-1)}{N_i!}$$

(1.1-26)

$$P_{FD} = \prod_{i=1}^{i=n} \frac{z_i(z_i-1)(z_i-2)\ldots(z_i-N_i+1)}{N_i!}$$

(1.1-27)

Die verallgemeinerte Form des Verteilungsgesetzes lautet

$$P = \prod_{i=1}^{i=n} \frac{z_i(z_i-\delta)(z_i-2\delta)\ldots[z_i-(N_i-1)\delta]}{N_i!} \quad .$$

(1.1-28)

Die speziellen Verteilungsgesetze gehen aus dem allgemeinen Verteilungsgesetz dadurch hervor, daß der Größe δ ein entsprechender Wert zugeordnet wird.

Maxwell-Boltzmannsches Verteilungsgesetz	$\delta = 0$
Bose-Einsteinsches Verteilungsgestz	$\delta = -1$
Fermi-Diracsches Verteilungsgesetz	$\delta = 1$

1.2 Wahrscheinlichkeit

1.2.1 Die Axiome der Wahrscheinlichkeitsrechnung

Zwischen der Anzahl bestimmter Ereignisse, die durch eine gewisse Zufallsvariable gekennzeichnet sind, und der Wahrscheinlichkeit für ihr Eintreten ist wohl zu unterscheiden. Die Zufallsvariablen können diskreter (sprunghafter) oder kontinuierlicher (stetiger) Natur sein.

Für die Berechnung von Wahrscheinlichkeitsproblemen gelten einige Axiome.

1. Relative Häufigkeit
Wenn von der Gesamtzahl N_{ges} von zufälligen Ereignissen N_{int} Ereignisse von besonderen Interesse sind, beträgt die relative Häufigkeit H dieser interessierenden Ereignisse

$$H = \frac{N_{\text{int}}}{N_{\text{ges}}} \; . \tag{1.2-1}$$

$H = 0$ bedeutet z.B., daß das erwartete, interessierende Ereignis nicht eintritt. Ein mit Sicherheit eintretendes Ereignis hat die relative Häufigkeit $H = 1$. Im praktischen Fall schwankt mit wachsender Gesamtzahl gleichartiger Ereignisse die relative Häufigkeit immer weniger um einen bestimmten Wert. Für rechnerische Untersuchungen kommt man nicht umhin, die relative Häufigkeit H als Wahrscheinlichkeit Q zu deuten.

$$H = Q \tag{1.2-2}$$

Wenn z.B. für die Verteilung P nach einem der vier Verteilungsgesetze die entsprechende Wahrscheinlichkeit ermittelt werden soll, muß noch durch die Summe der Verteilungsmöglichkeiten ΣP geteilt werden.

2. Additionsregel
Die Summe der Einzelwahrscheinlichkeiten

$$Q = \sum_{i=1}^{i=n} Q_i \tag{1.2-3}$$

gibt die Gesamtwahrscheinlichkeit an, mit der Fall 1 des ersten Merkmals oder der Fall 2 des zweiten Merkmals oder weitere Fälle bis hin zum n-ten Merkmal eintreten.

3. Multiplikationsregel
Das Produkt der Einzelwahrscheinlichkeiten

$$Q = \prod_{i=1}^{i=n} Q_i \tag{1.2-4}$$

gibt die Gesamtwahrscheinlichkeit an, mit der Fall 1 des ersten Merkmals als auch der Fall 2 des zweiten Merkmals und weitere Fälle bis hin zum n-ten Merkmal eintreten.

4. Sicheres Ereignis
Das sichere Ereignis ist durch

$$Q = 1 \tag{1.2-5}$$

gekennzeichnet.

5. Unmögliches Ereignis
Das unmögliche Ereignis ist durch

$$Q = 0 \qquad (1.2\text{--}6)$$

gekennzeichnet.

6. Wahrscheinlichkeit bei stetigere Zufallsvariablen
Die Wahrscheinlichkeitsfunktion

$$F(x) = \int\limits_{v=-\infty}^{v=x} f(v)\,\mathrm{d}v \qquad (1.2\text{--}7)$$

ist die Stammfunktion oder Integralfunktion der Wahrscheinlichkeitsdichte $f(v)$ mit v als Zufallsvariable und x als deren oberer Grenze.

Die Wahrscheinlichkeit Q für das Eintreten eines bestimmten Ereignisses im Intervall $v = a$ bis $v = b$ beträgt

$$Q(a, b) = \int\limits_{v=a}^{v=b} f(v)\,\mathrm{d}v \; . \qquad (1.2\text{--}8)$$

Die Wahrscheinlichkeit dafür, daß das Merkmal des Ereignisses im Intervall $\mathrm{d}v$ liegt oder daß $\mathrm{d}N$ von N Teilchen das Merkmal v haben, beträgt

$$\mathrm{d}Q = f(v)\,\mathrm{d}v = \frac{\mathrm{d}N}{N} \; , \qquad (1.2\text{--}9)$$

wobei z.B. v die Geschwindigkeit (Ereignis) eines bewegten Teilchens in einem Gas und $\mathrm{d}v$ das Geschwindigkeitsintervall (Merkmal) sein kann, in dem diese Geschwindigkeit liegt.

Bei stetiger Verteilung der Zufallsvariablen ist die Wahrscheinlichkeit dafür, daß die Zufallsvariable einen bestimmten Wert annimmt, gleich Null.

7. Normierung
Die Wahrscheinlichkeit für das Eintreten irgendeines Ereignisses ist gleich 1.

$$\int\limits_{v=-\infty}^{v=+\infty} f(v)\,\mathrm{d}v = 1 \qquad (1.2\text{--}10)$$

Diese Bedingung muß von der Wahrscheinlichkeitsdichte notwendigerweise erfüllt werden. Das Integral erstreckt sich über den Definitionsbereich der Wahrscheinlichkeitsdichte $f(v)$. Andererseits kann jede Funktion $f(v)$, die diese Bedingung erfüllt, als Wahrscheinlichkeitsdichte fungieren. In der Statistik sind viele solcher Funktionen bekannt, z.B. die Wahrscheinlichkeitsdichte der Gaußschen Normalverteilung.

Bei diskreter Verteilung der Zufallsvariablen läßt sich die Wahrscheinlichkeitsfunktion mit den, den entsprechenden Ereignissen zugeordneten Einzelwahrscheinlichkeiten $Q_{-\infty} \dots Q_i \dots Q_{+\infty}$, in folgender Weise berechnen.

$$F(x) = \sum_{i\,=\,-\infty}^{i\,=\,x} Q_i \qquad\qquad (1.2\text{--}11)$$

Bedingung ist, daß die Wahrscheinlichkeitsfunktion für $x = +\infty$ den Wert 1 annimmt.

$$F(\infty) = \sum_{i\,=\,-\infty}^{i\,=\,+\infty} Q_i = 1 \qquad\qquad (1.2\text{--}12)$$

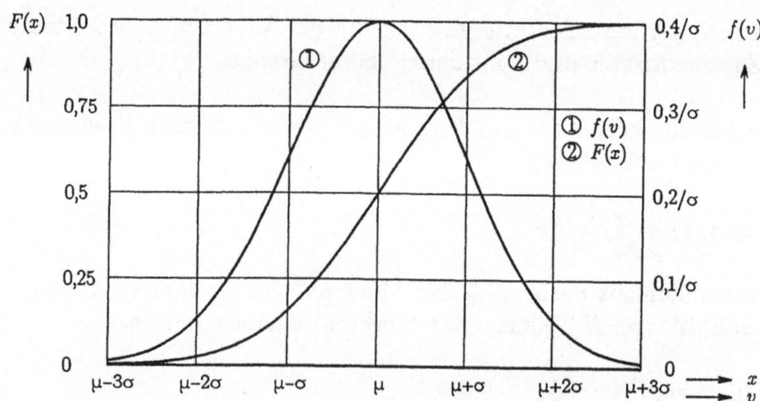

Bild 1.2-1 Gaußsche Normalverteilung
Wahrscheinlichkeitsdichte $f(v)$
Wahrscheinlichkeitsfunktion $F(x)$

■ Beispiel 1.2-1 Wahrscheinlichkeitsdichte der Normalverteilung (Bild 1.2-1)

$$f(v) = \frac{1}{\sqrt{2\pi}\,\sigma}\ \mathrm{e}^{-\frac{1}{2}\frac{(v-a)^2}{\sigma^2}} \qquad \text{(Glockenkurve) [4]}$$

$$F(x) = \int_{v\,=\,-\infty}^{v\,=\,x} f(v)\,\mathrm{d}v$$

a Erwartungswert, Mittelwert (Lage des Maximums und des Symmetriezentrums)
σ Streuung (Abstand der Wendepunkte)

1.2.2   Thermodynamische Wahrscheinlichkeit

In der Thermodynamik werden Systeme mit molekularer Teilchenstruktur, z.B.
Gasgemische, flüssige und feste Lösungen usw., mit Hilfe der Statistik untersucht. Ein Merkmal der bewegten und unterscheidbaren Teilchen kann z.B. der

Aufenthalt in einem Teilvolumen sein. Befinden sich N Teilchen, die durch äußere Wärmeeinwirkung in Bewegung sind, im Gesamtvolumen V eines Behälters, so ist die Wahrscheinlichkeit, daß sowohl N_1 Teilchen mit vorgegebener Nummerierung im Teilvolumen V_1 als auch N_2 Teilchen im Teilvolumen V_2 und allgemein N_i Teilchen im Teilvolumen V_i bis hin zum n-ten Teilchen N_n im Teilvolumen V_n anzutreffen sind

$$Q = v_1^{N_1} v_2^{N_2} \ldots v_n^{N_n} = \prod_{i=1}^{i=n} v_i^{N_i} , \tag{1.2-13}$$

wenn unter v_i der Anteil am Gesamtvolumen V verstanden wird.

$$v_1 = V_1/V , \quad v_2 = V_2/V \quad \ldots \quad v_n = V_n/V \tag{1.2-14}$$

Die Teilchenzahlen N_i setzen sich zur Gesamtzahl N zusammen.

$$N = \sum_{i=1}^{i=n} N_i \tag{1.2-15}$$

Die Teilvolumen V_i setzen sich zum Gesamtvolumen V zusammen.

$$V = \sum_{i=1}^{i=n} V_i \tag{1.2-16}$$

Diese Überlegung fußt auf einem einfacheren Modell als das thermodynamische Verteilungsgesetz. Die Teilvolumen V_1, V_2, $\ldots V_n$, die im Kasten-Kugel-Modell den einzelnen Fächern entsprechen, sind hier nicht weiter unterteilt. Wird nun Fach 1 in z_1, Fach 2 in z_2, Fach i in z_i, schließlich Fach n in z_n Teilfächer eingeteilt, so läßt sich die thermodynamische Wahrscheinlichkeit durch folgende Gleichung berechnen.

$$Q_{Th} = N! \prod_{i=1}^{i=n} \frac{(z_i/z)^{N_i}}{N_i!} \tag{1.2-17}$$

In dieser Beziehung ist z die Gesamtzahl der Teilfächer.

$$z = \sum_{i=1}^{i=n} z_i \tag{1.2-18}$$

Diese Beziehung für die thermodynamische Wahrscheinlichkeit Q_{Th} läßt sich aber auch aus dem thermodynamischen Verteilungsgesetz P_{Th} (Gl. (1.1–8)) und der Gesamtheit der thermodynamischen Verteilungen ΣP_{Th} (Gl. (1.1–17)) ermitteln.

$$Q_{Th} = \frac{P_{Th}}{\Sigma P_{Th}} \tag{1.2-19}$$

1.2.3   Maxwell-Boltzmannsche Wahrscheinlichkeit

Die Maxwell-Boltzmannsche Wahrscheinlichkeit Q_{MB} ergibt sich aus dem Maxwell-Boltzmannschen Verteilungsgesetz P_{MB} (Gl. (1.1–18)) und der Gesamtheit der Maxwell-Boltzmannschen Verteilungen ΣP_{MB} (Gl. (1.1–19)) in der folgenden Weise.

$$Q_{MB} = \frac{P_{MB}}{\Sigma P_{MB}} \tag{1.2-20}$$

1.2.4 Bose-Einsteinsche Wahrscheinlichkeit

Die Bose-Einsteinsche Wahrscheinlichkeit Q_{BE} ergibt sich aus dem Bose-Einsteinschen Verteilungsgesetz P_{BE} (Gl. (1.1–20)) und der Gesamtheit der Bose-Einsteinschen Verteilungen ΣP_{BE} (Gl. (1.1–21)) in der folgenden Weise.

$$Q_{BE} = \frac{P_{BE}}{\Sigma P_{BE}} \tag{1.2–21}$$

1.2.5 Fermi-Diracsche Wahrscheinlichkeit

Die Fermi-Diracsche Wahrscheinlichkeit Q_{FD} ergibt sich aus dem Fermi-Diracschen Verteilungsgesetz (Gl.(1.1–23)) und der Gesamtheit der Fermi-Diracschen Verteilungen ΣP_{FD} (Gl. (1.1–24)) in der folgenden Weise.

$$Q_{FD} = \frac{P_{FD}}{\Sigma P_{FD}} \tag{1.2–22}$$

■ Beispiel 1.2–2 Verteilungsgesetze

Gesamtzahl der Kugeln (Teilchen) $N = 3$ Anzahl der Fächer $n = 2$
Gesamtzahl der Teilfächer $z = 5$ Anzahl der Teilfächer in Fach 1 $z_1 = 2$
          Anzahl der Teilfächer in Fach 2 $z_2 = 3$

Kasten mit $n = 2$ Fächern und $z = 5$ Teilfächer   Vorratsbehälter für $N = 3$
nummerierte Kugeln

Fach 1 mit 2 Teilfächern		Fach 2 mit 3 Teilfächern		
1	2	3	4	5

①②③

Anwendung der vier Verteilungsgesetze P_{Th} (Gl. (1.1–8)), P_{MB} (Gl. (1.1–18)), P_{BE} (Gl. (1.1–20)) und P_{FD} (Gl. (1.1–23))

Makrozust.	1.	2.	3.	4. [1]		
N_1	1	2	3	0		
N_2	2	1	0	3	ΣP	ΣQ
$P_{Th\nabla\,mak}$	3	3	1	1	8 [2]	
$P_{Th\,mik}$	18	12	8	27		
P_{Th}	$3\cdot18 = 54$	$3\cdot12 = 36$	$1\cdot8 = 8$	$1\cdot27 = 27$	125	
Q_{Th}	54/125	36/125	8/125	27/125		1
P_{MB}	9	6	8/6	27/6	125/6	
Q_{MB}	$9\cdot6/125$	$6\cdot6/125$	8/125	27/125		1
P_{BE}	12	9	4	10	35	
Q_{BE}	12/35	9/35	4/35	10/35		1
P_{FD}	6	3	–	1	10	
Q_{FD}	6/10	3/10	–	1/10		1

[1] $\Sigma P_{Th\triangle\,mak} = 4$ (Gl. (1.1–14))   [2] $\Sigma P_{Th\nabla\,mak} = 8$ (Gl. (1.1–11))

Verteilung der Kugeln (Teilchen) für den 1. Makrozustand: $N_1 = 1$ $N_2 = 2$
Kasten mit $n = 2$ Fächern und $z = 5$ Teilfächern   Vorratsbehälter für $N = 3$
nummerierte Kugeln

Fach 1 mit	Fach 2 mit		
2 Teilfächern	3 Teilfächern		
1	2	3	4	5

1.) Thermodynamische Verteilung

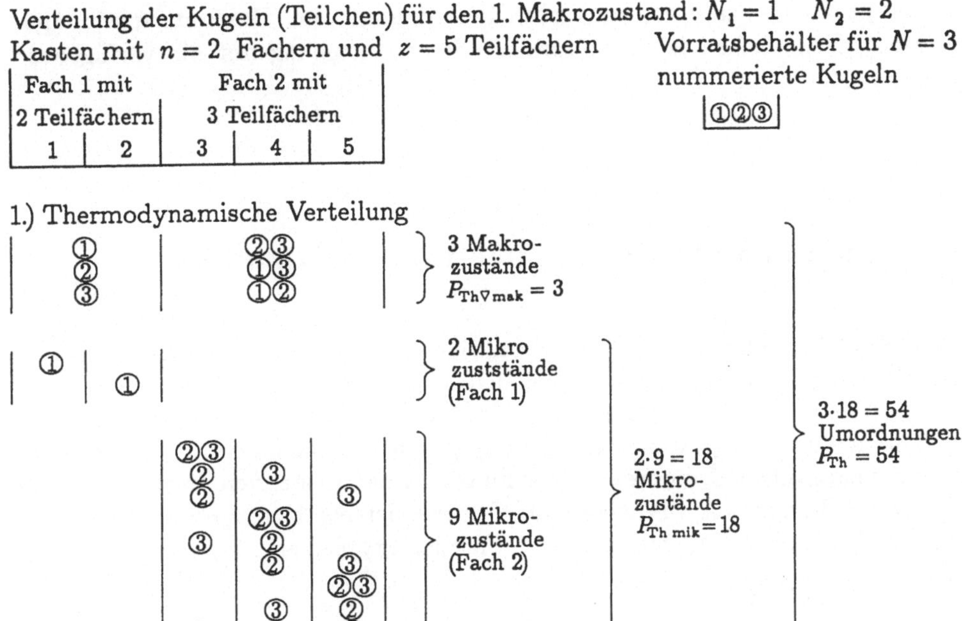

2.) Maxwell-Boltzmannsche Verteilung
Diese Verteilung ergibt sich rein rechnerisch aus der thermodynamischen Verteilung und läßt sich nicht modellmäßig darstellen.

3.) Bose-Einsteinsche Verteilung

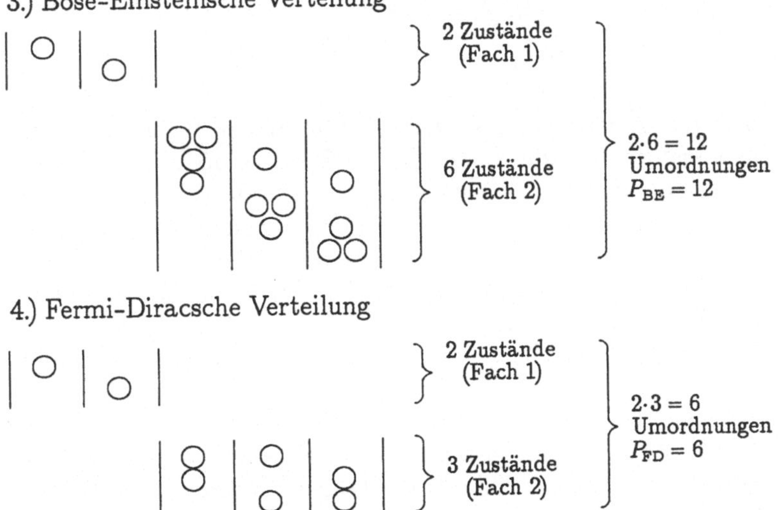

4.) Fermi-Diracsche Verteilung

Welches Verteilungsgesetz auch für ein bestimmtes im Gleichgewicht befindliches Teilchenkollektiv in der Thermodynamik, Physik, Chemie oder Optik zuständig ist, es stellt sich immer die Verteilung mit der größten Wahrscheinlichkeit, d.h.

mit der größten Anzahl von möglichen Umordnungen, ein. Das Unterscheidungs-
merkmal der Teilchen ist beispielsweise deren Verteilung auf die verfügbaren
Energiewerte.

1.3 Fundamentalgleichung der Thermodynamik

In der Festkörperphysik und in der Optik ist die Energie der Teilchen (Elektronen, Photonen, Phononen, α-Teilchen usw.) ein wesentliches Unterscheidungs-
merkmal bei statistischen Untersuchungen. Es lassen sich die Gesetzmäßigkeiten
der Thermodynamik (1. und 2. Hauptsatz) anwenden. Die innere Energie U eines
thermodynamischen Systems ist eine Funktion der extensiven Zustandsgrößen
Entropie S, Volumen V, Teilchenzahl N sowie der elektromagnetischen Eigenschaften der Teilchen, die hier aber unberücksichtigt bleiben.

$$U = U(S,V,N) \tag{1.3--1}$$

Die Änderung einzelner Zustandsgrößen führt zur allgemeinen Zustandsänderung
des Systems, die durch das totale Differential der inneren Energie $\mathrm{d}U$ ausgedrückt werden kann.

$$\mathrm{d}U = T\,\mathrm{d}S - p\,\mathrm{d}V + \mu\,\mathrm{d}N \tag{1.3--2}$$

Die intensiven Zustandsgrößen Temperatur T, Druck p, und chemisches Potential
μ sind die Ableitungen der Fundamentalgleichung U.

$$T = \frac{\partial U}{\partial S}\bigg|_{V,N}\,, \qquad -p = \frac{\partial U}{\partial V}\bigg|_{S,N}\,, \qquad \mu = \frac{\partial U}{\partial N}\bigg|_{S,V} \tag{1.3--3}$$

Im Falle des thermodynamischen Gleichgewichts ist in einem abgeschlossenen
System die Entropie konstant, d.h. die Änderung der Entropie $\mathrm{d}S$ ist gleich Null,
und bei der Entropie S liegt ein Maximum vor. Außerdem herrscht in allen Teilen
des abgeschlossenen Systems die gleiche Temperatur und der gleiche Druck. Auch
das dem System innewohnende chemische Potential, eine Art mittlerer Energie
der Teilchen, ist in allen Teilen des Systems von gleicher Größe. In der Halbleiterphysik entspricht das chemische Potential dem Fermi-Niveau W_{F}. Das Fermi-Niveau stellt auch die Energie der Teilchen beim absoluten Temperaturnullpunkt
dar.

Die thermodynamischen Zustandsgrößen sind nur in abgeschlossenen und im
Gleichgewicht befindlichen Systemen definiert. Wechselwirkungen mit der Umgebung und das Gleichgewicht störende Prozesse, z.B. Energietransport, innerhalb
des Systems müssen abgeschlossen sein. Diese Systeme existieren streng genommen nur im Gedankenexperiment. In der Praxis sind sie nur angenähert realisier-
bar.

Das chemische Potential μ stellt den Widerstand des Systems gegen die Vergrö-
ßerung der Teilchenzahl um den Betrag dN dar. Soll sich das System nach dem
Hinzufügen der Teilchen weiterhin im Gleichgewicht befinden, so müssen die
Teilchen eine bestimmt Energie haben, die der mittleren Energie aller anderen
Teilchen entspricht. Das chemische Potential ist von der Art der Teilchen sowie
deren Dichte und Temperatur abhängig. Die Arbeit δA, die zur Erhöhung der
Teilchenzahl aufgebracht werden muß und um die die innere Energie vergrößert
wird, beträgt

$$\delta A = \mu \, dN \ . \tag{1.3-4}$$

Ein vergleichbarer Vorgang liegt dann vor, wenn eine elektrische Ladung einer
bereits vorhandenen Anzahl von Ladungsträgern hinzugefügt werden soll. Das
Produkt aus der hinzugefügten Ladung und dem elektrischen Potential der vorhandenen Ladungen ergibt die aufzuwendende Energie bei dem Vereinigungsvor-
gang. Während die Änderung der Gesamtenergie dU ein vollständiges Differential darstellt, ist die ausgetauschte Arbeit δA vom Prozeß abhängig, was durch die
besondere Schreibweise des Differentialzeichens „δ" zum Ausdruck gebracht wird.

1.4 Entropie

Die Boltzmann-Beziehung

$$S = k \ln P \qquad \text{k Boltzmann-Konstante} \tag{1.4-1}$$

erlaubt es, die bei dem Kasten-Kugel-Modell gewonnenen Erfahrungen mit der
statistischen Verteilung von Kugeln in Fächern und Teilfächern für die Thermodynamik nutzbar zu machen. Durch sie wird die Statistik mit der Entropie verknüpft.

Folgende Überlegung macht die Boltzmann-Beziehung verständlich. Werden zwei
abgeschlossene und im thermodynamischen Gleichgewicht befindliche Systeme 1
und 2 zu einem einzigen abgeschlossenen System vereinigt, so addieren sich die
beiden Entropien

$$S = S_1 + S_2 \ , \tag{1.4-2}$$

während sich die Verteilungen (Anzahl der Umordnungen) multiplizieren

$$P = P_1 P_2 \tag{1.4-3}$$

Wenn also die Entropie eine Funktion der Anzahl der möglichen Umordnungen
der Teilchen ist, kann es nur die Funktion

$$S \sim \ln P \tag{1.4-4}$$

sein, denn nach den Regeln der Logarithmenrechnung ist

$$\ln(P_1 P_2) = \ln P_1 + \ln P_2 \; . \tag{1.4-5}$$

Um einen Zusammenhang zwischen dem Kasten-Kugel-Modell und einen thermodynamischen System herzustellen, wird folgende Überlegung angestellt. Einem bis zum Zeitpunkt der Manipulation abgeschlossenem System im thermodynamischen Gleichgewicht wird eine i-te Gruppe $\mathrm{d}N_i$ von Teilchen hinzugefügt, deren Energie der mittleren Energie aller Teilchen entspricht, wobei aber das Volumen V (und die Temperatur T) des Systems keine Änderung erfahren soll. Durch die Vergrößerung der Teilchenzahl wird das Gleichgewicht und die Verteilung der Teilchen geringfügig gestört. Mit

$$\mathrm{d}V = 0 \tag{1.4-6}$$

ergibt sich für die Änderung der inneren Energie

$$\mathrm{d}U = T\mathrm{d}S + \mu_i \mathrm{d}N_i \; . \tag{1.4-7}$$

Das chemische Potential μ_i eines Teilchens der zusätzlichen Teilchengruppe $\mathrm{d}N_i$ soll voraussetzungsgemäß dem chemischen Potential des ursprünglichen Systems und damit dessen Fermi-Niveau W_F entsprechen.

$$\mu_i = W_\mathrm{F} \tag{1.4-8}$$

Der Beitrag eines zusätzlichen Teilchens an der inneren Energie beträgt

$$W_i = \frac{\mathrm{d}U}{\mathrm{d}N_i} \; . \tag{1.4-9}$$

Auf eines der zusätzlichen Teilchen entfällt also der Energiebetrag W_i. Wird diese Beziehung in die Fundamentalgleichung eingesetzt, erhält man

$$W_i - W_\mathrm{F} = T \frac{\mathrm{d}S}{\mathrm{d}N_i} \; . \tag{1.4-10}$$

Um diesen Ausdruck auswerten zu können, müssen wir mit Hilfe der Boltzmann-Beziehung auf das Kasten-Kugel-Modell zurückgreifen.

$$\frac{\mathrm{d}S}{\mathrm{d}N_i} = \mathrm{k} \frac{\mathrm{d}\ln P}{\mathrm{d}N_i} \tag{1.4-11}$$

Gegenstand der Untersuchung ist vor wie nach die eingeschleuste i-te Teilchengruppe $\mathrm{d}N_i$, deren Anteil an der inneren Energie mit Hilfe die Entropie bestimmt werden soll. Für die Auswertung der Beziehung ist die Stirlingsche Formel notwendig.

$$\ln N! \approx \left(N + \frac{1}{2}\right) \ln N - N \tag{1.4-12}$$

$$\frac{\mathrm{d}\ln N!}{\mathrm{d}N} \approx \ln N \tag{1.4-13}$$

Mit den Gleichungen (1.1–25), (1.1–26), (1.1–27), (1.4–12) und (1.4–13) ergibt sich

$$\frac{\mathrm{d}\ln P_{\mathrm{MB}}}{\mathrm{d}N_{\mathrm{i}}} = \ln z_{\mathrm{i}} - \ln N_{\mathrm{i}} \tag{1.4-14}$$

$$\frac{\mathrm{d}\ln P_{\mathrm{BE}}}{\mathrm{d}N_{\mathrm{i}}} = \ln(z_{\mathrm{i}} + N_{\mathrm{i}} - 1) - \ln N_{\mathrm{i}} \tag{1.4-15}$$

$$\frac{\mathrm{d}\ln P_{\mathrm{FD}}}{\mathrm{d}N_{\mathrm{i}}} = \ln(z_{\mathrm{i}} - N_{\mathrm{i}} + 1) - \ln N_{\mathrm{i}} \; . \tag{1.4-16}$$

Allgemein kann mit $N_{\mathrm{i}} \gg 1$ gesetzt werden

$$\frac{\mathrm{d}\ln P}{\mathrm{d}N_{\mathrm{i}}} = \ln(z_{\mathrm{i}} - N_{\mathrm{i}}\,\delta) - \ln N_{\mathrm{i}} \; . \tag{1.4-17}$$

$$
\begin{aligned}
\delta &= 0 && \text{(Maxwell-Boltzmann)} \\
\delta &= -1 && \text{(Bose-Einstein)} \\
\delta &= 1 && \text{(Fermi-Dirac)}
\end{aligned}
$$

Aus den Gleichungen (1.4–10), (1.4–11) und (1.4–17) folgt die Beziehung

$$\frac{W_{\mathrm{i}} - W_{\mathrm{F}}}{kT} = \ln \frac{z_{\mathrm{i}} - N_{\mathrm{i}}\delta}{N_{\mathrm{i}}} \; . \tag{1.4-18}$$

1.5 Verteilungsfunktion

Unter der Verteilungsfunktion $f(W_{\mathrm{i}})$ versteht man gemäß des Kasten-Kugel-Modells die Anzahl der Kugeln N_{i} je Fach bezogen auf die Anzahl der Teilfächer z_{i}. Bei kontimuierlicher Verteilung der Energie in konkreten Systemen gibt die Verteilungsfunktion an, welcher Teil N_{i} der verfügbaren und für die Energie W_{i} reservierten Plätze z_{i} von Teilchen mit der Energie W_{i} eingenommen wird. Die Verteilungsfunktion ist eine Funktion der Energie W_{i} und wird auch mit Besetzungswahrscheinlichkeit bezeichnet, obwohl sie streng genommen im Sinne der Gleichung (1.2–1) keine Wahrscheinlichkeit ist.

$$f(W_{\mathrm{i}}) = \frac{N_{\mathrm{i}}}{z_{\mathrm{i}}} \tag{1.5-1}$$

Die Energie W_{i} durchläuft einen zusammenhängenden Bereich und kann als stetige Variable angesehen werden. Das kommt bei den weiteren Gleichungen dadurch zum Ausdruck, daß die Schreibweise geändert und W_{i} durch W ersetzt wird. Mit der abkürzenden Schreibweise

$$\Delta W = W - W_{\mathrm{F}} \tag{1.5-2}$$

erhält man für die Verteilungsfunktion

$$f(W) = \frac{1}{e^{\frac{\Delta W}{kT}} + \delta} \; . \tag{1.5-3}$$

Die Verteilungsfunktionen (Bild 1.5–1) gelten:

bei $\delta = 0$ (Maxwell-Boltzmann) für nicht entartetes, verdünntes Elektronengas
bei $\delta = -1$ (Bose-Einstein) für Phononen, Photonen, α–Teilchen, Teilchen ohne Spin
bei $\delta = 1$ (Fermi-Dirac) für entartetes, dichtes Elektronengas, Elektronen in Me-
tallen, Ersatz durch Maxwell-Boltzmann ($\delta = 0$) bei $W-W_{\mathrm{F}} \gg 3\,\mathrm{k}\,T$

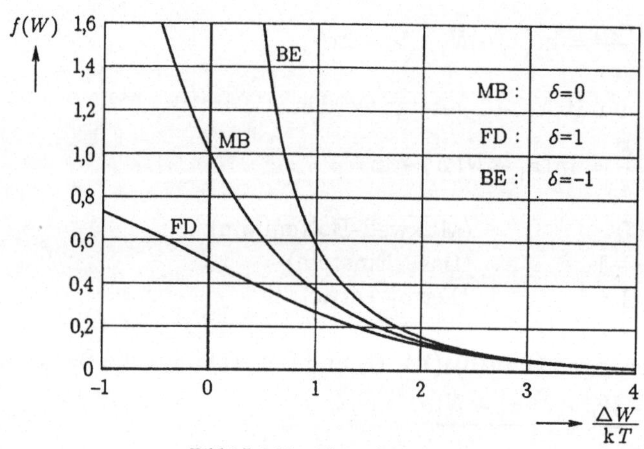

Bild 1.5–1 Verteilungsfunktionen

1.6 Eingeschlossene Hohlraumstrahlung

1.6.1 Verteilung der elektromagnetischen Wellen im lichter-erfüllten Hohlraum

Für die Ermittlung der spektralen Energiedichte $W_{\mathrm{V},\nu} = \mathrm{d}W/\mathrm{d}V\mathrm{d}\nu$ und $W_{\mathrm{V},\lambda} = \mathrm{d}W/\mathrm{d}V\mathrm{d}\lambda$ einer durch Wärme hervorgerufenen elektromagnetischen Strahlung ist neben der Bose-Einsteinschen Verteilungsfunktion $f_{\mathrm{BE}}(W)$ auch die Kenntnis der spektralen, räumlichen Verteilung der Frequenzen $z_{\mathrm{V},\nu}(\nu)$ oder der Wellenlängen $z_{\mathrm{V},\lambda}(\lambda)$ notwendig. Diese Verteilung kennzeichnet den Zustand, in den der Raum durch die Strahlung versetzt wird. Sie wird daher auch Zustandsdichte genannt. In einem lichterfüllten aber sonst vollkommen leeren Hohlraum mit vollkommen reflektierenden Wänden können sich nur stehende Wellen ausbilden, die wiederum aus zwei gegenläufigen Wellen bestehen. Andere Wellen löschen sich durch Interferenz aus. Man kann sich vorstellen, daß diese Wellen von schwingenden Oszillatoren oder Dipolen ausgehen, wobei deren Verteilung gleich der der Wellen ist (Bild 1.6–1).

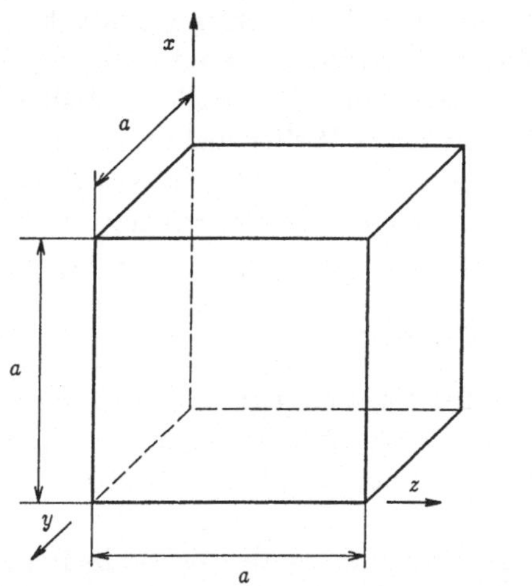

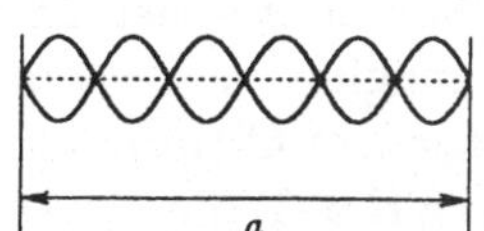

$$n_i \frac{\lambda}{2} = a \quad i = x, y \text{ oder } z$$

$$n_i = 1, 2, 3 \ldots$$

Bild 1.6–1 Lichterfüllter und wärmeisolierter Hohlraum
mit vollkommen reflektierenden Seitenflächen

Die Bedingung für die Ausbildung von stehenden Wellen mit der Wellenlänge λ in einem würfelförmigen Hohlraum mit der Kantenlänge a in Richtung der Koordinatenachsen x, y oder z lautet

$$n_i = \frac{2a}{\lambda} = \frac{2a\nu}{c} \qquad n_i = 1, 2, 3, \ldots \qquad i \,\bigg|\, x \quad y \quad z \qquad c = \lambda\nu \qquad (1.6\text{–}1)$$

Wellenlänge λ, Frequenz ν und Ausbreitungsgeschwindigkeit c des Lichtes bilden im Vakuum die Beziehung $c = \lambda\nu$.

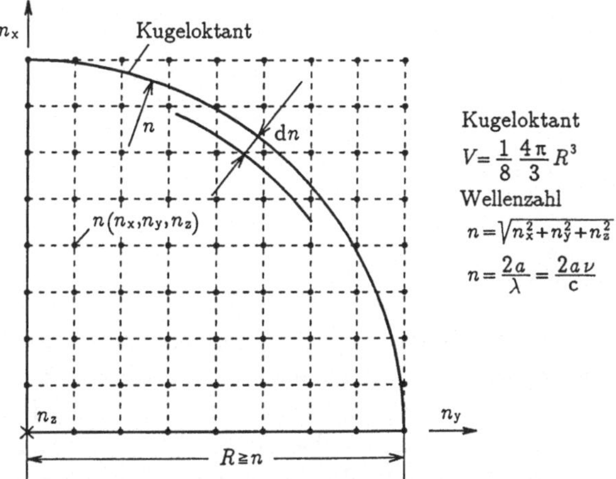

Bild 1.6–2 Verteilung der Wellenlängen im Wellenzustandsraum

Die Zustandsdichte der Strahlung im lichterfüllten Hohlraum mit dem Volumen $V = a^3$ läßt sich mit Hilfe des Wellenzustandsraums ermitteln. Der Wellenzustandsraum ist ein gedankliches Hilfsmittel, um die Anzahl der Wellen im Hohlraum feststellen zu können. Jeder Punkt dieses Wellenzustandsraumes symbolisiert einen möglichen Schwingungszustand im lichterfüllten Hohlraum. Im Bild 1.6–2 ist jedem Gitterpunkt ein Zahlentripel $n(n_x, n_y, n_z)$ zugeordnet, das gemäß Gleichung (1.6–1) die diesem Gitterpunkt zugehörigen Wellenlängen angibt.

$$n = \frac{2a}{\lambda} = \frac{2a\nu}{c} \qquad n = \sqrt{n_x^2 + n_y^2 + n_z^2} \qquad c = \lambda\nu \qquad (1.6\text{–}2)$$

In dem würfelförmigen Hohlraum mit der Kantenlänge a sind so viele Frequenzen oder Wellenlängen anzutreffen wie Gitterpunkte im (n_x, n_y, n_z)-Koordinatensystem innerhalb eines Kugeloktanten mit dem Radius R enthalten sind. Da die den Wellenzustand charakterisierende Zahl n nur positive Werte annehmen kann, wird im Wellenzustandsraum zur Berechnung der Zustandsdichte nur der Kugeloktant, d. h. ein Achtel des dreidimensionalen Raumes, benutzt. Das bedingt in der Beziehung für die Zustandsdichte den Faktor 1/8. Außerdem besteht die stehende Welle aus hin- und rücklaufender Welle. Das bedingt für die Zustandsdichte den Faktor 2.

Die Kugeloberfläche mit dem Radius n im Wellenzustandsraum verbindet Tripelpunkte gleicher Frequenz oder Wellenlänge, wenn nur die Zahl n groß genug gewählt wird. Für die Ermittlung der Anzahl der Schwingungszustände ist das aber keine notwendige Bedingung. Die Anzahl der Schwingungszustände dz in der Kugelschale mit der Dicke dn beträgt unter Beachtung der Beziehung für die Berechnung der Kugeloberfläche $4\pi n^2$

$$dz(n) = 2\,\frac{1}{8}\,4\pi n^2\,dn \;, \qquad\qquad (1.6\text{–}3)$$

$$dz(\nu) = 8\pi\frac{a^3}{c^3}\,\nu^2\,d\nu \;, \qquad\qquad (1.6\text{–}4)$$

$$dz(\lambda) = -\,8\pi a^3\,\frac{d\lambda}{\lambda^4} \;. \qquad\qquad (1.6\text{–}5)$$

Die spektrale räumliche Verteilung der Wellenlängen oder Frequenzen (Zustandsdichte) beträgt bei gleichmäßiger Verteilung der Wellen

$$z_{V,\nu} = \frac{dz(\nu)}{d\nu\,dV} = \frac{8\pi\nu^2}{c^3} \;, \qquad\qquad (1.6\text{–}6)$$

$$z_{V,\lambda} = \frac{dz(\lambda)}{d\lambda\,dV} = \frac{8\pi}{\lambda^4} \;. \qquad\qquad (1.6\text{–}7)$$

Die spektrale Zustandsdichte ist von der Frequenz oder der Wellenlänge der Strahlung abhängig. Je höher die Frequenz oder je kleiner die Wellenlänge ist, umso mehr Wellen können in dem vorgegebenen aufgeheizten Hohlraum mit dem Volumen $V = a^3$ entstehen und als stehende Wellen untergebracht werden. Im Wellenzustandsraum bestimmt der Radius n den zu untersuchenden Frequenz- bzw. Wellenlängenbereich. Ob alle von der Geometrie her möglichen Frequenzen und Wellenlängen auch tatsächlich auftreten bestimmt die Bose-Einsteinsche Verteilungsfunktion.

1.6.2   Energiedichte der Hohlraumstrahlung

Für die spektrale Energiedichte einer Hohlraumstrahlung ergeben sich aus der spektralen, räumlichen Verteilung der Wellenlängen oder Frequenzen, der Bose-Einsteinschen Verteilungsfunktion und der Energie eines Photons $W_{ph} = h\nu$ folgende Beziehungen.

$$W_{V,\nu} = z_{V,\nu}(\nu) \cdot f_{BE}(W) \cdot W_{ph} \tag{1.6-8}$$

$$W_{V,\lambda} = z_{V,\lambda}(\lambda) \cdot f_{BE}(W) \cdot W_{ph} \tag{1.6-9}$$

$$W_{V,\nu} = \frac{8\pi h\nu^3}{c^3} \cdot \frac{1}{e^{\frac{h\nu}{kT}} - 1} \tag{1.6-10}$$

$$W_{V,\lambda} = \frac{8\pi hc}{\lambda^5} \cdot \frac{1}{e^{\frac{hc}{\lambda kT}} - 1} \tag{1.6-11}$$

$$
\begin{aligned}
h &= 6{,}626176 \cdot 10^{-34} \text{ Ws}^2 \qquad && \text{Plancksches Wirkungsquantum} \\
k &= 1{,}380662 \cdot 10^{-23} \text{ Ws/K} \qquad && \text{Boltzmann-Konstante} \\
c &= 2{,}99792458 \cdot 10^{8} \text{ m/s} \qquad && \text{Lichtgeschwindigkeit}
\end{aligned}
$$

Die Energiedichte einer Hohlraumstrahlung ergibt sich durch Integration über den entsprechenden Wellenlängen- oder Frequenzbereich.

$$W_V = \int W_{V,\nu}\, d\nu \tag{1.6-12}$$

$$W_V = \int W_{V,\lambda}\, d\lambda \tag{1.6-13}$$

Die Substitution

$$\xi = \frac{h\nu}{kT} = \frac{hc}{\lambda kT} \quad \text{mit} \quad \frac{d\xi}{d\nu} = \frac{h}{kT} \quad \text{und} \quad \frac{d\xi}{d\lambda} = \frac{hc}{kT\lambda^2}$$

führt zu der Gleichung

$$W_V = \frac{8\pi(kT)^4}{(hc)^3} \int \frac{\xi^3}{e^\xi - 1}\, d\xi \ . \tag{1.6-14}$$

Mit Hilfe der mathematischen Funktionen aus Tabelle 1.8–1 ergibt sich für die maximale spektrale Energiedichte

$$\left(\frac{dW_V}{d\xi}\right)_{max} = \frac{8\pi(kT)^4}{(hc)^3} 1{,}421 = 1{,}655 \cdot 10^{-16} \left(\frac{T}{K}\right)^4 \frac{\text{Ws}}{\text{m}^3} \ . \tag{1.6-15}$$

Das Maximum liegt bei $\xi_{max} = 2{,}821$. Die im gesamten Spektrum erzeugte Energiedichte beträgt (Bild 1.6–3)

$$W_V = \frac{8\pi^5 (kT)^4}{15 (hc)^3} = 7{,}5656 \cdot 10^{-16} \left(\frac{T}{K}\right)^4 \frac{Ws}{m^3} \ . \tag{1.6-16}$$

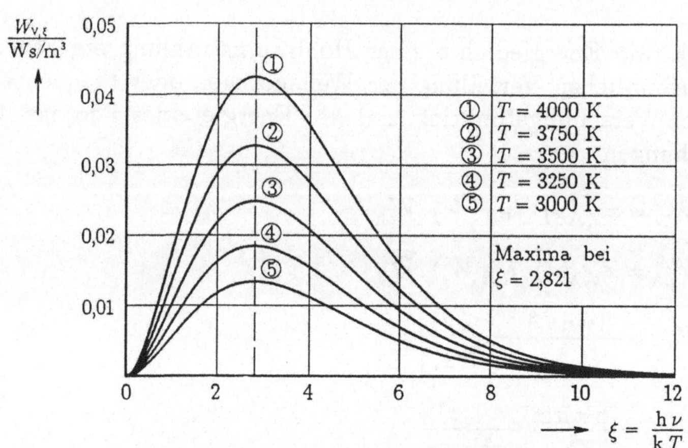

Bild 1.6–3 Energiedichte einer Hohlraumstrahlung

1.7 Emittierende Hohlraumstrahlung

1.7.1 Verteilungsfunktion eines Photonengases

Aus einer Wandöffnung des lichterfüllten Hohlraumes soll nun Energie in Form von Licht austreten (Bild 1.7–1).

Die Öffnung soll relativ klein sein, so daß die Strahlung im Innern des Hohlraums nicht gestört wird und die Temperatur erhalten bleibt. Andernfalls muß Wärmeenergie nachgeliefert werden. Es wird nun angenommen, daß sich die aus der Öffnung des Hohlraums austretenden Teilchen wie ein ideales Gas verhalten und ihre Geschwindigkeitskomponenten v_i gemäß Gleichung (1.5–3) mit

$$\Delta W = m v_i^2 / 2 \tag{1.7-1}$$

der Maxwell-Boltzmannschen Verteilungsfunktion $(\delta = 0)$ $f_{MB}(v_i)$ gehorchen, wobei m die Masse eines Teilchens ist.

$$f_{MB}(v_i) = e^{-\frac{m v_i^2}{2kT}} \qquad \begin{array}{c|ccc} i & x & y & z \\ \hline v_i & v_x & v_y & v_z \end{array} \tag{1.7-2}$$

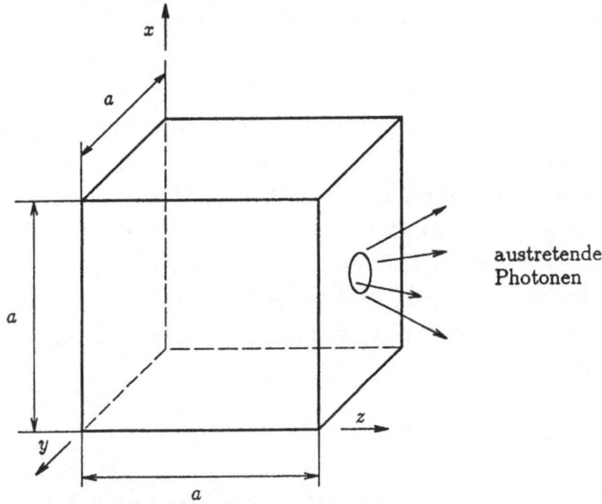

Bild 1.7–1 Emission von Photonen

1.7.2 Normierung der Verteilungsfunktion

Für die Wahrscheinlichkeitsdichte

$$\frac{dQ(v_i)}{dv_i} = C\, f_{\mathrm{MB}}(v_i) \qquad \begin{array}{c|ccc} i & x & y & z \\ \hline v_i & v_x & v_y & v_z \end{array} \tag{1.7-3}$$

muß die Normierungsbedingung erfüllt sein.

$$\int_{v=-\infty}^{v=+\infty} C\, f_{\mathrm{MB}}(v_i)\, dv_i = 1 \qquad \begin{array}{c|ccc} i & x & y & z \\ \hline v_i & v_x & v_y & v_z \end{array} \tag{1.7-4}$$

Mit der Substitution

$$i = \sqrt{\frac{m\, v_i{}^2}{2kT}} \qquad \begin{array}{c|ccc} i & x & y & z \end{array} \tag{1.7-5}$$

und dem bestimmten Integral

$$\int_{i=-\infty}^{i=+\infty} e^{-i^2}\, di = \sqrt{\pi} \qquad \begin{array}{c|ccc} i & x & y & z \end{array} \tag{1.7-6}$$

ergibt sich für die Normierungskonstante

$$C = \sqrt{\frac{m}{2\pi kT}} \; . \tag{1.7-7}$$

Für ein ideales Gas beträgt also die Wahrscheinlichkeitsdichte der einzelnen Geschwindigkeitskomponenten v_x, v_y und v_z

$$\frac{dQ(v_i)}{dv_i} = \sqrt{\frac{m}{2\pi kT}}\; e^{-\frac{m\, v_i^2}{2kT}} \qquad \begin{array}{c|ccc} i & x & y & z \\ \hline v_i & v_x & v_y & v_z \end{array} \; . \tag{1.7-8}$$

1.7.3   Geschwindigkeitsverteilung der Teilchen eines idealen Gases

Die Wahrscheinlichkeit, Teilchen mit den Geschwindigkeitskomponenten v_x, v_y und v_z sowohl im Intervall $v_x + dv_x$ als auch in den Intervallen $v_y + dv_y$ und $v_z + dv_z$ zu finden oder Teilchen mit dem Geschwindigkeitsbetrag v im Intervall $v + dv$ zu finden, ist gleich dem Produkt der Einzelwahrscheinlichkeiten. Der Einfachheit halber werden die Variablen x, y und z einheitlich durch i ersetzt und damit auch die entsprechenden Koordinatenindizes. Die zur Wahrscheinlichkeitsdichte normierte Verteilungsfunktion für die einzelnen Komponenten der Geschwindigkeit lautet

$$f(v_i) = \frac{dQ(v_i)}{dv_i} = \sqrt{\frac{m}{2\pi kT}}\, e^{-\frac{m\,v_i^2}{2kT}} \qquad \begin{array}{c|ccc} i & x & y & z \\ \hline v_i & v_x & v_y & v_z \end{array}. \tag{1.7-9}$$

Unter den neuen Bedingungen ergibt sich für die Wahrscheinlichkeitsdichte

$$dQ(v_x, v_y, v_z) = C f(v_x) f(v_y) f(v_z)\, dv_x dv_y dv_z \quad. \tag{1.7-10}$$

Unter Beachtung von

$$v^2 = v_x^2 + v_y^2 + v_z^2 \tag{1.7-11}$$

ergibt sich daraus

$$dQ(v_x, v_y, v_z) = C f(v_x, v_y, v_z)\, dv_x\, dv_y\, dv_z \quad. \tag{1.7-12}$$

Darin ist also $f(v_x, v_y, v_z)$ die Verteilung der Geschwindigkeitskomponenten.

$$f(v_x, v_y, v_z) = f(v_x) f(v_y) f(v_z) = C\left(\frac{m}{2\pi kT}\right)^{3/2} e^{-\frac{m\,v^2}{2kT}} \tag{1.7-13}$$

Wenn die Verteilungsfunktion $f(v_x, v_y, v_z)$ als Wahrscheinlichkeitsdichte $dQ(v_x, v_y, v_z)/dv_x dv_y dv_z$ fungieren soll, muß das Integral der Wahrscheinlichkeitsdichte über den gesamten definierten Variablenbereich der Geschwindigkeitskomponenten v_x, v_y und v_z gleich 1 sein. Wenn das nicht zutrifft, kann man mit der Normierungskonstanten C als Faktor nachhelfen.

$$C\left(\frac{m}{2\pi kT}\right)^{3/2} \int\limits_{v_x=-\infty}^{v_x=+\infty} e^{-\frac{m\,v_x^2}{2kT}}\, dv_x \int\limits_{v_y=-\infty}^{v_y=+\infty} e^{-\frac{m\,v_y^2}{2kT}}\, dv_y \int\limits_{v_z=-\infty}^{v_z=+\infty} e^{-\frac{m\,v_z^2}{2kT}}\, dv_z = 1 \tag{1.7-14}$$

Mit den Gleichungen (1.7–5) und (1.7–6) läßt sich nachweisen, daß in diesem Fall C = 1 sein muß. Die einzelnen Wahrscheinlichkeitsdichten der Komponenten waren ohnehin vorher schon normiert.

$$dQ(v_x, v_y, v_z) = \left(\frac{m}{2\pi kT}\right)^{3/2} e^{-\frac{m\,v^2}{2kT}}\, dv_x dv_y dv_z \tag{1.7-15}$$

Wichtiger als die Kenntnis der Verteilung der Geschwindigkeitskomponenten v_x, v_y und v_z ist die Kenntnis der Verteilung der Geschwindigkeitsbeträge v, die definitionsgemäß nur positive Werte annehmen kann. Das wird durch den Übergang von kartesischen Koordinaten auf sphärische Polarkoordinaten erreicht. Im Geschwindigkeitsraum (Bild 1.7–2) werden die Geschwindigkeitsvektoren so gebündelt, daß sie alle vom Nullpunkt des Systems ausgehen. Die Vektoren, deren Betrag in einem Intervall dv liegt, bilden mit ihren Endpunkten (Spitzen) eine Kugelschale mit dem Radius v, der Oberfläche $4\pi v^2$ und der Dicke dv.

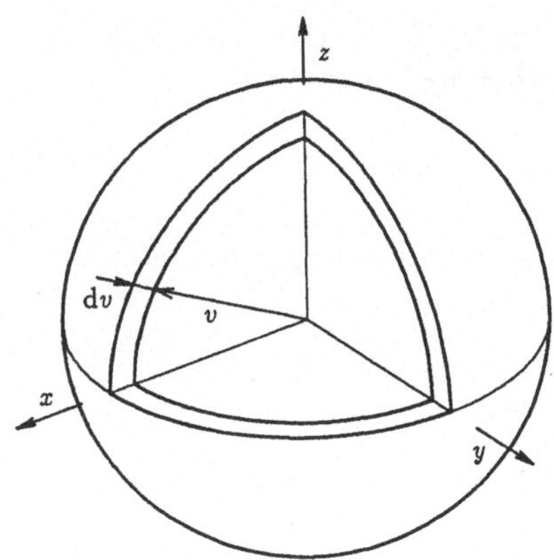

Bild 1.7–2 Verteilung der Geschwindigkeiten im Geschwindigkeitsraum

Die Verwendung der sphärischen Polarkoordinaten macht folgende Umrechnung notwendig.

$$\mathrm{d}v_x\,\mathrm{d}v_y\,\mathrm{d}v_z = 4\pi v^2\mathrm{d}v \qquad (1.7\text{–}16)$$

Danach beträgt die Wahrscheinlichkeitsdichte, wenn vorsorglich die Normierungskonstante C eingeführt wird,

$$\frac{\mathrm{d}Q(v)}{\mathrm{d}v} = \mathrm{C}f(v) = \mathrm{C}\,4\pi\left(\frac{m}{2\pi\mathrm{k}T}\right)^{3/2}\mathrm{e}^{-\frac{m\,v^2}{2\mathrm{k}T}}v^2 \quad . \qquad (1.7\text{–}17)$$

Mit der Substitution

$$\zeta = \sqrt{\frac{m\,v^2}{2\mathrm{k}T}} \qquad (1.7\text{–}18)$$

ergibt sich

$$\mathrm{d}Q(\zeta) = \mathrm{C}f(\zeta)\mathrm{d}\zeta = \mathrm{C}\,\frac{4}{\sqrt{\pi}}\,\mathrm{e}^{-\zeta^2}\zeta^2\,\mathrm{d}\zeta \quad . \qquad (1.7\text{–}19)$$

Mit

$$\int\limits_{\zeta=0}^{\zeta=\infty} e^{-\zeta^2}\zeta^2\, \mathrm{d}\zeta = \frac{\sqrt{\pi}}{4} \tag{1.7-20}$$

erhält man

$$\int\limits_{\zeta=0}^{\zeta=\infty} f(\zeta)\, \mathrm{d}\zeta = \frac{4}{\sqrt{\pi}}\; . \tag{1.7-21}$$

Für die Normierungskonstante C ergibt sich demnach $C = 1$. Die Wahrscheinlichkeitsdichte der Geschwindigkeitsverteilung betägt dann

$$\frac{\mathrm{d}Q(\zeta)}{\mathrm{d}\zeta} = C f(\zeta) = \frac{4}{\sqrt{\pi}}\, e^{-\zeta^2}\zeta^2\; . \tag{1.7-22}$$

Das Maximum der Geschwindigkeitsverteilung $f(\zeta)$ liegt bei $\zeta_{max} = 1$ oder nach Gleichung (1.7-18) bei

$$v_{max} = \sqrt{\frac{2kT}{m}}\; . \tag{1.7-23}$$

Für das Maximum der Wahrscheinlichkeitsdichte ergibt sich damit

$$\left(\frac{\mathrm{d}Q(\zeta)}{\mathrm{d}\zeta}\right)_{max} = \frac{4}{e\sqrt{\pi}} = 0{,}8302\; . \tag{1.7-24}$$

Die mittlere Geschwindigkeit der Teilchen läßt sich durch folgende Beziehung ermitteln.

$$\overline{v} = \int\limits_{Q=0}^{Q=1} v\, \mathrm{d}Q(v) = \int\limits_{v=0}^{v=\infty} v f(v)\mathrm{d}v \tag{1.7-25}$$

$$\overline{v} = \int 4\pi\left(\frac{m}{2\pi kT}\right)^{3/2} e^{-\frac{m v^2}{2kT}} v^3\, \mathrm{d}v \tag{1.7-26}$$

Mit der Substitution

$$\eta = \sqrt{\frac{m v^2}{2kT}} \tag{1.7-27}$$

bekommt man für die mittlere Geschwindigkeit

$$\overline{v} = 2\int\limits_{\eta=0}^{\eta=\infty} \sqrt{\frac{8kT}{\pi m}}\, e^{-\eta^2}\eta^3\mathrm{d}\eta\; . \tag{1.7-28}$$

Das bestimmte Integral

$$\int\limits_{\eta=0}^{\eta=\infty} e^{-\eta^2}\eta^3\, \mathrm{d}\eta = \frac{1}{2} \tag{1.7-29}$$

führt dann zur mittleren Geschwindigkeit

$$\overline{v} = \sqrt{\frac{8kT}{\pi m}} \tag{1.7-30}$$

und zur mittleren Substitutionsvariablen

$$\overline{\zeta} = \sqrt{\frac{4}{\pi}} = 1{,}128 \quad .$$

(1.7–31)

Die Wahrscheinlichkeitsdichte bei der mittleren Geschwindigkeit $\overline{v}$ beträgt damit (Bild 1.7–3)

$$\left(\frac{\mathrm{d}Q(\zeta)}{\mathrm{d}\zeta}\right)_{\mathrm{mittel}} = \frac{16}{\pi^{3/2}}\, e^{-4/\pi} = 0{,}8043 \quad .$$

(1.7–32)

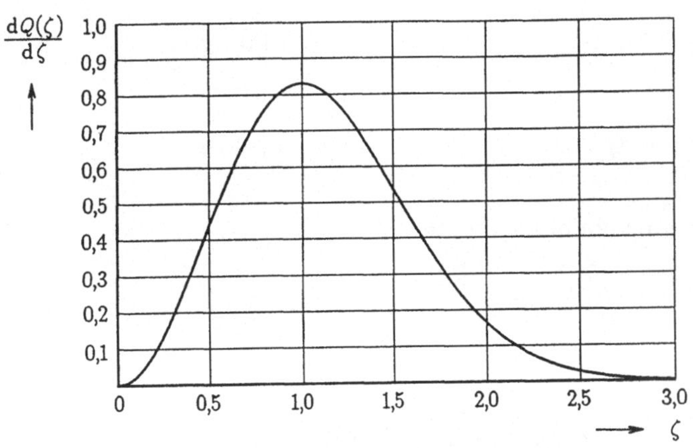

Bild 1.7–3 Geschwindigkeitsverteilung der Teilchen eines
idealen Gases (Wahrscheinlichkeitsdichte)

1.7.4 Emissionsvermögen eines Strahlers

Die Rate $R(v_z)$ der aus der Öffnung des Hohlraumes in z-Richtung senkrecht zur Öffnung pro Fläche und Zeit austretenden Teilchen (Bild 1.7–1) beträgt mit N_z als Teilchenzahl und

$$n_z = \frac{\mathrm{d}N_z}{\mathrm{d}V}$$

(1.7–33)

als Teilchendichte, wenn man nur Teilchen, die sich mit der Geschwindigkeit v_z in der positiven z-Richtung bewegen, berücksichtigt,

$$R(v_z) = \frac{\mathrm{d}^2 N_z}{\mathrm{d}A\,\mathrm{d}t} = \frac{1}{2}\, n_z v_z \quad .$$

(1.7–34)

Werden bei der Ermittlung der Rate $R(v_x, v_y, v_z)$ alle Geschwindigkeitskomponenten und die Gesamtteilchendichte

$$n = \frac{\mathrm{d}N}{\mathrm{d}V}$$

(1.7–35)

sowie die Geschwindigkeitsverteilung $f(v_x, v_y, v_z)$ berücksichtigt, so erhält man

$$R(v_x, v_y, v_z) = \frac{\mathrm{d}^2 N}{\mathrm{d}A\,\mathrm{d}t} = n \int\limits_{v_x=-\infty}^{v_x=+\infty} \int\limits_{v_y=-\infty}^{v_y=+\infty} \int\limits_{v_z=0}^{v_z=+\infty} v_z\, f(v_x, v_y, v_z)\, \mathrm{d}v_x\,\mathrm{d}v_y\,\mathrm{d}v_z \ . \qquad (1.7\text{--}36)$$

Mit der Substitution

$$i = \sqrt{\frac{m\,v_i^2}{2\,\mathrm{k}\,T}} \ , \qquad\qquad i\,|\,x\quad y\quad z \qquad\qquad (1.7\text{--}5)$$

den bestimmten Integralen

$$\int\limits_{i=-\infty}^{i=+\infty} \mathrm{e}^{-i^2}\,\mathrm{d}i = \sqrt{\pi} \ , \qquad\qquad i\,|\,x\quad y\quad z \qquad\qquad (1.7\text{--}6)$$

$$\int\limits_{i=0}^{i=+\infty} i\,\mathrm{e}^{-i^2}\,\mathrm{d}i = \frac{1}{2} \qquad\qquad i\,|\,x\quad y\quad z \qquad\qquad (1.7\text{--}37)$$

und der Wahrscheinlichkeitsdichte

$$f(v_i) = \sqrt{\frac{m}{2\,\pi\,\mathrm{k}\,T}}\ \mathrm{e}^{-\frac{m\,v_i^2}{2\,\mathrm{k}\,T}} \qquad\qquad \begin{array}{c|ccc} i & x & y & z \\ \hline v_i & v_x & v_y & v_z \end{array} \qquad\qquad (1.7\text{--}9)$$

erhält man

$$R(v_x, v_y, v_z) = \frac{1}{4}\,n\,\sqrt{\frac{8\,\mathrm{k}\,T}{\pi\,m}} = \frac{1}{4}\,n\,\overline{v} \qquad . \qquad\qquad (1.7\text{--}38)$$

Streng genommen gilt diese Rate der austretenden Teilchen im Innern des lichterfüllten Hohlraums bevor die Teilchen den Hohlraum durch die Öffnung verlas-
sen. Soll sicher gestellt sein, daß die Beziehung für die Rate der austretenden
Teilchen $R(v)$ auch außerhalb des Hohlraums unmittelbar hinter der Öffnung
Geltung haben soll und weiterhin der Betrag der Geschwindigkeit v bei der Berechnung der Rate eine Rolle spielt und nicht die Komponenten der Teilchenge-
schwindigkeit v_x, v_y und v_z dann müssen die Koordinaten des räumlichen, drei-
achsigen Koordinatensystems in sphärische Polarkoordinaten umgerechnet werden (Bild 1.7--4).

$$
\begin{aligned}
v_x &= v\,\cos\vartheta\,\sin\psi \qquad && \psi \text{ Zenit-Winkel} \quad \vartheta \text{ Azimut-Winkel} & (1.7\text{--}39) \\
v_y &= v\,\sin\vartheta\,\sin\psi && & (1.7\text{--}40) \\
v_z &= v\,\cos\psi && & (1.7\text{--}41)
\end{aligned}
$$

Das Volumenelement einer Kugelschale mit dem Radius v und der Dicke $\mathrm{d}v$ beträgt

$$\mathrm{d}v_x\,\mathrm{d}v_y\,\mathrm{d}v_z = v\,\sin\psi\,\mathrm{d}\psi \cdot v\,\mathrm{d}\vartheta \cdot \mathrm{d}v \ , \qquad\qquad (1.7\text{--}42)$$

wenn man es mit einem Quader $\mathrm{d}v_x\,\mathrm{d}v_y\,\mathrm{d}v_z$ vergleicht.

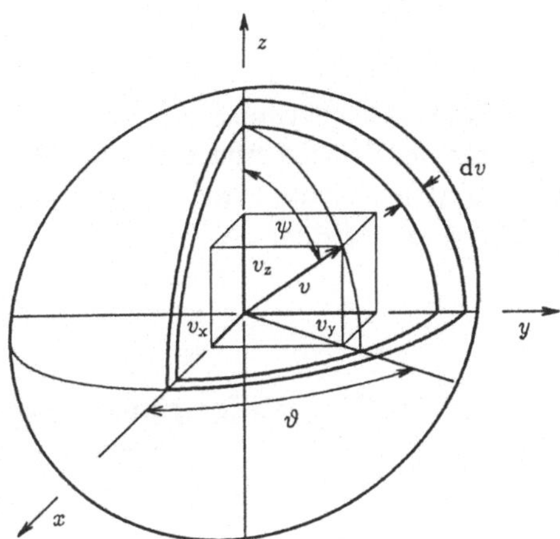

Bild 1.7–4 Sphärische Polarkoordinaten

Die Rate der austretenden Teilchen stellt sich nach diesen Bedingungen in der folgenden Weise dar.

$$R(v) = n \int\limits_{v=0}^{v=+\infty} \int\limits_{\psi=0}^{\psi=\frac{\pi}{2}} \int\limits_{\vartheta=0}^{\vartheta=2\pi} v^3 f(v_x, v_y, v_z) \sin\psi \cos\psi \, d\vartheta \, d\psi \, dv \qquad (1.7\text{–}43)$$

Da die z-Komponente der Geschwindigkeit nur positive Werte annehmen kann, ist der Winkel ψ auf den Bereich 0 bis $\pi/2$ zu beschränken Die x- und y-Komponente kann positive und negative Werte annehmen.

Die Auswertung des Integrals ergibt folgende Ausdrücke.

$$\int\limits_{\psi=0}^{\psi=\pi/2} \sin\psi \cos\psi \, d\psi = \int\limits_{\psi=0}^{\psi=\pi/2} \sin\psi \, d(\sin\psi) = \left[\frac{\sin\psi}{2}\right]_0^{\pi/2} = \frac{1}{2} \qquad (1.7\text{–}44)$$

$$\int\limits_{\vartheta=0}^{\vartheta=2\pi} d\vartheta = 2\pi \qquad (1.7\text{–}45)$$

Für die Rate der austretenden Teilchen erhält man demnach

$$R(v) = n\pi \int\limits_{v=0}^{v=+\infty} v^3 f(v_x, v_y, v_z) \, dv \ . \qquad (1.7\text{–}46)$$

Ein Vergleich mit den Gleichungen (1.7–13), (1.7–16), (1.7–25) und (1.7–26) zeigt, daß man die Rate der austretenden Teilchen durch die Beziehung

$$R(v) = \frac{n}{4} \int\limits_{v=0}^{v=+\infty} v f(v) \, dv = \frac{n}{4} \, \bar{v} \qquad (1.7\text{–}47)$$

ausdrücken kann. Da hier die allgemeine Definitionsgleichung für die mittlere Geschwindigkeit benutzt wird, ist der spezielle Verlauf der Geschwindigkeitsverteilung $f(v)$ ohne Belang. Es bestehen also keine Bedenken, die austretenden Teilchen als Photonen zu deuten und die mittlere Geschwindigkeit der Teilchen durch die für alle Photonen gleiche Lichtgeschwindigkeit zu ersetzen.

$$R = \frac{1}{4}\, n\, c \tag{1.7-48}$$

Die Rate der austretenden Teilchen oder Photonen bestimmt auch die je Fläche ausgesandte Leistung eines Strahlers oder die spezifische Ausstrahlung M. Dabei muß in dem Ausdruck für die Rate R die Teilchendichte n durch die Photonendichte oder Energiedichte W_V (Gl. (1.6–14)) ersetzt werden.

$$M = \frac{1}{4}\, c\, W_V \tag{1.7-49}$$

Die spektrale, spezifische Ausstrahlung M_ν bzw. M_λ beträgt gemäß Gleichung (1.6–10) und (1.6–11)

$$M_\nu = \frac{2\pi h \nu^3}{c^2} \cdot \frac{1}{e^{\frac{h\nu}{kT}} - 1} \tag{1.7-50}$$

$$M_\lambda = \frac{2\pi h c^2}{\lambda^5} \cdot \frac{1}{e^{\frac{hc}{\lambda kT}} - 1} \quad . \tag{1.7-51}$$

Größen, Formelzeichen und Einheiten der Strahlungsphysik sind nach DIN 5031 genormt (Tabelle 1.7–1).

Tabelle 1.7–1   Strahlungsphysikalische und lichttechnische Größen

Benennung und Definition der strahlungsphysikalischen Größen	Einheit	Bennenung und Definition der lichttechnischen Größen	Einheit
		Sendergrößen	
Strahlungsenergie $W_e = \int W_{e\lambda}\, d\lambda$	Ws	Lichtmenge $W_v = K_m \int V(\lambda) W_{e\lambda}\, d\lambda$	lm s
Strahlungsleistung $\Phi_e = \dfrac{dW_e}{dt}$	W	Lichtstrom $\Phi_v = \dfrac{dW_v}{dt}$	lm
Spezifische Ausstrahlung $M_e = \dfrac{d\Phi_e}{dA_S}$	$\dfrac{W}{m^2}$	Spezifische Lichtausstrahlung $M_v = \dfrac{d\Phi_v}{dA_S}$	$\dfrac{lm}{m^2}$
Strahlstärke $I_e = \dfrac{d\Phi_e}{d\omega_S}$	$\dfrac{W}{sr}$	Lichtstärke $I_v = \dfrac{d\Phi_v}{d\omega_S}$	$\dfrac{lm}{sr} = cd$
Strahldichte $L_e = \dfrac{dI_e}{dA_S \cos\varepsilon_S}$ $L_e = \dfrac{d^2\Phi_e}{d\omega_S\, dA_S \cos\varepsilon_S}$	$\dfrac{W}{m^2 sr}$	Leuchtdichte $L_v = \dfrac{dI_v}{dA_S \cos\varepsilon_S}$ $L_v = \dfrac{d^2\Phi_v}{d\omega_S\, dA_S \cos\varepsilon_S}$	$\dfrac{cd}{m^2}$

Empfängergrößen

Bestrahlungsstärke $E_e = \dfrac{\mathrm{d}\Phi_e}{\mathrm{d}A_E}$	$\dfrac{\mathrm{W}}{\mathrm{m}^2}$	Beleuchtungsstärke $E_v = \dfrac{\mathrm{d}\Phi_v}{\mathrm{d}A_E}$	$\dfrac{\mathrm{lm}}{\mathrm{m}^2} = \mathrm{lx}$
Bestrahlung $H_e = \int E_e \mathrm{d}t$	$\dfrac{\mathrm{W\,s}}{\mathrm{m}^2}$	Belichtung $H_v = \int E_v \mathrm{d}t$	$\mathrm{lx\,s}$

Spektrale strahlungsphysikalische Größen

Spektrale Strahlungs- energie $W_\nu = \dfrac{\mathrm{d}W(\nu)}{\mathrm{d}\nu}$ $W_\lambda = \dfrac{\mathrm{d}W(\lambda)}{\mathrm{d}\lambda}$	Einheit $\dfrac{\mathrm{W\,s}}{\mathrm{THz}}$ $\dfrac{\mathrm{W\,s}}{\mathrm{nm}}$	Spektrale Strahlungs- leistung $\Phi_\nu = \dfrac{\mathrm{d}\Phi(\nu)}{\mathrm{d}\nu}$ $\Phi_\lambda = \dfrac{\mathrm{d}\Phi(\lambda)}{\mathrm{d}\lambda}$	Einheit $\dfrac{\mathrm{W}}{\mathrm{THz}}$ $\dfrac{\mathrm{W}}{\mathrm{nm}}$
Spektrale spezifische Ausstrahlg. $M_\nu = \dfrac{\mathrm{d}M(\nu)}{\mathrm{d}\nu}$ $M_\lambda = \dfrac{\mathrm{d}M(\lambda)}{\mathrm{d}\lambda}$	Einheit $\dfrac{\mathrm{W}}{\mathrm{THz\,m}^2}$ $\dfrac{\mathrm{W}}{\mathrm{nm\,m}^2}$	Spektrale Strahlstärke $I_\nu = \dfrac{\mathrm{d}I(\nu)}{\mathrm{d}\nu}$ $I_\lambda = \dfrac{\mathrm{d}I(\lambda)}{\mathrm{d}\lambda}$	Einheit $\dfrac{\mathrm{W}}{\mathrm{THz\,sr}}$ $\dfrac{\mathrm{W}}{\mathrm{nm\,sr}}$
Spektrale Strahldichte $L_\nu = \dfrac{\mathrm{d}L(\nu)}{\mathrm{d}\nu}$ $L_\lambda = \dfrac{\mathrm{d}L(\lambda)}{\mathrm{d}\lambda}$	$\dfrac{\mathrm{W}}{\mathrm{THz\,m}^2\,\mathrm{sr}}$ $\dfrac{\mathrm{W}}{\mathrm{nm\,m}^2\,\mathrm{sr}}$	Spektrale Bestrahlungs- stärke $E_\nu = \dfrac{\mathrm{d}E(\nu)}{\mathrm{d}\nu}$ $E_\lambda = \dfrac{\mathrm{d}E(\lambda)}{\mathrm{d}\lambda}$	$\dfrac{\mathrm{W}}{\mathrm{THz\,m}^2}$ $\dfrac{\mathrm{W}}{\mathrm{nm\,m}^2}$

Bedeutung der Indizes

Index e : energetische Größe Index v : visuelle Größe Index ν : spektrale Größe (Frequenz) Index λ : spektrale Größe (Wellenlänge)	Index S : Sendergröße Index E : Empfängergröße

<u>Spektrale</u> Größen sind Differentialquotienten nach der Frequenz oder Wellenlänge. Soll die <u>Abhängigkeit</u> einer Größe von der Frequenz oder Wellenlänge hervorgehoben werden, bekommt die Größenbezeichnung den Zusatz „frequenzabhängig" oder „wellenlängenabhängig".

1.8 Plancksches Strahlungsgesetz

1.8.1   Spektrale Strahldichte des schwarzen Strahlers

Der Plancksche Strahler ist dadurch gekennzeichnet, daß auffallende Strahlung
aus beliebiger Richtung völlig absorbiert wird und die ausgesandte Strahlung in
jeder Richtung und bei jeder Wellenlänge die größtmögliche Leistung im Vergleich zu anderen Wärmestrahlern gleicher Temperatur und Gestalt aufweist.
Wegen der völligen Absorption auffallender Strahlung wird ein derartiger Strahler auch schwarzer Strahler genannt. Zwischen der spezifischen Ausstrahlung M
und der Strahldichte L einer ebenen strahlenden Fläche besteht nach dem Lambertschen Gesetz (Gl. (2.3–32)) folgende Beziehung.

$$M = \pi L\, \Omega_0 \qquad\qquad \Omega_0 = 1\,\mathrm{sr} \tag{2.3-32}$$

Das gilt auch für die entsprechenden spektralen Größen.

$$M_\nu = \pi L_\nu \Omega_0 \tag{1.8-1}$$

$$M_\lambda = \pi L_\lambda \Omega_0 \tag{1.8-2}$$

Die spektralen Strahldichten haben demnach folgende Größe.

$$L_\nu(\nu,T) = \frac{2\,\mathrm{h}\,\nu^{\,3}}{\mathrm{c}^{\,2}} \cdot \frac{1}{e^{\frac{\mathrm{h}\nu}{\mathrm{k}T}} - 1} \cdot \frac{1}{\Omega_0} \tag{1.8-3}$$

$$L_\lambda(\lambda,T) = \frac{2\,\mathrm{h}\,\mathrm{c}^{\,2}}{\lambda^{\,5}} \cdot \frac{1}{e^{\frac{\mathrm{h}\mathrm{c}}{\lambda\mathrm{k}T}} - 1} \cdot \frac{1}{\Omega_0} \tag{1.8-4}$$

Mit der Substitution

$$\varepsilon = \frac{\mathrm{h}\nu}{\mathrm{k}T} \quad, \tag{1.8-5}$$

$$\varepsilon = \frac{\mathrm{h}\mathrm{c}}{\lambda\mathrm{k}T} \tag{1.8-6}$$

erhält man für die spektrale Strahldichte (Bild 1.8–1, Bild 1.8–2 und Bild 1.8–3)

$$\frac{\mathrm{d}L}{\mathrm{d}\nu}(\varepsilon(\nu),T) = L_\nu(\varepsilon(\nu),T) = \frac{2\mathrm{k}^{3}T^{3}}{\mathrm{c}^{2}\mathrm{h}^{2}} \cdot \frac{\varepsilon^{3}}{e^{\varepsilon}-1} \cdot \frac{1}{\Omega_0} \quad, \tag{1.8-7}$$

$$\frac{\mathrm{d}L}{\mathrm{d}\lambda}(\varepsilon(\lambda),T) = L_\lambda(\varepsilon(\lambda),T) = \frac{2\mathrm{k}^{5}T^{5}}{\mathrm{c}^{3}\mathrm{h}^{4}} \cdot \frac{\varepsilon^{5}}{e^{\varepsilon}-1} \cdot \frac{1}{\Omega_0} \quad, \tag{1.8-8}$$

$$\frac{\mathrm{d}L}{\mathrm{d}\varepsilon}(\varepsilon,T) = L_\varepsilon(\varepsilon,T) = \frac{2\mathrm{k}^{4}T^{4}}{\mathrm{c}^{2}\mathrm{h}^{3}} \cdot \frac{\varepsilon^{3}}{e^{\varepsilon}-1} \cdot \frac{1}{\Omega_0} \quad, \tag{1.8-9}$$

$$L_\nu = \frac{1{,}4746\cdot 10^{-2}}{\left(e^{\frac{47{,}9927\ (\nu/\mathrm{THz})}{T/\mathrm{K}}}-1\right)} \left(\frac{\nu}{\mathrm{THz}}\right)^{3} \frac{\mathrm{W}}{\mathrm{m}^{2}\ \mathrm{THz}\ \mathrm{sr}} \quad, \tag{1.8-10}$$

$$L_\lambda = \frac{1{,}191 \cdot 10^8}{\left(e^{\frac{14387{,}86}{(\lambda/\mu m)(T/K)}} - 1\right)} \left(\frac{\mu m}{\lambda}\right)^5 \frac{W}{m^2\,\mu m\,sr} \quad , \tag{1.8--11}$$

$$L_\varepsilon = 2{,}7789 \cdot 10^{-9} \frac{\varepsilon^3}{e^\varepsilon - 1} \left(\frac{T}{K}\right)^4 \frac{W}{m^2\,sr} \quad . \tag{1.8--12}$$

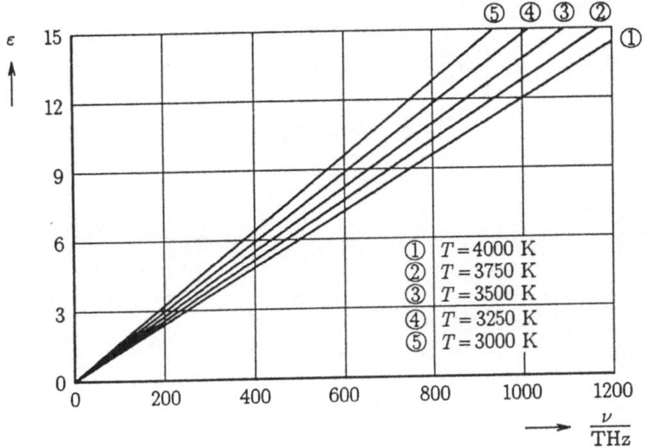

Bild 1.8–1 Substitutionsvariable $\varepsilon = f(\nu)$

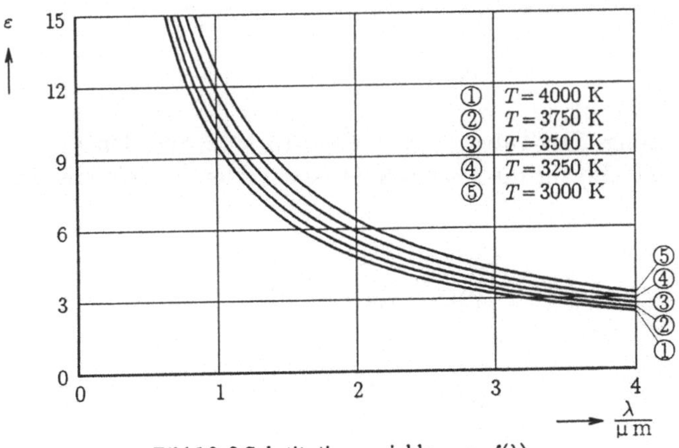

Bild 1.8–2 Substitutionsvariable $\varepsilon = f(\lambda)$

Tabelle 1.8–1 Mathematische Funktionen

Funktion $f(x)$	Maximum			Integral $\int\limits_{x=0}^{x=+\infty} f(x)\,dx$
	$f_{max}(x)$	Berechnung von x_{max}	x_{max}	
$\dfrac{x^5}{e^x-1}$	21,201	$5(1-e^{-x_{max}})-x_{max}=0$	4,965	122,081
$\dfrac{x^4}{e^x-1}$	4,780	$4(1-e^{-x_{max}})-x_{max}=0$	3,921	24,886
$\dfrac{x^3}{e^x-1}$	1,421	$3(1-e^{-x_{max}})-x_{max}=0$	2,821	$\dfrac{\pi^4}{15}$
$\dfrac{x^2}{e^x-1}$	0,648	$2(1-e^{-x_{max}})-x_{max}=0$	1,594	2,404

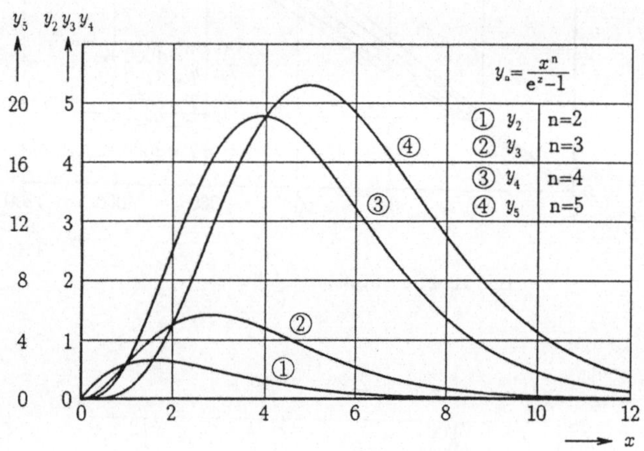

Bild 1.8–3 Mathematische Funktionen

Unter Beachtung der Tabelle 1.8–1 ergeben sich aus den Gleichungen (1.8–10), (1.8–11) und (1.8–12) für die Maxima der spektralen Strahlendichten folgende Ausdrücke.

$$L_{\nu\,max} = 1,421\,\frac{2\,k^3 T^3}{c^2 h^2}\cdot\frac{1}{\Omega_0} = 1,8955\cdot 10^{-7}\left(\frac{T}{K}\right)^3\frac{W}{m^2\,THz\,sr} \qquad (1.8\text{–}13)$$

$$L_{\lambda\,max} = 21,201\,\frac{2\,k^5 T^5}{c^3 h^4}\cdot\frac{1}{\Omega_0} = 4,096\cdot 10^{-12}\left(\frac{T}{K}\right)^5\frac{W}{m^2\,\mu m\,sr} \qquad (1.8\text{–}14)$$

$$L_{\varepsilon\,max} = 1,421\,\frac{2\,k^4 T^4}{c^2 h^3}\cdot\frac{1}{\Omega_0} = 3,9495\cdot 10^{-9}\left(\frac{T}{K}\right)^4\frac{W}{m^2\,sr} \qquad (1.8\text{–}15)$$

Die Gesamtwirkung einer optischen Strahlung auf das Auge oder einen optischen Sensor setzt sich aus der Wirkung der auf die einzelnen Frequenz- bzw. Wellenlängenfragmente $d\nu$ oder $d\lambda$ entfallenen Strahlungsanteile zusammen (Additionstheorem). Wenn sich das gesamte Spektrum auswirken kann, hat ein schwarzer Strahler gemäß Gleichung (1.8–12) die Strahldichte (Tabelle 1.7–1)

$$L = \int_{\varepsilon=0}^{\varepsilon=+\infty} L_\varepsilon \, d\varepsilon = \frac{2\,\pi^4}{15} \cdot \frac{(kT)^4}{c^2\,h^3} \cdot \frac{1}{\Omega_0} = 1{,}8049 \cdot 10^{-8} \left(\frac{T}{K}\right)^4 \frac{W}{m^2\,sr} \quad . \qquad (1.8\text{–}16)$$

Wird in die Gleichungen (1.8–5) und (1.8–6) der entsprechende Wert für ε_{max} aus Tabelle 1.8–1 eingesetzt, ergibt sich die Wellenlänge bzw. die Frequenz für das Maximum der spektralen Strahldichte in Abhängigkeit von der Temperatur.

$$\nu_{max} = \frac{k\,\varepsilon_{max}}{h}\, T = 0{,}05878\, \frac{T}{K}\, \text{THz} \qquad (1.8\text{–}17)$$

$$\lambda_{max} = \frac{h\,c}{k\,\varepsilon_{max}} \cdot \frac{1}{T} = 2897{,}8\, \frac{K}{T}\, \mu m \qquad (1.8\text{–}18)$$

Die Kombination der Gleichungen (1.8–13) und (1.8–17) sowie der Gleichungen (1.8–14) und (1.8–18) ergibt den Verlauf der Maxima der spektralen Strahldichte in Abhängigkeit von der Frequenz bzw. Wellenlänge (Bild 1.8–4 und Bild 1.8–5).

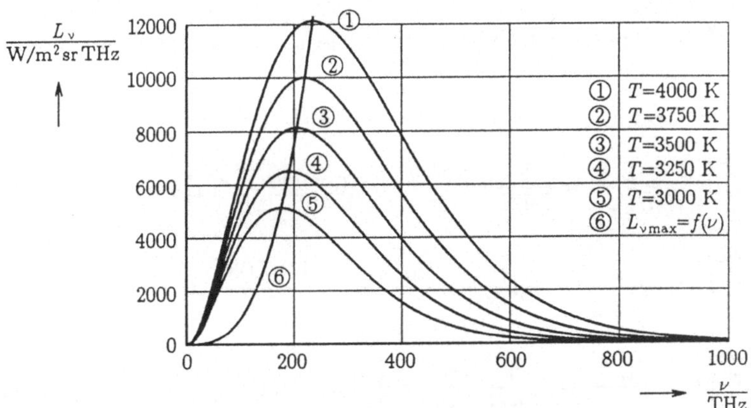

Bild 1.8–4 Spektrale Strahldichte L_ν

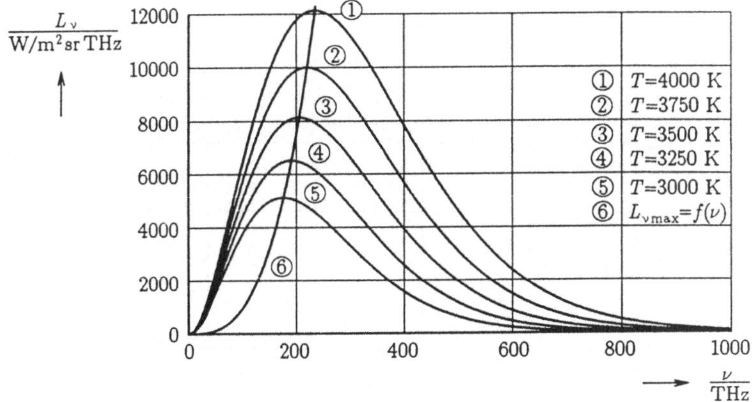

Bild 1.8–5 Spektrale Strahldichte L_λ

$$L_{\nu\,max}(\nu) = 9{,}3308 \cdot 10^{-4} \left(\frac{\nu}{\text{THz}}\right)^3 \frac{\text{W}}{\text{m}^2\,\text{THz sr}} \tag{1.8-19}$$

$$L_{\lambda\,max}(\lambda) = 8{,}358 \cdot 10^5 \left(\frac{\mu\text{m}}{\lambda}\right)^5 \frac{\text{W}}{\text{m}^2\,\mu\text{m sr}} \tag{1.8-20}$$

1.8.2 Strahlungsfunktionen

Wird die spektrale Strahldichte L_ν, L_λ und L_ε auf das jeweilige Maximum bezogen, erhält man die Strahlungsfunktionen S_ν, S_λ und S_ε (Bild 1.8-6 und 1.8-7).

$$S_\nu = \frac{1}{1{,}421} \cdot \frac{\varepsilon^3}{e^\varepsilon - 1} = \frac{77802{,}92}{e^{\frac{47{,}9927\,(\nu/\text{THz})}{(T/\text{K})}} - 1} \left(\frac{\nu}{\text{THz}} \cdot \frac{\text{K}}{T}\right)^3 \tag{1.8-21}$$

$$S_\lambda = \frac{1}{21{,}201} \cdot \frac{\varepsilon^5}{e^\varepsilon - 1} = \frac{29087{,}92 \cdot 10^{15}}{e^{\frac{14387{,}86}{(\lambda/\mu\text{m})(T/\text{K})}} - 1} \left(\frac{\mu\text{m}}{\lambda} \cdot \frac{\text{K}}{T}\right)^5 \tag{1.8-22}$$

$$S_\varepsilon = \frac{1}{1{,}421} \cdot \frac{\varepsilon^3}{e^\varepsilon - 1} = S_\nu \tag{1.8-23}$$

Die Strahlungsfunktionen sind einheitenfrei. Die Maximalwerte sind unabhängig von der Temperatur und jeweils gleich 1.

Das Integral der Strahlungsfunktion über das ganze Spektrum beträgt

$$\int\limits_{\nu=0}^{\nu=+\infty} S_\nu\,d\nu = \frac{L}{L_{\nu\,max}} = \frac{1}{1{,}421} \cdot \frac{\pi^4 k T}{h} = 0{,}095222 \frac{T}{\text{K}} \text{THz} \tag{1.8-24}$$

$$\int\limits_{\lambda=0}^{\lambda=+\infty} S_\lambda\,d\lambda = \frac{L}{L_{\lambda\,max}} = \frac{1}{21{,}201} \cdot \frac{\pi^4 h c}{15 k T} = \frac{4407{,}051}{T/\text{K}} \mu\text{m} \tag{1.8-25}$$

$$\int\limits_{\varepsilon=0}^{\varepsilon=+\infty} S_\varepsilon\,d\varepsilon = \frac{L}{L_{\varepsilon\,max}} = \frac{1}{1{,}421} \cdot \frac{\pi^4}{15} = 4{,}56998 \quad . \tag{1.8-26}$$

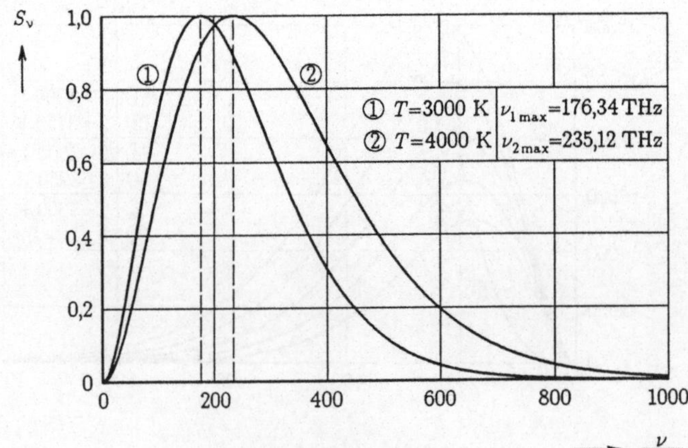

Bild 1.8-6 Strahlungsfunktion S_ν

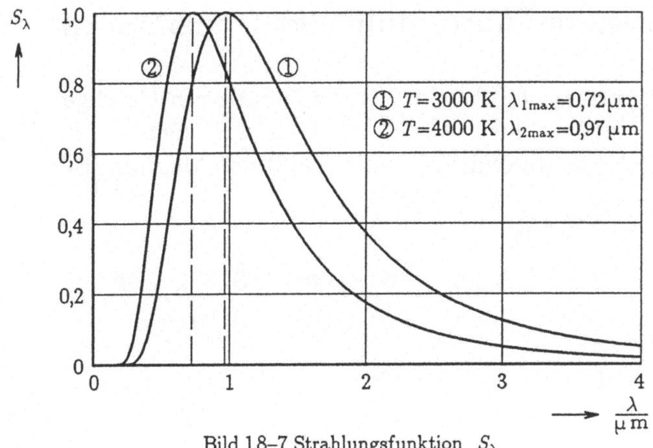

Bild 1.8–7 Strahlungsfunktion S_λ

1.8.3 Stefan-Boltzmannsches Gesetz

Aus den Gleichungen (1.8–1) und (1.8–16) ergibt sich die spezifische Ausstrahlung M (Tabelle 1.7–1) eines Wärmestrahlers.

$$M = \sigma T^4 \tag{1.8–27}$$

$$\sigma = \frac{2\pi^5 k^4}{15 h^3 c^2} = 5{,}67032 \cdot 10^{-8} \frac{W}{K^4 m^2} \tag{1.8–28}$$

$$M = 5{,}67032 \cdot 10^{-8} \left(\frac{T}{K}\right)^4 \frac{W}{m^2} \tag{1.8–29}$$

Da dem Wärmestrahler aus der Umgebung mit der Temperatur T_U auch wieder Wärme zugestrahlt wird lautet das vollständige Stefan-Boltzmannsche Gesetz

$$M = \sigma (T^4 - T_U^4) \; . \tag{1.8–30}$$

1.8.4 Wiensches Verschiebungsgesetz

Das Maximum der spektralen Strahldichte $L_{\nu max}$ und $L_{\lambda max}$ sowie die zugehörige Frequenz ν_{max} bzw. Wellenlänge λ_{max} sind von der Temperatur des Strahlers abhängig. Durch eine Temperaturänderung wird das Maximum der Strahldichte verschoben.

$$\nu_{max} = 0{,}05878 \frac{T}{K} \text{ THz} \tag{1.8–31}$$

$$\lambda_{max} = 2897{,}8 \frac{K}{T} \mu m \tag{1.8–32}$$

1.8.5   Reflexion, Absorption und Transmission

Die Strahlungsleistung Φ (Tabelle 1.7–1) erleidet beim Durchgang durch ein optisches Medium Verluste durch Reflexion Φ_ϱ und Absorption Φ_α. Nur die restliche Strahlungsleistung Φ_τ durchdringt und verläßt das Medium (Bild 1.8–8).

$$\Phi = \Phi_\alpha + \Phi_\varrho + \Phi_\tau \tag{1.8–33}$$

$$\Phi_\alpha = \alpha\,\Phi \quad (1.8\text{–}34) \qquad \Phi_\varrho = \varrho\,\Phi \quad (1.8\text{–}35) \qquad \Phi_\tau = \tau\,\Phi \tag{1.8–36}$$

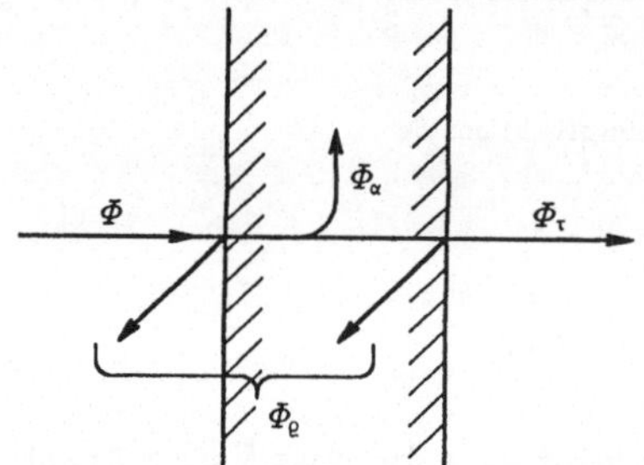

Bild 1.8–8 Reflexion, Absorption, Transmission

Zwischen dem Absorptionsgrad α, dem Reflexionsgrad ϱ und dem Transmissionsgrad τ besteht der folgende Zusammenhang.

$$\alpha + \varrho + \tau = 1 \tag{1.8–37}$$

Wenn keine Transmission vorliegt, d.h. wenn $\tau = 0$ ist, gilt für die Reflexion

$$\varrho = 1 - \alpha \;. \tag{1.8–38}$$

1.8.6   Kirchhoffsches Strahlungsgesetz

Schwarze Strahler mit vollständiger Absorption einfallender Strahlung und höchstmöglicher Emission können in der Praxis nur annähernd realisiert werden. Hohlraumstrahler mit einer relativ kleinen Austrittsöffnung für die Strahlung kommen in begrenzten Temperaturbereichen den Strahlungseigenschaften von schwarzen Strahlern noch am nächsten. Das Kirchhoffsche Strahlungsgesetz ermöglicht nun, auch nicht schwarze oder graue Strahler in ihrer Strahldichte mit Hilfe des Planckschen Strahlungsgesetzes zu berechnen. Zur Ableitung des Kirchhoffschen Strahlungsgesetztes geht man von zwei ebenen Strahlern aus, die sich gegenüberliegen. Der Raum zwischen den strahlenden Flächen ist nach außen hin durch ideal reflektierende Spiegel abgeschlossen, so daß keine Strahlung entweichen kann. Auch soll durch adiabatische Wände kein Wärmeaustausch mit der Umgebung stattfinden. Im thermodynamischen Gleichgewicht, das durch $T_1 = T_2$

gekennzeichnet ist, findet zwischen den Strahlern kein Energieaustausch statt. Die von den Strahlern ausgehende Strahlungsleistungen müssen gleich sein, wobei auch die reflektierte Strahlungsleistung des gegenüberliegenden Strahlers $(1-\alpha_1)\Phi_2$ bzw. $(1-\alpha_2)\Phi_1$ berücksichtigt werden muß.

$$\Phi_1 + (1-\alpha_1)\Phi_2 = \Phi_2 + (1-\alpha_2)\Phi_1 \tag{1.8-39}$$

Daraus ergibt sich die Beziehung

$$\frac{\Phi_1}{\Phi_2} = \frac{\alpha_1}{\alpha_2} \ . \tag{1.8-40}$$

Wenn vorausgesetzt wird, daß die Strahldichte L richtungsunabhängig ist, hängt gemäß der Beziehung (Tabelle 1.7-1)

$$\Phi = \iint\limits_{\omega_S\ A_S} L\cos\varepsilon_S\ d\omega_S\ dA_S$$

die Strahldichte L in der gleichen Weise vom Absorptionsgrad α ab wie die Strahlungsleistung Φ (Gl. (1.8-40)).

$$\frac{L_1}{L_2} = \frac{\alpha_1}{\alpha_2} \tag{1.8-41}$$

Ist der Strahler ① ein schwarzer Strahler mit dem Absorptionsgrad $\alpha_1 = 1$ und der Strahldichte L_{s1} so beträgt die Strahldichte des Strahlers ②

$$L_2 = \alpha_2 L_{s1} \ . \tag{1.8-42}$$

Damit ist es möglich, die Strahldichte des grauen Strahlers auf die des berechenbaren schwarzen Strahlers zurückzuführen.

Die Erfahrung zeigt, daß bei schwarzen und grauen Strahlern Absorptionsgrad α und Emissionsgrad ε gleich sind.

$$\varepsilon = \alpha \tag{1.8-43}$$

Im praktischen Fall kann der Absorptionsgrad α und damit der Emissionsgrad ε von der Frequenz ν bzw. Wellenlänge λ der Strahlung, der Temperatur T des Strahlers sowie von der Richtung der Strahlen abhängig sein.

$$\varepsilon(\nu,T,\psi,\vartheta) = \alpha(\nu,T,\psi,\vartheta) \tag{1.8-44}$$

$$\varepsilon(\lambda,T,\psi,\vartheta) = \alpha(\lambda,T,\psi,\vartheta) \tag{1.8-45}$$

Hier ist ψ der Zenitwinkel und ϑ der Azimutwinkel in einem sphärischen Koordinatensystem.

1.8.7   Graue Strahler

Graue Strahler haben ein geringeres Emissionsvermögen als schwarze Strahler.
Das Emissionsverrmögen $\varepsilon(\lambda, T)$ ist von der Wellenlänge λ und der Temperatur
T (als Parameter) abhängig [30].

$$\varepsilon(\lambda, T) < 1 \tag{1.8-46}$$

Die wahre Temperatur T_w eines grauen Strahlers muß höher sein als die (schwarze) Temperatur T_s eines schwarzen Strahlers, wenn beide Strahler in der Größe
und im Verlauf der spektralen Strahldichte zumindest in einem begrenzten Wellenlängenbereich übereinstimmen sollen. Je nach den Erfordernissen läßt sich die
schwarze Temperatur T_s oder die wahre Temperatur T_w mit Hilfe der folgenden
Formeln berechnen.

$$T_s = \frac{hc}{\lambda k} \cdot \frac{1}{\ln\left(\dfrac{e^{\frac{hc}{\lambda k T_w}} - 1}{\varepsilon(\lambda, T_w)} + 1\right)} \tag{1.8-47}$$

$$T_s = \frac{14387{,}86}{\ln\left(\dfrac{e^{\frac{14387{,}86}{(\lambda/\mu m)(T_w/K)}} - 1}{\varepsilon(\lambda, T_w)} + 1\right)} \ \text{K} \tag{1.8-48}$$

$$T_s \approx \frac{T_w}{1 - \dfrac{\lambda k T_w}{hc} \ln \varepsilon(\lambda, T_w)} \tag{1.8-49}$$

$$T_w = \frac{hc}{\lambda k} \cdot \frac{1}{\ln\left(\varepsilon(\lambda, T_w)\left(e^{\frac{hc}{\lambda k T_s}} - 1\right) + 1\right)} \tag{1.8-50}$$

$$T_w = \frac{14387{,}86}{\ln\left(\varepsilon(\lambda, T_w)\left(e^{\frac{14387{,}86}{(\lambda/\mu m)(T_s/K)}} - 1\right) + 1\right)} \ \text{K} \tag{1.8-51}$$

$$T_w \approx \frac{T_s}{1 + \dfrac{\lambda k T_s}{hc} \ln \varepsilon(\lambda, T_w)} \tag{1.8-52}$$

Die Gleichungen (1.8–50), (1.8–51) und (1.8–52) sind bei bekanntem Emissionver-
mögen $\varepsilon(\lambda, T)$ in einem kleinen Wellenlängenbereich $\Delta \lambda$ durch Iteration lösbar.

2 Fotometrie

2.1 Das menschliche Auge

2.1.1 Aufbau des menschlichen Auges

Das Auge bildet ein dioptrisches System mit vier Elementen: Hornhaut, Vorderkammer, Linse und Glaskörper, die man zu zwei Funktionsgruppen zusammenfassen kann. Eine Gruppe besteht aus der Hornhaut und der mit Flüssigkeit gefüllten Vorderkammer; die andere Gruppe wird durch die Linse und den Glaskörper gebildet (Bild 2.1–1). Dargestellt ist der schematische Aufbau des menschlichen Auges mit der optischen Achse, die vom Hornhautscheitel zum hinteren Pol verläuft, der zwischen Netzhautgrube und Papille liegt, und der Sehachse oder Gesichtslinie, die das anvisierte Objekt mit der Netzhautgrube, der Stelle schärfsten Sehens, verbindet.

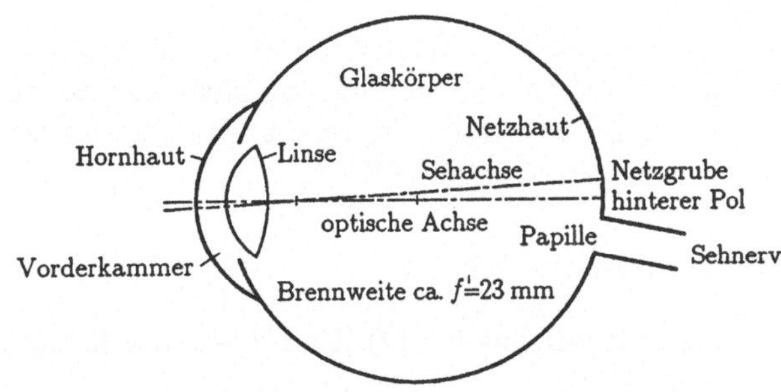

Bild 2.1–1 Aufbau des menschlichen Auges
(Schematische Darstellung)

Das menschliche Auge zeichnet sich durch folgende besondere Fähigkeiten aus:

1. Akkomodation

    Die Brechkraft der Augenlinse kann durch die Änderung der Krümmung der Linsenoberfläche mit Hilfe des Zillarmuskels so variiert werden, daß Gegenstände unabhängig von ihrer Entfernung vom Auge auf der Netzhaut scharf abgebildet werden.

2. Pupillenreaktion (Adaption)

2.1 Lichtreaktion der Pupillen

Die schwarz erscheinende runde Blendenöffnung in der Iris ändert ihren Durchmesser gemäß der physiologischen Erfordernisse, die sich beim angestrengten Fixieren eines Objekts oder bei Änderung der Leuchtdichte im Gesichtsfeld ergeben.

2.2 Konvergenzreaktion

Die Fixierung von nahe gelegenen Objekten macht eine Konvergenz der Blicklinien nötig. Um unter diesen Umständen noch eine scharfe Abbildung auf der Netzhaut zu bekommen, wird vom Gehirn eine Pupillenverengung veranlaßt.

2.3 Psychisch bedingte Erweiterungsreaktionen von Pupillen

Freude, Schmerz, Angst oder Schreck können zu einer Erweiterung der Pupillen führen.

Die Netzhaut oder Retina besitzt 10^8 Stäbchen- und $7 \cdot 10^6$ Zäpfchenzellen. Die Zäpfchen werden oberhalb einer Leuchtdichte von $L = 10\,\text{cd/m}^2$ erregt und ermöglichen das Tagessehen oder Zäpfchensehen. Sie sind im Mittelteil der Netzhaut innerhalb der Netzgrube im gelben Fleck besonders konzentriert. In diesem Bereich ist das schärfste Sehen möglich. Durch dauernde Augenbewegungen kann der relativ kleine Bereich hohen Auflösungsvermögen für ein großes Gesichtsfeld verwendet werden.

Die Stäbchen werden unterhalb einer Leuchtdichte von $L = 10^{-3}\,\text{cd/m}^2$ erregt und sprechen auf Helligkeitsunterschiede an. Die Zäpfchen können auf diese geringe Leuchtdichte nicht reagieren. Die Stäbchen sind außerhalb des Mittelteils in weniger hoher Konzentration verteilt als die Zäpfchen.

2.1.2 Augenempfindlichkeit

Die fotopische Augenempfindlichkeit $V(\lambda)$ (Bild 2.1–2) des helladaptierten Auges liegt im Wellenlängenbereich von $\lambda = 380\,\text{nm}$ bis $\lambda = 780\,\text{nm}$ und hat ihr Maximum $V(\lambda) = 1$ bei $\lambda_{max} = 555\,\text{nm}$. Sie ist durch das Verhältnis

$$V(\lambda) = \frac{L_{e\lambda max}}{L_{e\lambda}} \tag{2.1-1}$$

definiert, wobei $L_{e\lambda max} = (\mathrm{d}L_e/\mathrm{d}\lambda)_{max}$ die spektrale Strahldichte bei der Wellenlänge $\lambda = 555\,\text{nm}$ ist und $L_{e\lambda} = \mathrm{d}L_e/\mathrm{d}\lambda$ die spektrale Strahldichte bei der Wellenlänge, für die die Augenempfindlichkeit bestimmt werden soll. Wenn die (größere) Strahldichte $L_{e\lambda} \cdot \Delta\lambda$ einer „monochromatischen" Strahlung mit dem Wellenlängenintervall $\Delta\lambda$ den gleichen „Helligkeitseindruck" (Erregung der Zäpfchenzellen) erzeugt wie die Strahldichte $L_{e\lambda max} \cdot \Delta\lambda$, läßt sich die Augenempfindlichkeit $V(\lambda)$ nach Gleichung (2.1–1) berechnen. Eine monochromatische Strahlung ist nicht durch eine einzige Wellenlänge gekennzeichnet, wie man es vermuten könnte, sondern durch einen relativ kleinen Wellenlängenbereich $\Delta\lambda$. Die obere Grenze der Leuchtdichte beträgt im fotopischen Bereich $L_v = 10^2\,\text{cd/m}^2$ (Tabelle 1.7–1).

Die skotopische Augenempfindlichkeit $V'(\lambda)$ (Bild 2.1–2) des dunkeladaptierten Auges liegt im Wellenlängenbereich von $\lambda = 330\,\text{nm}$ bis $\lambda = 730\,\text{nm}$ und hat ihr Maximum $V'(\lambda) = 1$ bei $\lambda_{\max} = 507\,\text{nm}$. Die untere Grenze der Leuchtdichte beträgt im skotopischen Bereich $L_{\text{v}} = 10^{-5}\,\text{cd/m}^2$.

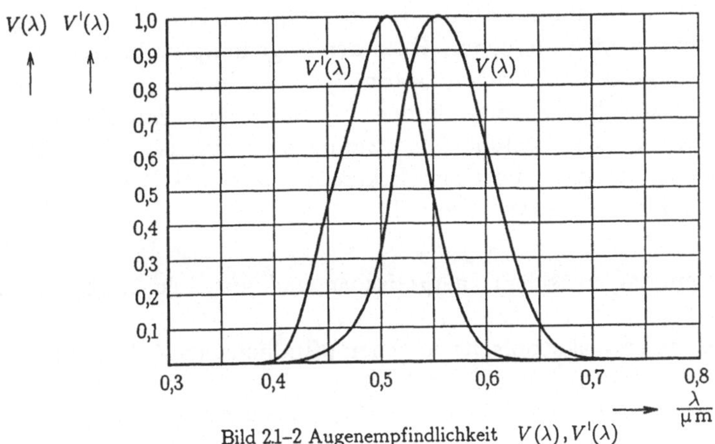

Bild 2.1–2 Augenempfindlichkeit $V(\lambda), V'(\lambda)$

2.1.3   Additionstheorem

Eine in das Auge eintretende monochromatische Strahlung im sichtbaren Bereich bewirkt eine Erregung der Empfängerzellen, die der Leuchtdichte des betrachteten Objekts proportional ist.

$$V(\lambda)\,L_{e\lambda}(\lambda)\,\Delta\lambda \tag{2.1–2}$$

Treffen nun mehrere monochromatische Strahlungen auf die Netzhaut, dann ist die Erregung der betreffenden Sehzellen gleich der Summe der Einzelerregungen. Gehört die Strahlung zu einem zusammenhängenden Teil eines Spektrums, so entspricht die Erregung dem folgenden Ausdruck.

$$\int V(\lambda)\,L_{e\lambda}(\lambda)\,\mathrm{d}\lambda \tag{2.1–3}$$

Die physiologische Bewertung einer Strahlung durch das menschliche Auge beruht auf der Additivität der Erregungen durch die einzelnen Strahlungsfragmente. Die technischen Sensoren arbeiten nach dem gleichen Prinzip. Das Additionstheorem ist eine Grundbedingung für die Fotometrie.

2.2 Fotometrisches Strahlungsäquivalent

Bei der Berechnung optischer Systeme verwendet man einerseits die energetischen, strahlungsphysikalischen oder radiometrischen Größen und andererseits
die visuellen, lichttechnischen oder fotometrischen Größen (Tabelle 1.7–1). Im Gegensatz zur Strahlungsphysik erfolgt in der Lichttechnik eine physiologisch-opti-
sche Bewertung der Strahlung mit Hilfe der Augenempfindlichkeit. Die Formelzeichen der energetischen Größen bekommen den Index „e", die der visuellen
Größen den Index „v". Die Indizes können entfallen, wenn kein Zweifel an der Art
der verwendeten Größen besteht. Die strahlungsphysikalischen Größen, die sich
auf den schwarzen Strahler beziehen, bekommen den Index „s", wenn man diese
Tatsache besonders herausstreichen will.

Der Zusammenhang zwischen energetischen und visuellen Größen gründet sich
auf

die fotopische bzw. skotopische Augenempfindlichkeit: $V(\lambda)$, $V'(\lambda)$,
die Einheit der Lichtstärke: Candela, cd,
den Maximalwert des fotometrischen Strahlungsäquivalents: K_m, K'_m
und die Gestzmäßigkeiten des schwarzen Strahlers (Gl. (1.8–10) und (1.8–11)).

Für eine monochromatische Strahlung erfolgt die Umrechnung der energetischen
in die visuelle Größe je nach Leuchtdichte des Objekts durch die Beziehungen

$$X_{v\lambda} = K_m V(\lambda) X_{e\lambda} \quad \text{bei einer Leuchtdichte von } L_v = 10 \ldots 10^2 \, \text{cd/m}^2 \qquad (2.2\text{–}1)$$

$$X'_{v\lambda} = K'_m V'(\lambda) X_{e\lambda} \quad \text{bei einer Leuchtdichte von } L_v = 10^{-5} \ldots 10^{-3} \, \text{cd/m}^2 \, . \quad (2.2\text{–}2)$$

$X_{e\lambda}$ ist eine spektrale, strahlungsphysikalische Größe und $X_{v\lambda}$ eine spektrale, visuelle Größe. gemäß der Tabelle 1.7–1.

Für eine Mischstrahlung innerhalb eines zusammenhängenden Wellenlängenbereichs erfolgt die Umrechnung der strahlungsphysikalischen in visuelle Größen
nach dem Additionstheorem durch Integration der durch die Augenempfindlichkeit $V(\lambda)$ bzw. $V'(\lambda)$ gewichteten spektralen Größen über den gesamten Wellenlängenbereich. Je nach Leuchtdichte des Objekts geschieht die Umrechnung nach
folgenden Beziehungen.

$$X_v = K_m \int X_{e\lambda} V(\lambda) \, d\lambda \qquad (2.2\text{–}3)$$

$$X'_v = K'_m \int X_{e\lambda} V'(\lambda) \, d\lambda \qquad (2.2\text{–}4)$$

Der Maximalwert des fotometrischen Strahlungsäquivalents gründet sich auf die
Einheit der Lichtstärke, das Candela. Nach DIN 5031 (Teil 3) vom Mai 1977 beträgt die Lichtstärke von 1/60 cm^2 der Oberfläche eines schwarzen Strahlers mit

der Temperatur des schmelzenden Platins $T_{Pt} = 2042\,K$ bei einem Druck von $p = 101325\,N/m^2$ senkrecht zur Oberfläche $I_v = 1cd$. Die Oberfläche dieses Strahlers hat demnach die Leuchtdichte $L_v = 60\cdot10^4\,cd/m^2$.

Zur Bestimmung des maximalen fotometrischen Äquivalents K_m und K'_m dienen die Beziehungen

$$K_m = \frac{L_v}{\int L_{e\lambda}V(\lambda)\,d\lambda} = \frac{L_v}{L_{e\lambda\max}\int S_\lambda V(\lambda)\,d\lambda} \quad , \tag{2.2-5}$$

$$K'_m = \frac{L_v}{\int L_{e\lambda}V'(\lambda)\,d\lambda} = \frac{L_v}{L_{e\lambda\max}\int S_\lambda V'(\lambda)\,d\lambda} \quad . \tag{2.2-6}$$

S_λ ist die von Einheiten befreite Strahlungsfunktion in Abhängigkeit von der Wellenlänge λ mit einem Maximum von 1. Nach Gleichung (1.8–14) beträgt die maximale spektrale Strahldichte für eine Temperatur von $T = 2042\ K$

$$L_{e\lambda\max} = 0,14542\cdot10^6\ W/m^2\mu m\ sr\ \ . \tag{2.2-7}$$

Mit Hilfe der Gleichung (1.8–11) und der Augenempfindlichkeit $V(\lambda)$ bzw. $V'(\lambda)$ ergeben sich für die Integrale (Gl.(5.4–7)) folgende Werte (Bild 2.2–1 und 2.2–2).

$$\int L_{e\lambda}V(\lambda)\,d\lambda = 876,3685\ W/m^2\,sr \qquad T = T_{Pt} \tag{2.2-8}$$

$$\int L_{e\lambda}V'(\lambda)\,d\lambda = 341,2647\ W/m^2\,sr \qquad T = T_{Pt} \tag{2.2-9}$$

Die Gleichungen (2.2–5) und (2.2–6) führen dann rein rechnerisch zu den Maximalwerten der fotometrischen Strahlungsäquvalente.

$$K_m = 684,65\ lm/W \tag{2.2-10}$$
$$K'_m = 1758,17\ lm/W \tag{2.2-11}$$

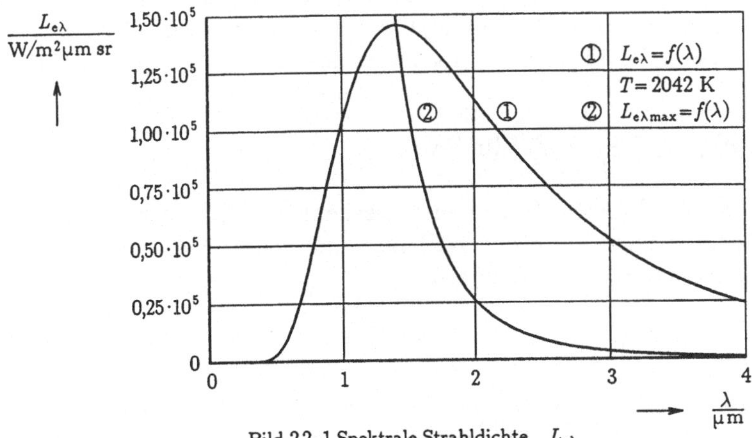

Bild 2.2–1 Spektrale Strahldichte $L_{e\lambda}$

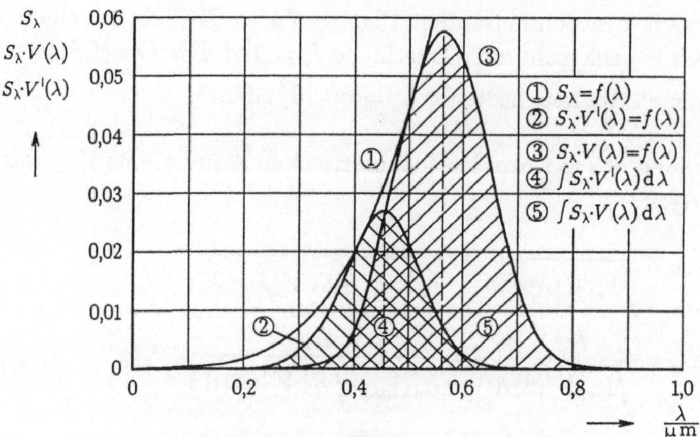

Bild 2.2-2 Fotometrisches Strahlungsäquivalent K_m und K'_m
einer Wärmestrahlung $T = 2042\ K$

In den DIN-Normen DIN 5031 (Teil3) von März 1982 ist nun zur Vereinfachung festgelegt, daß bei einer Strahlung mit einer Wellenlänge von $\lambda = 555\,nm$ oder einer Frequenz von $\nu = 540\ THz$ der Lichtstärke $I_v = 1cd$ eine Strahlstärke von $I_e = (1/683)\ W/sr$ entspricht. Dies gilt sowohl für den fotopischen (Tagessehen) als auch für den skotopischen (Nachtsehen) und mesopischen (Dämmerungssehen) Bereich.

Damit erhält der Maximalwert des fotometrischen Strahlungsäquivalents für das helladaptierte Auge mit $\lambda = 555\,nm$ und $V(\lambda) = 1$ den Wert

$$K_m = 683\ lm/W \qquad (2°\text{-Gesichtsfeld}) \tag{2.2-12}$$
$$K_m = 684\ lm/W \qquad (10°\text{-Gesichtsfeld})\ . \tag{2.2-13}$$

Nach DIN 5031, Teil 3, Seite 2 vom März 1983 gilt für das dunkel adaptierte Auge (Nachtsehen) bei einer Wellenlänge von $\lambda = 555\,nm$ und der Augenempfindlichkeit $V'(\lambda) = 0{,}402$ für den Maximalwert des Strahlungsäquivalents

$$K'_m = \frac{K_m}{V'(\lambda)} = 1699\ lm/W\ . \tag{2.2-14}$$

Im mesopischen Bereich (Dämmerungssehen) gilt für den Maximalwert des Strahlungsäquivalents bei einer Wellenlämnge von $\lambda = 555\,nm$ in Abhängigkeit von der äquivalenten Leuchtdichte L_{eq}

$$K_{m,eq} = \frac{K_m}{V_{eq}(\lambda)}\ , \tag{2.2-15}$$

wobei die äquivalente Augenempfindlichkeit V_{eq} von der äquvalenten Leuchtdichte L_{eq} nach Tabelle 2.2-1 abhängt.

Tabelle 2.2-1 Maximalwert des Strahlungsäquivalents im mesopischen Bereich für das $10°$-Gesichtsfeld in Abhängigkeit von der äquivalenten Leuchtdichte bei $\lambda = 555\,\text{nm}$ [DIN 5031 Teil 3]

$\dfrac{L_{eq}}{\text{cd}/\text{m}^2}$	10^{-5}	10^{-4}	10^{-3}	10^{-2}	10^{-1}	10^{0}	10^{1}	10^{2}
$\dfrac{K_{m,eq}}{\text{lm}/\text{W}}$	1699	1599	1485	1253	773	686	683	684
V_{eq}	0,4020	0,4271	0,460	0,5451	0,8836	0,9956	1	0,9985

2.3 Sender und Empfänger

2.3.1 Raumwinkel

Die Definition des Raumwinkels (Bild 2.3-1) lautet

$$\omega = \frac{A}{(D/2)^2}\,\Omega_0\ , \tag{2.3-1}$$

wobei A eine zusammenhängende Fläche auf der Kugeloberfläche und D der Durchmesser der Kugel ist. Die Einheit des Raumwinkels beträgt $\Omega_0 = 1\,\text{sr}$.

Die Oberfläche einer Kugel beträgt

$$A_{\text{Kugel}} = \pi D^2\ . \tag{2.3-2}$$

Die Oberfläche A einer Kugelkalotte beträgt

$$A_{\text{Kalotte}} = \frac{\pi D}{2}\left(D - \sqrt{D^2 - d^2}\right) \tag{2.3-3}$$

mit D als Kugeldurchmesser und d als Kalottendurchmesser. Daraus leiten sich die folgenden Beziehungen für den Raumwinkel ω ab, wenn γ der halbe Kegelwinkel des die Kalotte bildenden Kegels ist (Bild 2.3-1).

$$\omega = 2\pi\left(1 - \sqrt{1 - (d/D)^2}\right)\Omega_0 \tag{2.3-4}$$

$$\omega = 2\pi(1 - \cos\gamma)\Omega_0 \tag{2.3-5}$$

$$\omega = 4\pi\sin^2(\gamma/2)\Omega_0 \tag{2.3-6}$$

Der volle Raumwinkel, der den gesamten Raum erfasst, beträgt

$$\omega_{\text{Raum}} = 4\pi\,\Omega_0\ . \tag{2.3-7}$$

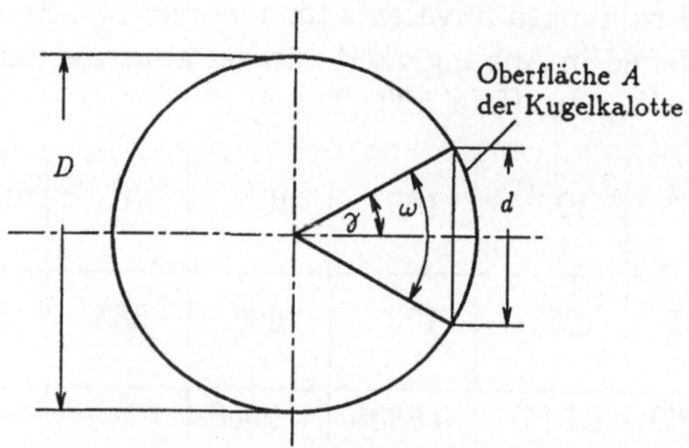

Bild 2.3-1 Raumwinkel ω

2.3.2 Punktstrahler

Bei einem Punktstrahler ist die Strahl- oder Lichtstärke I nach allen Richtungen hin konstant und somit vom Raumwinkel ω unabhängig. Die Abstrahlcharakteristik des Punktstrahlers ist also kugelförmig, wobei der Strahler im Mittelpunkt der Kugel liegt.

$$I(\omega) = I = \text{konst} \tag{2.3-8}$$

Die Strahlungsleistung oder der Lichtstrom Φ ist von dem durchstrahlten Raumwinkel ω_S abhängig. Der Raumwinkel ω_S, in den der Sender strahlt, wird durch die geometrischen Verhältnisse, z. B. durch die strahlenempfindliche Fläche von Fotodioden, durch Blenden oder Eingangspupillen von optischen Systemen, bestimmt.

$$\Phi = \int\limits_{\omega=0}^{\omega=\omega_S} I(\omega)\,d\omega = I\,\omega_S \tag{2.3-9}$$

Ein Kegel mit dem halben Kegelwinkel γ beschreibt gemäß Gleichung (2.3-5) den Raumwinkel

$$\omega_S = 2\pi(1-\cos\gamma)\,\Omega_0 \ . \tag{2.3-10}$$

In den Kegelwinkel 2γ ergießt sich also die Strahlungsleistung oder der Lichtstrom

$$\Phi = 2\pi I(1-\cos\gamma)\,\Omega_0 \ . \tag{2.3-11}$$

Nach Gleichung (2.3-9) fließt in den vollen Raumwinkel (Gl.(2.3-7))

$$\omega_{S\,\text{Raum}} = 4\pi\,\Omega_0 \tag{2.3-12}$$

die Strahlungsleistung oder der Lichtstrom

$$\Phi_{\text{Raum}} = 4\pi I\,\Omega_0 \ . \tag{2.3-13}$$

Die Bestrahlungs- oder Beleuchtungsstärke

$$E = \frac{\Phi}{A_E} \qquad (2.3\text{-}14)$$

auf einer tangential zur Abstandskugel gelegenen Empfängerfläche A_E im Abstand r von der Strahlungsquelle beträgt, wenn man den Raumwinkel ω_S nach Gleichung (2.3-1) berücksichtigt

$$\omega_S = \frac{A_E}{r^2} \Omega_0 \; , \qquad (2.3\text{-}15)$$

$$E = \frac{I}{r^2} \Omega_0 \; . \qquad (2.3\text{-}16)$$

Diese Beziehung ist auch unter der Bezeichnung fotometrisches Entfernungsgesetz bekannt. Ein Punktstrahler ist praktisch nicht zu realisieren. Damit die Berechnungsformeln trotzdem angewandt werden können, muß der Abstand, in dem die Wirkung des Strahlers ausgenutzt werden soll, groß sein gegenüber den tatsächlichen Abmessungen des Punktstrahlers, z.B. den Abmessungen der Glühwendel einer Glühlampe.

2.3.3 Lambertscher Strahler

Der Lambertsche Strahler (Bild 2.3-2) ist eine diffus strahlende, mattweiße Fläche, die das auf sie einfallende Licht gleichmäßig reflektiert und vollkommen zerstreut. Die Strahl- oder Leuchtdichte L der reflektierenden oder auch selbstleuchtenden Senderfläche A_S ist über die Fläche und den durchstrahlten Raumwinkel konstant. Die Strahl- oder Lichtstärke I des Lambertschen Strahlers (Tabelle 1.7-1) ist richtungsabhängig. Senkrecht zur Senderfläche A_S ist sie am größten. Parallel zur Senderfläche ist sie gleich Null. Die Abstrahlcharakteristik des Lambertschen Strahlers ist kugelförmig. Die Senderfläche tangiert die Abstrahlcharakteristik. Der Strahlungsfluß oder Lichtstrom Φ, der von einem Lambertschen Strahler ausgeht und auf eine Empfänger trifft, sowie die Bestrahlungs- oder Beleuchtungsstärke E, mit der der Lambertsche Strahler auf einen Empfänger einwirkt, kann nur dann auf einfache Weise berechnet werden, wenn der Abstand r zwischen Sender- und Empfängerfläche gegenüber den Abmessungen der Senderfläche relativ groß ist. Das läßt sich durch folgende Beziehung ausdrücken.

$$r \gg \sqrt{A_S} \qquad (2.3\text{-}17)$$

Senkrecht zur Senderfläche A_S tritt die größte Strahl- oder Lichtstärke I_0 auf.

$$I_0 = L A_S \qquad (2.3\text{-}18)$$

Bei einem Austrittsswinkel ε_S gegenüber der Senkrechten hat die Strahl- oder Lichtstärke des Senders $I(\varepsilon_S)$ die Größe (Bild 2.3-2)

$$I(\varepsilon_S) = L A_S \cos \varepsilon_S \; . \qquad (2.3\text{-}19)$$

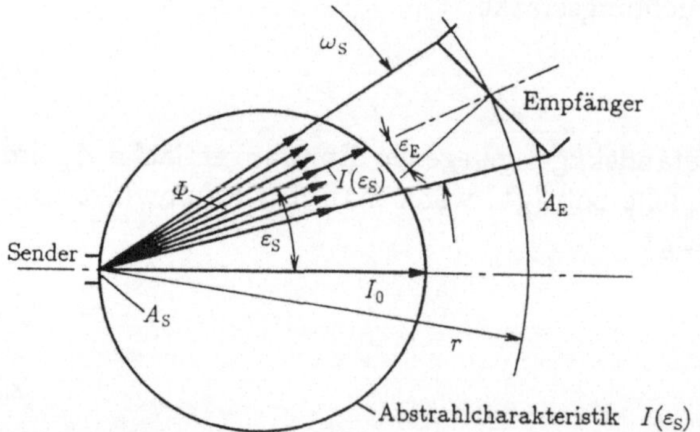

Bild 2.3–2 Lambertsches Gesetz

Der Strahlungsfluß oder Lichtstrom Φ, der in den Raumwinkel ω_S und auf die Empfängerfläche A_E fällt, beträgt (Tabelle 1.7–1)

$$\Phi = \int\limits_{\omega=0}^{\omega=\omega_S} I(\varepsilon_S)\,d\omega = LA_S \int\limits_{\omega=0}^{\omega=\omega_S} \cos\varepsilon_S\,d\omega \;. \tag{2.3–20}$$

Wenn vorausgesetzt wird, daß der Abstand r zwischen Sender- und Empfängerfläche relativ groß ist gegenüber den Abmessungen der Empfängerfläche, kann der Austrittswinkel ε_S gegenüber der Normalen der Senderfläche als konstant angesehen werden.

$$r \gg \sqrt{A_E} \tag{2.3–21}$$

Der Raumwinkel ω_S, unter dem die Empfängerfläche von der Senderfläche aus gesehen wird, beträgt unter den gleichen Bedingungen nach Gleichung (2.3–1)

$$\omega_S = \frac{A_E}{r^2}\,\Omega_0 \tag{2.3–15}$$

Somit erhält man für den von der Senderfläche ausgehenden Strahlungsfluß oder Lichtstrom Φ

$$\Phi = \frac{LA_S \cos\varepsilon_S\, A_E}{r^2}\,\Omega_0 \;. \tag{2.3–22}$$

Ist die Normale der Empfängerfläche gegenüber der Verbindungslinie zwischen Sender- und Empfängerfläche (optische Achse) um den Auftreffwinkel ε_E geneigt, so muß die Empfängerfläche A_E entsprechend korrigiert werden. Für das vollständige fotometrische Grundgesetz ergibt sich dann

$$\Phi = \frac{LA_S \cos\varepsilon_S \cos\varepsilon_E\, A_E}{r^2}\,\Omega_0 \;. \tag{2.3–23}$$

Die Bestrahlungs- oder Beleuchtungsstärke (Tabelle 1.7–1)

$$E = \frac{d\Phi}{dA} \tag{2.3–24}$$

kann unter Beachtung der Bedingungen (2.3–17) und (2.3–21) auch in der Form

$$E = \frac{\Phi}{A_E} \tag{2.3–14}$$

geschrieben werden. Man erhält dann das fotometrische Entfernungsgesetz

$$E = \frac{L A_S \cos \varepsilon_S \cos \varepsilon_E}{r^2} \Omega_0 \quad . \tag{2.3-25}$$

Breitet sich der Strahlungsfluß oder Lichtstrom Φ eines Lambertschen Strahlers in Form eines Strahlenkegels senkrecht zur Senderfläche aus, fallen also die Normale der Senderfläche und die Kegelachse zusammen (Bild 2.3–3) und ist γ der halbe Kegelwinkel des Strahlenkegels, so ergibt sich für den Strahlungsfluß oder Lichtstrom Φ folgende Berechnung.

$$\Phi = \int\limits_{\omega=0}^{\omega=\omega_S} I(\varepsilon_S)\, d\omega = L A_S \int\limits_{\omega=0}^{\omega=\omega_S} \cos\varepsilon_S\, d\omega \tag{2.3-20}$$

$$\omega = 2\pi(1-\cos\varepsilon_S)\Omega_0 \tag{2.3-26}$$

$$d\omega = 2\pi\sin\varepsilon_S\, d\varepsilon_S\, \Omega_0 \tag{2.3-27}$$

$$\Phi = 2\pi L A_S \int\limits_{\varepsilon_S=0}^{\varepsilon_S=\gamma} \cos\varepsilon_S \sin\varepsilon_S\, d\varepsilon_S\, \Omega_0 \tag{2.3-28}$$

$$\Phi = \pi L A_S \sin^2\gamma\, \Omega_0 \tag{2.3-29}$$

Der Abstand r, für den diese Beziehung gilt, muß groß sein gegenüber den Abmessungen der Senderfläche A_S, d.h. es muß die Bedingung der Gleichung (2.3–17) beachtet werden.

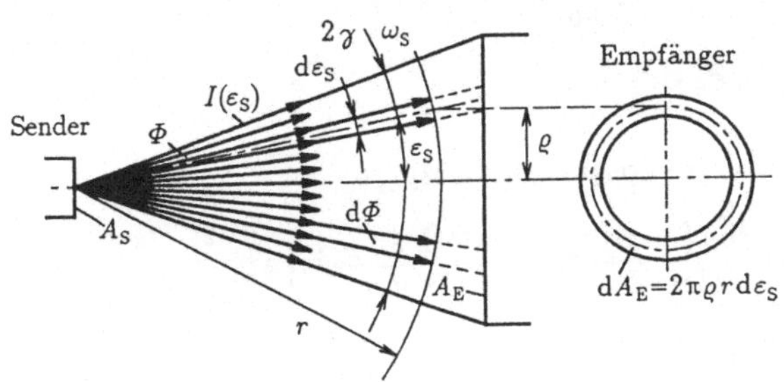

Bild 2.3–3 Strahlungsleistung oder Lichtstrom eines Lambertschen Strahlers

Die spezifischen Ausstrahlung oder spezifische Lichtausstrahlung M (Tabelle 1.7–1)

$$M = \frac{d\Phi}{dA_S} \tag{2.3-30}$$

kann unter Beachtung der Bedingung der Gleichung (2.3–17) auch in der Form

$$M = \frac{\Phi}{A_S} \tag{2.3-31}$$

geschrieben werden. Die spezifische Austrahlung oder Lichtausstrahlung eines Lambertschen Strahlers in den Halbraum, d.h. für einen Öffnungswinkel von $2\gamma = 180°$, beträgt demnach

$$M_{\text{Halbraum}} = \pi L \Omega_0 \ . \tag{2.3-32}$$

2.3.4   Lumineszenzstrahler

Die Abstrahlcharakteristik eines Lumineszenzstrahlers läßt sich im Falle einer keulenförmigen Gestalt analytisch, d.h. mit Hilfe einer mathematischen Funktion beschreiben. Die Strahl- oder Lichtstärke $I(\varepsilon_S)$ in Richtung des Austrittsswinkels ε_S gegenüber der Mittelachse beträgt dann (Bild 2.3-2)

$$I(\varepsilon_S) = I_0 \cos(n\,\varepsilon_S) \ . \tag{2.3-33}$$

In dieser Beziehung ist I_0 die Strahl- oder Lichtstärke in Richtung der Mittelachse. I_0 ist auch die größte Strahl- oder Lichtstärke, wenn die Leuchtdiode nicht „schielt". Die Form der Keule wird durch den Schlankheitsgrad n festgelegt. Bei $n = 1$ liegt ein Lambertscher Strahler vor.

Für die Strahlungsleistung oder den Lichstrom Φ, der sich in einen Kegel mit dem halben Kegelwinkel γ ergießt, ergibt sich (Gl (2.3-20))

$$\Phi = \int\limits_{\omega\,=\,0}^{\omega\,=\,\omega_S} I(\varepsilon_S)\,\mathrm{d}\omega \ = \ I_0 \int\limits_{\omega\,=\,0}^{\omega\,=\,\omega_S} \cos(n\varepsilon_S)\mathrm{d}\omega \ , \tag{2.3-34}$$

$$\mathrm{d}\omega = 2\pi \sin\varepsilon_S \ \mathrm{d}\varepsilon_S \ \Omega_0 \ , \tag{2.3-27}$$

$$\Phi = 2\pi I_0 \int\limits_{\varepsilon_S\,=\,0}^{\varepsilon_S\,=\,\gamma} \sin\varepsilon_S \cos(n\varepsilon_S)\mathrm{d}\varepsilon_S \ \Omega_0 \ , \tag{2.3-35}$$

$$\Phi = 2\pi I_0 \left[\frac{\cos(1-n)\varepsilon_S}{2(n-1)} - \frac{\cos(1+n)\varepsilon_S}{2(1+n)}\right]_{\varepsilon_S\,=\,0}^{\varepsilon_S\,=\,\gamma} \Omega_0 \ , \tag{2.3-36}$$

$$n > 1 \qquad n \ \text{ganze Zahl} \ .$$

Der Grenzwinkel der keulenförmigen Abstrahlcharakteristik beträgt

$$\gamma_G = \frac{\pi/2}{n} \ . \tag{2.3-37}$$

Die Strahlungsleistung oder der Lichtstrom Φ nach Gleichung (2.3-36) gilt nur bei entsprechend großem Abstand r zwischen dem Sender und dem Wirkungsort. Es gilt die Bedingung

$$r \gg \sqrt{A_S} \ . \tag{2.3-17}$$

Neben der Abstrahlcharakteristik und der maximalen Strahl- oder Lichtstärke I_0 ist die Lumineszenzdiode noch durch ihre Strahlungsfunktion $S_{\lambda\,\text{LED}}(\lambda)$ gekennzeichnet, die die Verteilung der Wellenlänge der Strahlung angibt.

2.3.5   Glühlampe

Für den Einsatz in optischen Geräten ist die Kenntnis des Wellenlängenbereichs und der Lichtausbeute der Glühlampen von Wichtigkeit. Der Wellenlängenbereich ist von Temperatur des Glühfadens abhängig. Bei konventionellen Glühlampen liegt die mittlere Temperatur des Glühfadens im Bereich von 2600 bis 3000 K bei Halogenglühlampen im Bereich von 3000 bis 3400 K. Da sich der Glühfaden etwa wie ein schwarzer Strahler verhält, läßt sich der Wellenlängenbereich mit Hilfe des Planckschen Strahlungsgesetzes abschätzen.

Die Lichtausbeute η ist das Verhältnis zwischen Lichtstrom Φ und elektrischer Leistung P der Glühlampe. (Tabelle 2.3–1).

$$\eta = \frac{\Phi}{P} \tag{2.3-38}$$

Tabellle 2.3–1   Lichtausbeute von Glühlampen

$\dfrac{P}{\text{W}}$	15	25	40	60	75	100	150	200	300	500	1000
$\dfrac{\eta}{\text{lm/W}}$	6	9,2	10,7	12,2	12,8	13,8	14,8	15,7	16,7	16,8	18,8

Für optische Zwecke ist bei gerichteter Lichtübertragung eine kompakte strukturlose Lichtquelle mit gleichmäßiger Leuchtdichte am besten geeignet. Nur ist diese Forderung mit einer Glühwendel kaum zu erfüllen. Wird bei gerichteter Lichtübertragung die gesamte Glühwendel auf dem zu beleuchtenden Objekt abgebildet, so ist nicht gewährleistet, daß das Objekt gleichmäßig beleuchtet wird. Durch eine leicht unscharfe Abbildung kann dieser Effekt etwas abgemildert werden. Eine gleichmäßige Ausleuchtung des Objekts erzielt man, wenn nur ein Teil der Glühwendel mit gleichmäßiger Leuchtdichte für die Beleuchtung des Objekts ausgenutzt wird. Allerdings wird dann auch nur ein Teil des Lichtstromes der Lampe für die Beleuchtung verwertet.

Zur Beurteilung einer Glühlampe als Kugelstrahler eignet sich die Abstrahlcharakteristik der Strahlstärke oder Lichtstärke I als Funktion des Abstrahlwinkels. Wenn die Abstrahlcharakteristik nicht vorgegeben ist, d. h. wenn nur die elektrische Leistung P und die Lichtausbeute η bekannt sind, kann man die Strahlstärke oder Lichtstärke der Einfachheit halber auch in allen Abstrahlrichtungen als konstant ansehen. Durch Integration über den interessierenden Abstrahlwinkel läßt sich die Strahlungsleistung oder der Lichtstrom Φ berechnen. Soll nur ein Teil der Glühwendel ausgenutzt werden, braucht man zur Berechnung der Bestrahlungs- oder Beleuchtungsstärke E die Strahl- oder Leuchtdichte L der Wendel. Man bekommt sie durch die Beziehung

$$L = \frac{\Phi}{4\pi A_{\text{proj}}\Omega_0} = \frac{I}{A_{\text{proj}}} \ . \tag{2.3-39}$$

A_{proj} ist darin die projizierte leuchtende Wendelfläche senkrecht zur Strahlrichtung. Weil die Strahl- oder Leuchtdichte L bei Glühlampen nicht exakt berechenbar ist, muß bei der Dimensionierung von optoelektronischen Einrichtungen genügend Sicherheit in den Lampendaten vorgesehen werden, um den erwarteten Zweck optimal zu erfüllen.

2.3.6 Fotodiode

Durch die in das Sperrgebiet einer Fotodiode eindringende elektromagnetische Strahlung geeigneter Wellenlänge werden durch den lichtelektrischen Effekt die Träger positiver und negativer Ladung (Elektronen und Löcher) getrennt. Es kommt im äußeren elektrischen Kreis zum Stromfluß.

Während die Siliziumfotodiode mit ihrem Empfindlichkeitsbereich den sichtbaren Wellenlängenbereich überdeckt, reicht bei den Germaniumfotodioden die Empfindlichkeit bis in das Infrarotgebiet. Der Bandabstand ΔW im Bändermodell bestimmt die Grenzwellenlänge λ_g.

$$\lambda_g = \frac{hc}{\Delta W} = \frac{1{,}24\ nm}{\Delta W/eV} \tag{2.3-40}$$

Lichtgeschwindigkeit $\quad\quad\quad\quad$ c $= 2{,}99792458 \cdot 10^8\,m/s$
Plancksche Konstante $\quad\quad\quad$ h $= 6{,}626176 \cdot 10^{-34}\,Ws^2$
Ladung des Elektrons $\quad\quad\quad$ e $= 1{,}602 \cdot 10^{-19}\,As$

Bandabstand
Silizium $\quad\quad\quad\quad\quad\quad\quad \Delta W = 1{,}1\,eV \quad\quad\quad \lambda_g = 1{,}1\,\mu m$
Germanium $\quad\quad\quad\quad\quad\quad \Delta W = 0{,}67\,eV \quad\quad \lambda_g = 1{,}85\,\mu m$

Wellenlängenabhängige Quantenausbeute der Fotodiode $\eta_D(\lambda)$

$$\eta_D(\lambda) = \frac{n_{el}}{n_{ph}} \tag{2.3-41}$$

n_{el} Anzahl der pro Zeit im Stromkreis transportierten Elektronen
n_{ph} Anzahl der pro Zeit auf die lichtempfindliche Fläche auffallenden Photonen

Fotostrom $\Delta I_{ph}(\lambda)$ im Wellenlängenbereich $\Delta \lambda$

$$\Delta I_{ph}(\lambda) = I_{ph\lambda}(\lambda)\Delta \lambda \tag{2.3-42}$$

$$\Delta I_{ph}(\lambda) = e\, n_{el} \tag{2.3-43}$$

Strahlungsleistung einer monochromatischen Strahlung $\Phi_e(\lambda)$ im Wellenlängenbereich $\Delta \lambda$

$$\Delta \Phi_e(\lambda) = \Phi_{e\lambda}(\lambda)\Delta \lambda \tag{2.3-44}$$

$$\Delta \, \Phi_e(\lambda) = n_{\mathrm{ph}}h\nu \qquad\qquad (2.3\text{-}45)$$

$h\nu$ Energie eines Photons, h Plancksche Konstante, ν Frequenz, $c = \lambda\nu$

In der absoluten wellenlängenabhängigen Fotoempfindlichkeit einer Fotodiode $s_e(\lambda)$ kann der spektrale Fotostrom $I_{\mathrm{ph}\,\lambda}$ entweder auf die spektrale Bestrahlungsstärke $E_{e\lambda}$ oder auf die spektrale Strahlungsleistung $\Phi_{e\lambda}$ bezogen werden. Um dieser Möglichkeit Rechnung zu tragen, werden zur Unterscheidung entsprechende Indizes verwendet wie die beiden folgenden Gleichungen zeigen.

$$s_{e\Phi}(\lambda) = \frac{I_{\mathrm{ph}\,\lambda}(\lambda)}{\Phi_{e\lambda}(\lambda)} \qquad\qquad (2.3\text{-}46)$$

$$s_{eE}(\lambda) = \frac{I_{\mathrm{ph}\,\lambda}(\lambda)}{E_{e\lambda}(\lambda)} \qquad\qquad (2.3\text{-}47)$$

Der Zusammenhang zwischen den beiden Arten der Empfindlichkeit lautet

$$s_{eE}(\lambda) = s_{e\Phi}(\lambda)A \; . \qquad\qquad (2.3\text{-}48)$$

In dieser Beziehung ist A die lichtempfindliche Fläche der Fotodiode.

Die Quantenausbeute $\eta_D(\lambda)$ hängt in folgender Weise mit der absoluten Empfindlichkeit $s_{e\Phi}(\lambda)$ zusammen.

$$s_{e\Phi}(\lambda) = \frac{e}{h\nu}\,\eta_D(\lambda) = \frac{\lambda e}{c\,h}\,\eta_D(\lambda) = \frac{\lambda/\mu\mathrm{m}}{1{,}24}\,\eta_D(\lambda)\frac{A}{W} \qquad (2.3\text{-}49)$$

Je nachdem, welche Daten der Fotodiode gegeben sind, läßt sich die Quantenausbeute $\eta_D(\lambda)$ oder die Empfindlichkeit $s_{e\Phi}(\lambda)$ berechnen. Wenn die Quantenausbeute bei der Wellenlänge $\lambda_{\max}$

$$\eta_D(\lambda) = 1 \qquad\qquad (2.3\text{-}50)$$

beträgt, ergibt ich für die größte Empfindlichkeit

$$s_{e\Phi}(\lambda)_{\max} = \frac{\lambda_{\max}/\mu\mathrm{m}}{1{,}24}\,\frac{A}{W} \; . \qquad\qquad (2.3\text{-}51)$$

Die absolute strahlenphysikalische Empfindlichkeit $s_e(\lambda)$ einer Fotodiode ist wie die Augenempfindlichkeit $V(\lambda)$ wellenlängenabhängig und für eine monochromatische Strahlung bei der Wellenlänge λ in allgemeiner Schreibweise durch das Verhältnis

$$s_e(\lambda) = \frac{Y_\lambda}{X_{e\lambda}} \qquad\qquad (2.3\text{-}52)$$

definiert. $X_{e\lambda}$ ist darin die spektrale Eingangsgröße, z. B. die spektrale Strahlungsleistung $\Phi_{e\lambda}$, mit der die Fotodiode beaufschlagt wird, und Y_λ die spektrale Ausgangsgröße, z. B. der durch den lichtelektrischen Effekt erzeugte spektrale

Fotostrom, wenn die Fotodiode im Kurzschluß, d. h. ohne Lastwiderstand, betrieben wird.

$$s_e(\lambda) = s_e(\lambda)_{max}\, s_{rel}(\lambda) \tag{2.3-53}$$

Die maximale Empfindlichkeit wird durch $s_e(\lambda)_{max}$ ausgedrückt und die relative und wellenlängenabhängige Empfindlichkeit durch $s_{rel}(\lambda)$.

Für eine Mischstrahlung innerhalb eines zusammenhängenden Wellenlängenbereichs beträgt die strahlungsphysikalische Empfindlichkeit

$$s_e = \frac{Y}{X_e}\,. \tag{2.3-54}$$

Die Ausgangsgröße Y, z. B. der Fotostrom, ist in folgender Weise definiert.

$$Y = \int X_{e\lambda}\, s_e(\lambda)\, d\lambda = s_e(\lambda)_{max} \int X_{e\lambda}\, s_{rel}(\lambda)\, d\lambda \tag{2.3-55}$$

Die Eingangsgröße X_e, z. B. die Strahlungsleistung Φ_e, mit der die Fotodiode beaufschlagt wird, ergibt sich durch die Integration der entsprechenden spektralen Größe.

$$X_e = \int_{\lambda=0}^{\lambda=\infty} X_{e\lambda}\, d\lambda \tag{2.3-56}$$

Damit ergibt sich für die energetische Empfindlichkeit s_e

$$s_e = \frac{\int X_{e\lambda}\, s_e(\lambda)\, d\lambda}{\int\limits_{\lambda=0}^{\lambda=\infty} X_{e\lambda}\, d\lambda} = s_e(\lambda)_{max}\, \frac{\int X_{e\lambda}\, s_{rel}(\lambda)\, d\lambda}{\int\limits_{\lambda=0}^{\lambda=\infty} X_{e\lambda}\, d\lambda}\,, \tag{2.3-57}$$

$$s_e = s_e(\lambda)_{max}\, \frac{\int S_\lambda\, s_{rel}(\lambda)\, d\lambda}{\int\limits_{\lambda=0}^{\lambda=\infty} S_\lambda\, d\lambda}\,. \tag{2.3-58}$$

Die visuelle oder lichttechnische Empfindlichkeit beträgt

$$s_v = \frac{Y}{X_v}\,. \tag{2.3-59}$$

Die visuelle Eingangsgröße X_v, z. B. der Lichtstrom Φ_v, ist nur im Wellenlängenbereich $\lambda = 380 \ldots 780$ nm sichtbar.

$$X_v = K_m \int_{\lambda=380\,nm}^{\lambda=780\,nm} X_{e\lambda}\, V(\lambda)\, d\lambda \tag{2.2-3}$$

Die visuelle Empfindlichkeit beträgt demnach

$$s_v = \frac{\int X_{e\lambda}\, s_e(\lambda)\, d\lambda}{K_m \int\limits_{\lambda=380\,nm}^{\lambda=780\,nm} X_{e\lambda}\, V(\lambda)\, d} = s_e(\lambda)_{max}\, \frac{\int S_\lambda\, s_{rel}(\lambda)\, d\lambda}{K_m \int\limits_{\lambda=380\,nm}^{\lambda=780\,nm} S_\lambda\, V(\lambda)\, d\lambda}\,. \tag{2.3-60}$$

Die energetische oder strahlungsphysikalische Empfindlichkeit s_e läßt sich auf die visuelle oder lichttechnische Empfindlichkeit s_v zurückführen.

$$s_e = s_e(\lambda)_{max} \frac{\int S_\lambda s_{rel}(\lambda)\,d\lambda}{\int\limits_{\lambda=0}^{\lambda=\infty} S_\lambda\,d\lambda} = s_v \frac{K_m \int\limits_{\lambda=380\,nm}^{\lambda=780\,nm} S_\lambda V(\lambda)\,d\lambda}{\int\limits_{\lambda=0}^{\lambda=\infty} S_\lambda\,d\lambda} \qquad (2.3\text{--}61)$$

Die Strom-Spannungskennlinie einer Fotodiode lautet

$$I = I_s\left(1 - e^{-U/U_T}\right) + I_{ph} \;, \qquad (2.3\text{--}62)$$

$$I_D = I_s\left(1 - e^{-U/U_T}\right) \;. \qquad (2.3\text{--}63)$$

I	Fotodiodenstrom in Sperrichtung in A
U	Fotodiodenspannung in Sperrichtung in V
I_D	Fotodiodenstrom bei $E = 0$ in A
I_s	Sättigungsstrom in Sperrichtung bei $E = 0$ und $U = \infty$ in A
$U_T = kT/e$	Temperaturspannung $U_T = 25{,}886\,mV$ für $T = 300\,K$
k	Boltzmann-Konstante
T	absolute Temperatur in Kelvin
$I_{ph} = s_e E_e$	durch die einfallende Lichtstrahlung hervorgerufene Fotostrom im
$I_{ph} = s_v E_v$	Kurzschluß in A
s_e	strahlungsphysikalische Empfindlichkeit in A/W oder A/W/m^2
s_v	lichttechnische Empfindlichkeit in A/lx oder A/lm

Der Sättigungsstrom I_s läßt sich mit Hilfe der Shockleyschen Beziehung berechnen. Jedoch sind die dazu notwendigen physikalischen Daten in den technischen Unterlagen der Hersteller optoelektronischer Bauelemente nicht zu finden. Mit zwei zusammengehörenden Wertepaaren der Kennlinie kommt man aber auch zum Ziel, wie das Beispiel 2.3–1 zeigt.

Aus dem Datenbuch eines Herstellers optoelektronischer Bauteile lassen sich beispielsweise folgende Daten einer Fotodiode entnehmen:

relative wellenlängenabhängige Emfindlichkeit $s_{rel}(\lambda)$ in Abhängigkeit von der Wellenlänge λ
absolute strahlungsphysikalische Empfindlichkeit $s_e(\lambda)$ für $\lambda = \lambda_0$ in A/W
Richtcharakteristik der Empfindlichkeit der Fotodiode
Kurzschlußstrom $I_{kurz} = I_{ph}$ in Abhängigkeit von der Beleuchtungsstärke E_v
Leerlaufspannung U_{leer} in Abhängigkeit von der Beleuchtungsstärke E_v
lichttechnische Empfindlichkeit (Photosensibilität) s_v in A/lx, mit Normlichtart A ($T = 2856$ K) ermittelt.

Für die Darstellung der Kennlinie der Fotodiode zur Ermittlung des Arbeitspunktes mit Hilfe der Widerstandsgeraden lassen sich die notwendigen Daten in folgender Weise berechnen.

$$I_\mathrm{s} = \frac{s_\mathrm{v} E_\mathrm{v}}{e^{U_\mathrm{leer}/U_\mathrm{T}} - 1} \tag{2.3-64}$$

Wenn die lichttechnische Empfindlichkeit s_v nicht unmittelbar gegeben ist, kann sie in folgender Weise berechnet werden.

$$\frac{s_\mathrm{e}(\lambda)_{\lambda=\lambda_0}}{s_\mathrm{e}(\lambda)_{\lambda_\mathrm{max}}} = \frac{s_\mathrm{rel}(\lambda)_{\lambda=\lambda_0}}{s_\mathrm{rel}(\lambda)_{\lambda_\mathrm{max}}} \qquad s_\mathrm{rel}(\lambda)_{\lambda_\mathrm{max}} = 1 \tag{2.3-65}$$

$$s_\mathrm{e}(\lambda)_{\lambda_\mathrm{max}} = \frac{s_\mathrm{e}(\lambda)_{\lambda=\lambda_0}}{s_\mathrm{rel}(\lambda)_{\lambda=\lambda_0}} \tag{2.3-66}$$

$$s_\mathrm{v} = s_\mathrm{e}(\lambda)_\mathrm{max} \frac{\int\limits_{\lambda=780\,\mathrm{nm}} S_{\lambda\,\mathrm{NLA}}\, s_\mathrm{rel}(\lambda)\,\mathrm{d}\lambda}{K_\mathrm{m} \int\limits_{\lambda=380\,\mathrm{nm}} S_{\lambda\,\mathrm{NLA}}\, V(\lambda)\,\mathrm{d}\lambda} \tag{2.3-67}$$

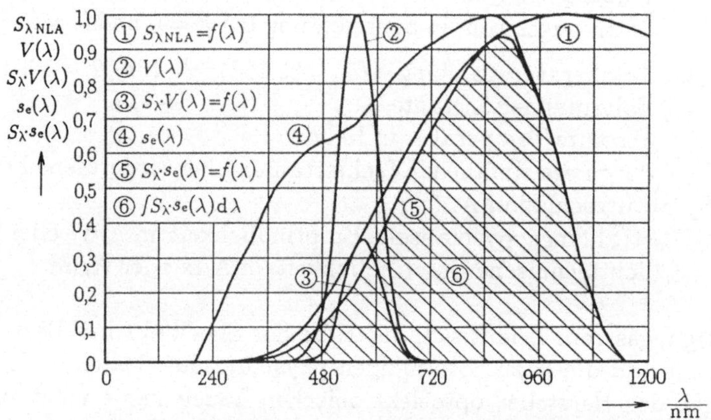

Bild 2.3-4 Energetische und visuelle Empfindlichkeit einer Fotodiode

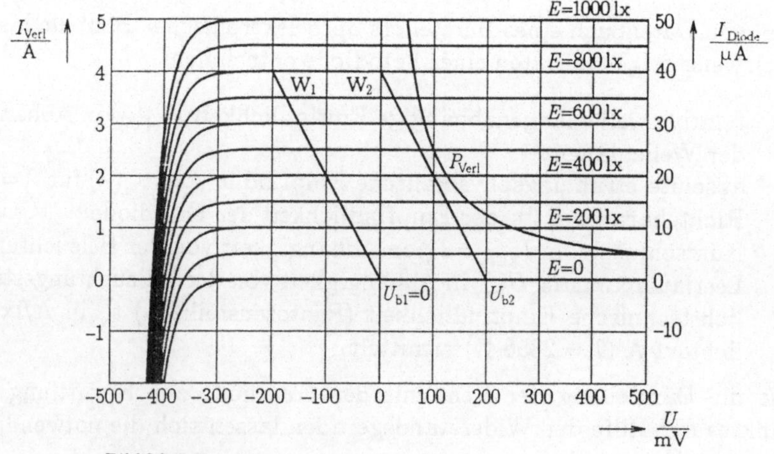

Bild 2.3-5 Kennlinienfeld einer Fotodiode

■ **Beispiel 2.3–1**   Energetische und visuelle Empfindlichkeit einer Fotodiode

Folgende Daten sind gegeben. (Bild 2.3-4 und 2.3-5)
Fotodiode SFH 291 Siemens Optoelectronics Data Book 1990

    Verlustleistung $P_{verl} = 250\ \mathrm{mW}$

    absolute wellenlängenabhängige Empfindlichkeit $s_e(\lambda)$ in Abhängigkeit von
    der Wellenlänge λ als Diagramm in A/W (Bild 2.3-4)

    größte absolute Empfindlichkeit $s_{e\Phi}(\lambda)_{\lambda_{max}} = 0{,}5\ \mathrm{A/W}$

    lichttechnische Empfindlichkeit $s_v = 50\ \mathrm{nA/lx}$

    lichtempfindliche Fläche $A = 7{,}45\ \mathrm{mm}^2$

    $U_{leer} = 450\,\mathrm{mV}$ bei $E_v = 1000\,\mathrm{lx}$ (Diagramm $U_{leer} = f(E_v)$)

    $I_{kurz} = 50\,\mu\mathrm{A}$ bei $E_v = 1000\,\mathrm{lx}$ (Diagramm $I_{kurz} = f(E_v)$)

Rechnungsgang

1. Maximale Empfindlichkeit

$$s_{eE}(\lambda)_{max} = s_{e\Phi}(\lambda)_{max} A \qquad \text{(Gl.(2.3–48))} \qquad s_{eE}(\lambda)_{max} = 3{,}725 \cdot 10^{-6} \frac{\mathrm{A}}{\mathrm{W/m}^2}$$

2. Visuelle Empfindlichkeit   (Bild 2.3-4)

$$\int S_{\lambda NLA} V(\lambda)\,d\lambda = 0{,}0371\,\mu\mathrm{m} \qquad \text{(Gl.(2.3–67))} \qquad s_v = 52\ \mathrm{nA/lx} \quad \text{(lt. Rechnung)}$$

$$\int S_{\lambda NLA} s_{rel}(\lambda)\,d\lambda = 0{,}3541\,\mu\mathrm{m} \qquad \text{(Gl.(5.4–7))} \qquad s_v = 50\ \mathrm{nA/lx} \quad \text{(lt. Datenbuch)}$$

3. Sättigungsstrom

$$I_s = \frac{s_v E_v}{e^{U_{leer}/U_T} - 1} \qquad \text{(Gl.(2.3–64))} \qquad I_s = 1{,}41 \cdot 10^{-3}\,\mathrm{nA}$$

4. Kennlinienfeld und Widerstandsgerade

$$I_{W1} = \frac{U_{b1} - U}{R_L} \qquad I_{W2} = \frac{U_{b2} - U}{R_L} \qquad \text{(Bild 2.3–5)}$$

Betriebsspannung $U_{b1} = 0$ oder $U_{b2} = 200\,\mathrm{mV}$ Lastwiderstand $R_L = 5\,\mathrm{k}\Omega$

2.4 Bewertung einer Strahlung

2.4.1   Fotopische Bewertung einer Strahlung

Für eine monochromatische Strahlung erfolgt die Umrechnung der energetischen
in die visuelle Größe im fotopischen Bereich durch die Beziehung

$$X_{v\lambda} = K_m V(\lambda) X_{e\lambda}\ . \tag{2.2–1}$$

Das wellenlängenabhängige fotometrische Strahlungsäquivalent beträgt

$$K(\lambda) = K_m V(\lambda)\ . \tag{2.4–1}$$

Für eine Mischstrahlung innerhalb eines zusammenhängenden Wellenlängenbereichs erfolgt die Umrechnung im fotopischen Bereich nach den Beziehungen

$$X_{\rm v} = K X_{\rm e} \; , \tag{2.4-2}$$

$$X_{\rm v} = K_{\rm m} \int\limits_{\lambda=380\,\rm nm}^{\lambda=780\,\rm nm} X_{\rm e\,\lambda} V(\lambda)\,{\rm d}\lambda \; , \tag{2.2-3}$$

$$X_{\rm e} = \int\limits_{\lambda=0}^{\lambda=\infty} X_{\rm e\,\lambda}\,{\rm d}\lambda \; . \tag{2.4-3}$$

Mit den Gleichungen (2.2–3) und (2.4–2) ergibt sich für das fotometrische Strahlungsäquivalent (Bild 2.4–1 und 2.4–2)

$$K = K_{\rm m} \frac{\displaystyle\int\limits_{\lambda=380\,\rm nm}^{\lambda=780\,\rm nm} X_{\rm e\,\lambda} V(\lambda)\,{\rm d}\lambda}{\displaystyle\int\limits_{\lambda=0}^{\lambda=\infty} X_{\rm e\,\lambda}\,{\rm d}\lambda} = K_{\rm m} \frac{\displaystyle\int\limits_{\lambda=380\,\rm nm}^{\lambda=780\,\rm nm} S_{\lambda} V(\lambda)\,{\rm d}\lambda}{\displaystyle\int\limits_{\lambda=0}^{\lambda=\infty} S_{\lambda}\,{\rm d}\lambda} \; . \tag{2.4-4}$$

Das Integral $\int S_{\lambda} V(\lambda)\,{\rm d}\lambda$ muß im Falle eines Wärmestrahlers mit Hilfe der Strahlungsfunktion S_{λ} mit der Temperatur T als Parameter (Gl.(1.8–22)) und der fotopischen Augenempfindlichkeit $V(\lambda)$ numerisch ermittelt werden. Ist der zu untersuchende Strahler z.B. ein Lumineszenzstrahler, so muß <u>dessen</u> Strahlungsfunktion $S_{\rm LED\,\lambda}$, die als mathematische oder grafische Funktion $S_{\rm LED\,\lambda} = f(\lambda)$ vorliegen kann, zur numerischen Berechnung des fotometrischen Strahlungsäqivalents verwendet werden. In diesem Fall hat das fotometrische Strahlungsäquivalent K folgende Form (Bild 2.4–3).

$$K = K_{\rm m} \frac{\displaystyle\int\limits_{\lambda=380\,\rm nm}^{\lambda=780\,\rm nm} X_{\rm e\,LED\,\lambda} V(\lambda)\,{\rm d}\lambda}{\displaystyle\int\limits_{\lambda=0}^{\lambda=\infty} X_{\rm e\,LED\,\lambda}\,{\rm d}\lambda} = K_{\rm m} \frac{\displaystyle\int\limits_{\lambda=380\,\rm nm}^{\lambda=780\,\rm nm} S_{\rm LED\,\lambda} V(\lambda)\,{\rm d}\lambda}{\displaystyle\int\limits_{\lambda=0}^{\lambda=\infty} S_{\rm LED\,\lambda}\,{\rm d}\lambda} \tag{2.4-5}$$

Beim fotometrischen Strahlungsäquivalent K muß man bezüglich der Einheiten zwei Varianten, nämlich K_{Φ} in lm/W und $K_{\rm E}$ in lx/W, unterscheiden. Sie hängen gemäß der Gleichung (2.3–14) oder der Einheitengleichung $1{\rm lx} = 1{\rm lm/m}^2$ durch folgende Beziehung zusammen, wobei die lichtempfindliche Fläche A der Fotodiode eine Rolle spielt.

$$K_{\rm E} = K_{\Phi} A \tag{2.4-6}$$

Die Indizes „E“ und „Φ“ sollten nur angewandt werden, wenn auf die Einheiten lx/W oder lm/W des fotometrischen Äquivalents K besonders hingewiesen werden soll.

Strahlung	$\int S_\lambda \, \mathrm{d}\lambda$	$\int S_\lambda V(\lambda)\,\mathrm{d}\lambda$	Fotometr. Str.-Äquivalent
Strahlung zur Definition des Candela $T_{\mathrm{Pt}} = 2042\,\mathrm{K}$	$2{,}1582\,\mu\mathrm{m}$	$0{,}006026\,\mu\mathrm{m}$	$K = 1{,}907\,\mathrm{lm/W}$
Normlichtart-A-Strahlung $T_{\mathrm{NLA}} = 2855{,}6\,\mathrm{K}$	$1{,}5433\,\mu\mathrm{m}$	$0{,}0371\,\mu\mathrm{m}$	$K = 16{,}42\,\mathrm{lm/W}$

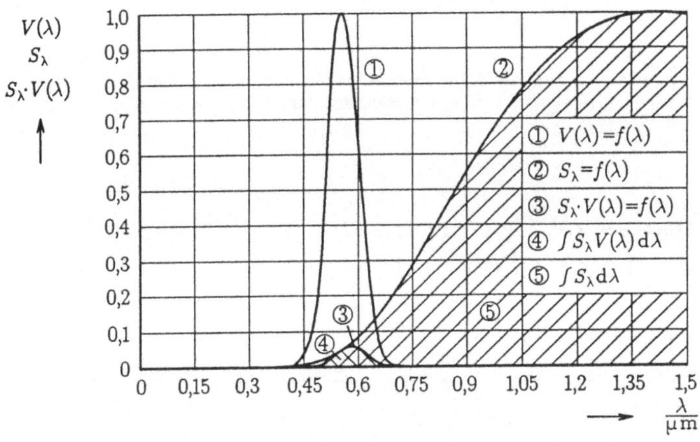

Bild 2.4-1 Fotometrisches Strahlungsäquivalent einer
Wärmestrahlung $T = 2042\,\mathrm{K}$

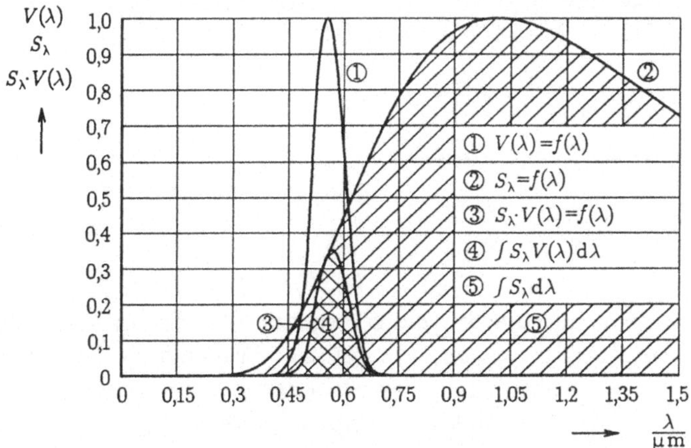

Bild 2.4-2 Fotometrisches Strahlungsäquivalent einer
Wärmestrahlung $T = 2855{,}6\,\mathrm{K}$

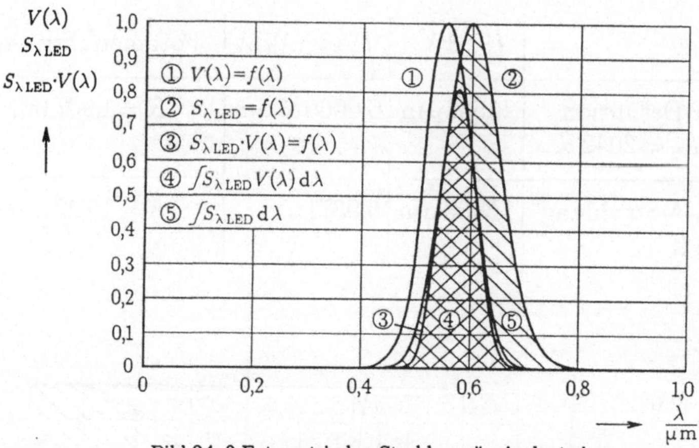

Bild 2.4–3 Fotometrisches Strahlungsäquivalent einer
Lumineszenzstrahlung

2.4.2 Fotopische Bewertung einer Wärmestrahlung durch einen Fotoempfänger

Mit Hilfe des fotometrischen Strahlungsäquivalents K läßt sich ein Fotoempfänger (Fotodiode) für die fotopische Bewertung einer Strahlung einsetzen (Bild 2.4–4).

$$X_\mathrm{v} = K\,X_\mathrm{e\,Empf} \qquad\qquad (2.4\text{–}7)$$

Das Symbol $X_\mathrm{e\,Empf}$ steht für die strahlungsphysikalische oder energetische Größe, mit der die Fotodiode beaufschlagt wird, und X_v für die entsprechende visuelle Größe (Tabelle 1.7–1), mit der das Auge die Strahlung bewerten würde. Der von der Fotodiode infolge des lichtelektrischen Effekts erzeugte Fotostrom mit dem Symbol Y, ist ein Maß für die energetische Größe $X_\mathrm{e\,Empf}$, die auf die Fotodiode einwirkt.

$$X_\mathrm{e\,Empf} = \int\limits_{\lambda\,=\,0}^{\lambda\,=\,\infty} X_\mathrm{e\,\lambda}\,s_\mathrm{rel}(\lambda)\,\mathrm{d}\lambda \qquad\qquad (2.4\text{–}8)$$

$$X_\mathrm{v} = K_\mathrm{m} \int\limits_{\lambda\,=\,380\,\mathrm{nm}}^{\lambda\,=\,780\,\mathrm{nm}} X_\mathrm{e\,\lambda}\,V(\lambda)\,\mathrm{d}\lambda \qquad\qquad (2.2\text{–}3)$$

Die Fotodiode kann nur die Strahlung registrieren, die im Wellenlängenbereich der relativen Empfindlichkeit $s_\mathrm{rel}(\lambda)$ liegt. Der Wellenlängenbereich der spektralen, physikalischen Größe $X_\mathrm{e\,\lambda}$ (Wärme- oder Lumineszenzstrahlung) muß die Wellenlängenbereiche der relativen Empfindlichkeit $s_\mathrm{rel}(\lambda)$ der Fotodiode und der Augenempfindlichkeit $V(\lambda)$ umfassen. Durch die Fotodiode kann die visuelle Größe X_v über die Kennlinie und den Fotostrom ermittelt werden.

Mit Gleichung (2.4–1) ergibt sich für das fotometrische Strahlungsäquivalent

$$X_v = K X_{e\,\text{Empf}} \qquad (2.4\text{--}7)$$

$$K = \text{K}_m \frac{\displaystyle\int_{\lambda=380\,\text{nm}}^{\lambda=780\,\text{nm}} X_{e\lambda} V(\lambda)\,\text{d}\lambda}{\displaystyle\int_{\lambda=0}^{\lambda=\infty} X_{e\lambda}\, s_{\text{rel}}(\lambda)\,\text{d}\lambda} = \text{K}_m \frac{\displaystyle\int_{\lambda=380\,\text{nm}}^{\lambda=780\,\text{nm}} S_\lambda V(\lambda)\,\text{d}\lambda}{\displaystyle\int_{\lambda=0}^{\lambda=\infty} S_\lambda\, s_{\text{rel}}(\lambda)\,\text{d}\lambda} \, . \qquad (2.4\text{--}9)$$

Die visuelle Größe X_v, mit der die Fotodiode bestrahlt wird, beträgt

$$X_v = K X_{e\,\text{Empf}} \qquad (2.4\text{--}7)$$

$$Y = s_e X_{e\,\text{Empf}} \qquad (2.4\text{--}10)$$

$$X_v = \frac{K}{s_e} Y \, . \qquad (2.4\text{--}11)$$

Die Strahlungsfunktion S_λ und die relative Empfindlichkeit $s_{\text{rel}}(\lambda)$ müssen vorgegeben sein. Die Strahlungsfunktion S_λ muß sowohl im Bereich der Augenempfindlichkeit $V(\lambda)$ als auch im Bereich der relativen Empfindlichkeit $s_{\text{rel}}(\lambda)$ der Fotodiode definiert sein.

Wenn der Fotostrom Y der Fotodiode mit in die Betrachtung einbezogen werden soll, ergibt sich für die visuelle Empfindlichkeit der Fotodiode

$$\frac{K}{s_e} = \frac{\text{K}_m}{s_e(\lambda)_{\text{max}}} \cdot \frac{\displaystyle\int_{\lambda=380\,\text{nm}}^{\lambda=780\,\text{nm}} S_\lambda V(\lambda)\,\text{d}\lambda}{\displaystyle\int_{\lambda=0}^{\lambda=\infty} S_\lambda\, s_{\text{rel}}(\lambda)\,\text{d}\lambda} \cdot \frac{\displaystyle\int_{\lambda=0}^{\lambda=\infty} S_\lambda\,\text{d}\lambda}{\displaystyle\int_{\lambda=0}^{\lambda=\infty} S_\lambda\, s_{\text{rel}}(\lambda)\,\text{d}\lambda} \, . \qquad (2.4\text{--}12)$$

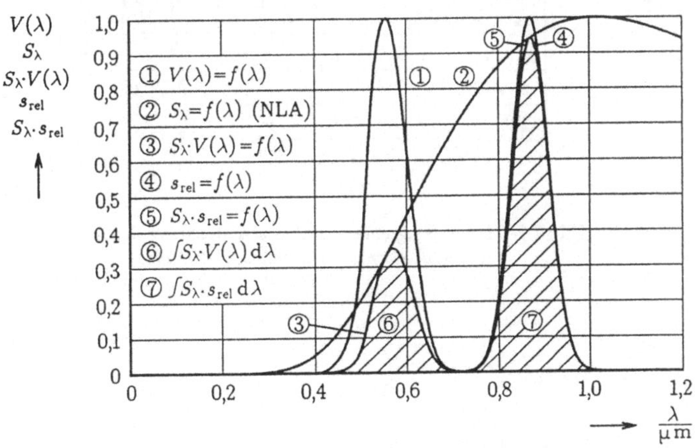

Bild 2.4–4 Fotometrisches Strahlungsäquivalent einer durch eine Fotodiode bewerteten Wärmestrahlung

Die visuelle Größe X_v, mit der die Fotodiode bestrahlt wird, beträgt also

$$X_v = \frac{K}{s_e} Y \ .$$

(2.4–11)

Wenn der Fotostrom Y der Fotodiode gemessen wird, kann also die visuelle Größe X_v, z. B. der Lichtstrom Φ_v, berechnet werden. Andererseits kann man auch den notwendigen Lichtstrom Φ_v bestimmen, wenn ein bestimmter Fotostrom Y fließen soll, um z. B. ein Signal einwandfrei übertragen zu können.

Je nach geforderter Einheit (lx oder lm) für die visuelle Größe X_v gelten die Überlegungen nach Gleichung (2.4–6).

2.4.3 Energetische Bewertung einer Lumineszensstrahlung durch einen Fotoempfänger

Die relative Empfindlichkeit $s_{rel}(\lambda)$ der Fotodiode und die Strahlungsfunktion der Lumineszenzdiode $S_{LED\lambda}(\lambda)$ müssen sich überschneiden (Bild 2.4–5). Wenn von der Fotodiode neben der relativen Empfindlichkeit $s_{rel}(\lambda)$ die maximale energetische Empfindlichkeit $s_e(\lambda)_{max}$ vorgegeben ist, dienen folgende Gleichungen zur Lösung des Bewertungsproblems.

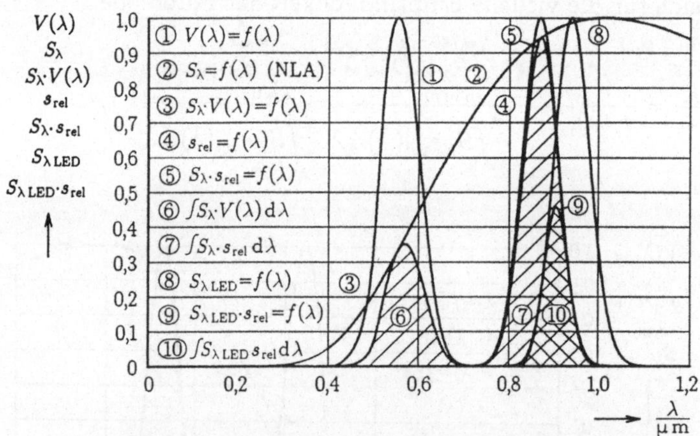

Bild 2.4–5 Bewertung einer Lumineszenzstrahlung durch eine mit NLA-Strahlung geeichten Fotodiode

$$Y = \int X_{e\,LED\lambda}\, s_e(\lambda)\, d\lambda$$

(2.4–13)

$$s_e(\lambda) = s_e(\lambda)_{max}\, s_{rel}(\lambda)$$

(2.3–53)

$$Y = s_e X_{e\,LED}$$

(2.4–14)

Der Strahler liefert die Beziehung

$$X_{e,\mathrm{LED}} = \int_{\lambda=0}^{\lambda=\infty} X_{e\,\mathrm{LED}\,\lambda}\,\mathrm{d}\lambda \ . \tag{2.4-15}$$

Das führt schließlich zu der energetischen Empfindlichkeit

$$s_e = s_e(\lambda)_{\max} \frac{\int X_{e\,\mathrm{LED}\,\lambda} s_{\mathrm{rel}}(\lambda)\,\mathrm{d}\lambda}{\int\limits_{\lambda=0}^{\lambda=\infty} X_{e\,\mathrm{LED}\,\lambda}\,\mathrm{d}\lambda} \ , \tag{2.4-16}$$

$$s_e = s_e(\lambda)_{\max} \frac{\int S_{\mathrm{LED}\,\lambda} s_{\mathrm{rel}}(\lambda)\,\mathrm{d}\lambda}{\int\limits_{\lambda=0}^{\lambda=\infty} S_{\mathrm{LED}\,\lambda}\,\mathrm{d}\lambda} \ . \tag{2.4-17}$$

Wenn von der Fotodiode neben der relativen Empfindlichkeit $s_{\mathrm{rel}}(\lambda)$ die visuelle, mit der NLA-Strahlung ermittelte Empfindlichkeit $s_{v\,\mathrm{NLA}}$ vorgegeben ist, läßt sich die maximale Empfindlichkeit $s_e(\lambda)_{\max}$ durch die visuelle Empfindlichkeit in folgender Weise ersetzen (Gl.(2.3–67)).

$$s_e = s_{v\,\mathrm{NLA}}\,K_m\,\frac{\int\limits_{\lambda=380\,\mathrm{nm}}^{\lambda=780\,\mathrm{n}} S_{\mathrm{NLA}\,\lambda}\,V(\lambda)\,\mathrm{d}\lambda}{\int S_{\mathrm{NLA}\,\lambda} s_{\mathrm{rel}}(\lambda)\,\mathrm{d}\lambda} \cdot \frac{\int X_{e\,\mathrm{LED}\,\lambda} s_e(\lambda)\,\mathrm{d}\lambda}{\int\limits_{\lambda=0}^{\lambda=\infty} X_{e\,\mathrm{LED}\,\lambda}\,\mathrm{d}\lambda} \tag{2.4-18}$$

$$s_e = s_{v\,\mathrm{NLA}}\,K_m\,\frac{\int\limits_{\lambda=380\,\mathrm{nm}}^{\lambda=780\,\mathrm{n}} S_{\mathrm{NLA}\,\lambda}\,V(\lambda)\,\mathrm{d}\lambda}{\int S_{\mathrm{NLA}\,\lambda} s_{\mathrm{rel}}(\lambda)\,\mathrm{d}\lambda} \cdot \frac{\int S_{\mathrm{LED}\,\lambda} s_{\mathrm{rel}}(\lambda)\,\mathrm{d}\lambda}{\int\limits_{\lambda=0}^{\lambda=\infty} S_{\mathrm{LED}\,\lambda}\,\mathrm{d}\lambda} \tag{2.4-19}$$

Gemäß Bild 2.4–5 läßt sich mit Hilfe der Gleichung (2.4–19) die energetische Empfindlichkeit s_e mit Hilfe der numerischen Integration (Gl.(5.4–7)) ermitteln. Die Strahlungsfunktion der Lumineszenzdiode $S_{\lambda\,\mathrm{LED}}$ und die relative Empfindlichkeit s_{rel} müssen dabei punktweise oder analytisch durch eine Funktion gegeben sein. Mit den Gleichungen (2.4–19) und (2.4–14) erhält man also den Fotostrom Y, der von der Fotodiode erzeugt wird, wenn sie die Strahlungsleistung oder Bestrahlungsstärke $X_{e\,\mathrm{LED}}$ der Lumineszenzdiode erhält. Umgekehrt läßt sich auch mit Hilfe des Fotostroms Y die von der Lumineszenzdiode ausgehende Strahlungsleistung bzw. Bestrahlungsstärke $X_{e\,\mathrm{LED}}$ ermitteln.

Ähnlich wie in der Gleichung (2.3–48) läßt sich auch die visuelle Empfindlichkeit $s_{v\mathrm{E}}$ mit der Einheit A/lx in die Empfindlichkeit $s_{v\Phi}$ mit der Einheit A/lm umrechnen. Dazu muß die lichtempfindliche Fläche A der Fotodiode bekannt sein.

$$s_{v\Phi} = \frac{s_{v\mathrm{E}}}{A} \tag{2.4-20}$$

Die Gleichung (2.4–19) zur Ermittlung der energetischen Empfindlichkeit s_e kann gemäß Bild 2.4–5 mit Hilfe der dargestellten Integrale ausgewertet werden (Gl.(5.4–7)).

3 Refraktion des Lichtes

3.1 Fermatsches Prinzip

Das Licht nimmt bei seiner Ausbreitung den Weg, zu dessen Überwindung es die kürzeste Zeit benötigt. Daher ist im homogenen optischen Medium die Ausbreitung des Lichtes geradlinig. Innerhalb des Mediums ist die Ausbreitungsgeschwindigkeit von der Brechzahl n dieses Mediums abhängig. Im Vakuum mit der Brechzahl $n_{\text{Vak}} = 1$ beträgt die Lichtgeschwindigkeit $c \approx 3 \cdot 10^8\,\text{m/s}$. Im Medium mit der Brechzahl n hat das Licht folgende Ausbreitungsgeschwindigkeit.

$$v = \frac{c}{n} \tag{3.1-1}$$

Bei der Brechung (Refraktion) verläuft der einfallende und der gebrochene Lichtstrahl in <u>der</u> Ebene, die durch den einfallenden Lichtstrahl und die Flächennormale im Auftreffpunkt des Lichtstrahls auf der Grenzfläche zwischen den beiden Medien aufgespannt wird.

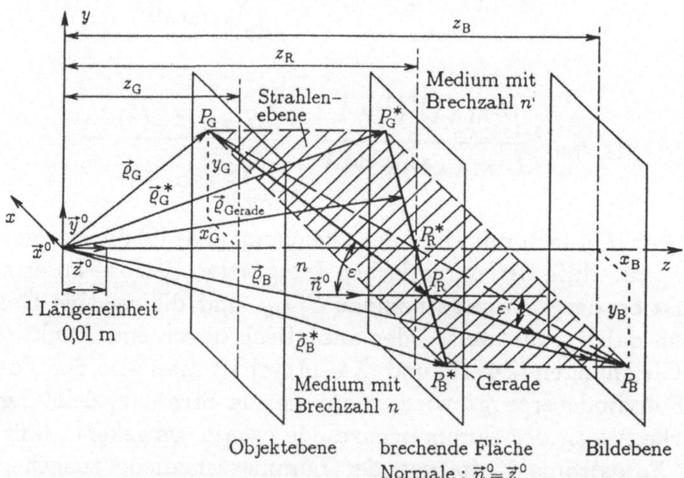

Bild 3.1-1 Brechung eines Lichtstrahls nach dem Fermatschen Prinzip

In den Berechnungen und Darstellungen der Technischen Optik, in denen die Brechung von Lichtstrahlen beim Eintritt in ein anderes optisches Medium untersucht und dargestellt wird, ist es üblich, alle Symbole von Brechzahlen, Strekken, Weiten, Winkeln, Strahlenvektoren usw., die in Lichtrichtung hinter der brechenden Fläche liegen, mit einem hochgestellten Strich zu versehen. Wenn z.B. für die Brechzahl eines optischen Mediums vor einer brechenden Fläche die Bezeichnung n gewählt wird, hat die Brechzahl hinter der brechenden Fläche das Symbol n'.

In Bild 3.1–1 wird der Verlauf des Lichtstrahls dargestellt, der, ausgehend von dem vorgegebenen Objektpunkt $P_G(x_G, y_G, z_G)$ im Medium mit der Brechzahl n, den ebenfalls vorgegebenen Bildpunkt $P_B(x_B, y_B, z_B)$ im Medium mit der Brechzahl n' trifft. Der einfallende Lichtstrahl erreicht die brechende Fläche, die parallel zur x-y-Ebene und im Abstand z_R vom Koordinatenursprung liegen soll, im Punkt $P_R(x_R, y_R, z_R)$. In diesem Punkt erfolgt die Brechung des Lichtstrahls. Er liegt auf der Schnittgeraden $\overline{P_G^* P_B^*}$ zwischen der Strahlenebene und der brechenden Fläche. Die Lage des Punktes P_R ist vom Verhältnis n/n' der Brechzahlen abhängig.

Mit Hilfe der Parameter a und b lautet die Ebenengleichung der brechenden Fläche (Gl.(5.1–23))

$$\vec{\varrho}_{\,\text{br.Ebene}} = \vec{x}^{\,\circ} a + \vec{y}^{\,\circ} b + \vec{z}^{\,\circ} z_R \, . \tag{3.1–2}$$

Für die Strahlenebene, in der der Strahl vor und nach der Brechung verläuft und in der der Vektor

$$\vec{\sigma}_{GB} = \vec{\varrho}_B - \vec{\varrho}_G \tag{3.1–3}$$

sowie der Einheitsnormalenvektor der brechenden Fläche $\vec{n}^{\,\circ}$ liegt, erhält man mit den Parametern c und d die Gleichung (Gl.(5.1–23))

$$\vec{\varrho}_{\,\text{St. Ebene}} = \vec{\varrho}_G + \vec{\sigma}_{GB}\, c + \vec{z}^{\,\circ} d \tag{3.1–4}$$

Da die brechende Fläche im vorliegenden Beispiel in einer x-y-Ebene liegt, zeigt ihr Einheitsnormalenvektor $\vec{n}^{\,\circ}$ in die z-Richtung. Es gilt also $\vec{n}^{\,\circ} = \vec{z}^{\,\circ}$. Die Schnittgerade $\overline{P_G^* P_B^*}$ zwischen der brechenden Fläche und der Strahlenebene muß sich aus den beiden Ebenen entwickeln lassen. Wegen der besonderen Lage der brechenden Fläche und der Tatsache, daß die Strahlenebene und die brechende Fläche senkrecht aufeinander stehen, läßt sich die Schnittgerade auf einfache Weise und ohne große Rechnung angeben.

Das Lot vom Objektpunkt $P_G(x_G, y_G, z_G)$ trifft im Punkt $P_G^*(x_{G*}, y_{G*}, z_R)$ und das Lot vom Bildpunkt $P_B(x_B, y_B, z_B)$ trifft im Punkt $P_B^*(x_{B*}, y_{B*}, z_R)$ auf die brechende Fläche. Die Schnittgerade zwischen der Strahlenebene und der brechenden Fläche verläuft vom Punkt P_G^* über P_R^* und P_R bis P_B^* (Bild 3.1–1).

Die Brechung eines Lichtstrahls zwischen den Punkten P_G und P_B muß also auf der Schnittgeraden zwischen den Punkten P_G^* und P_B^* erfolgen. Die Schnittgerade wird durch folgende Vektorgleichung beschrieben.

$$\vec{\varrho}_{\,\text{Gerade}} = \vec{\varrho}_{G*} + (\vec{\varrho}_{B*} - \vec{\varrho}_{G*})\, k \tag{3.1–5}$$

Der Parameter k beträgt im Punkt P_G^* $k = 0$ und im Punkt P_B^* $k = 1$. Es soll nun untersucht werden, unter welchen Umständen das Licht die Strecke

$$\overline{P_G P_R} + \overline{P_R P_B} = |\vec{\varrho}_{\,\text{Gerade}} - \vec{\varrho}_G| + |\vec{\varrho}_B - \vec{\varrho}_{\,\text{Gerade}}| \tag{3.1–6}$$

in der kürzest möglichen Zeit durchlaufen kann, wobei der variable Vektor $\vec{\varrho}_{\text{Gerade}}$ (Gl. (5.1–4)) einen Punkt der Schnittgerade symbolisiert, dem wiederum der Parameter k zugeordnet ist. Die Gesamtzeit t, die das Licht dazu benötigt, beträgt unter Beachtung der Gleichung (3.1–1)

$$ t = n\,\frac{\overline{P_{\text{G}}P_{\text{R}}}}{c} + n'\,\frac{\overline{P_{\text{R}}P_{\text{B}}}}{c}\ . \tag{3.1–7} $$

Die Zeit t ist von der Lage des Punktes P_{R} und damit von dem Parameter k abhängig. Um die Bedingung für das Zeitminimum zu bekommen muß die Zeit t nach der Variablen k differenziert und das Ergebnis gleich Null gesetzt werden.

$$ \frac{\mathrm{d}\,t(k)}{\mathrm{d}k} = 0 \tag{3.1–8} $$

Die beiden Teilstrecken ergeben sich aus den Beträgen folgender Vektordifferenzen.

$$ \overline{P_{\text{G}}P_{\text{R}}} = |\vec{\varrho}_{\text{Gerade}} - \vec{\varrho}_{\text{G}}| \tag{3.1–9} $$

$$ \overline{P_{\text{R}}P_{\text{B}}} = |\vec{\varrho}_{\text{R}} - \vec{\varrho}_{\text{Gerade}}| \tag{3.1–10} $$

Die Bedingung für das Zeitminimum ergibt sich aus der folgenden Betrachtung.

$$ \vec{\varrho}_{\text{Gerade}} - \vec{\varrho}_{\text{G}} = \vec{\varrho}_{\text{G}*} - \vec{\varrho}_{\text{G}} + (\vec{\varrho}_{\text{R}} - \vec{\varrho}_{\text{G}*}) \tag{3.1–11} $$

$$ \vec{\varrho}_{\text{Gerade}} - \vec{\varrho}_{\text{G}} = \vec{x}^{\circ}k(x_{\text{B}} - y_{\text{G}}) + \vec{y}^{\circ}k(y_{\text{B}} - y_{\text{G}}) + \vec{z}^{\circ}(z_{\text{R}} - z_{\text{G}}) \tag{3.1–12} $$

$$ |\vec{\varrho}_{\text{Gerade}} - \vec{\varrho}_{\text{G}}| = \sqrt{k^{2}\left[(x_{\text{B}} - x_{\text{G}})^{2} + (y_{\text{B}} - y_{\text{G}})^{2}\right] + (z_{\text{R}} - z_{\text{G}})^{2}} \tag{3.1–13} $$

$$ \frac{\mathrm{d}\,|\vec{\varrho}_{\text{Gerade}} - \vec{\varrho}_{\text{G}}|}{\mathrm{d}k} = \frac{\left[(x_{\text{B}} - x_{\text{G}})^{2} + (y_{\text{B}} - y_{\text{G}})^{2}\right]k}{\sqrt{k^{2}\left[(x_{\text{B}} - x_{\text{G}})^{2} + (y_{\text{B}} - y_{\text{G}})^{2}\right] + (z_{\text{R}} - z_{\text{G}})^{2}}} \tag{3.1–14} $$

$$ \vec{\varrho}_{\text{B}} - \vec{\varrho}_{\text{Gerade}} = \vec{\varrho}_{\text{B}} - \vec{\varrho}_{\text{G}*} - (\vec{\varrho}_{\text{B}*} - \vec{\varrho}_{\text{G}*})k \tag{3.1–15} $$

$$ \vec{\varrho}_{\text{B}} - \vec{\varrho}_{\text{Gerade}} = \vec{x}^{\circ}(x_{\text{B}} - x_{\text{G}})(1 - k) + \vec{y}^{\circ}(y_{\text{B}} - y_{\text{G}})(1 - k) + \vec{z}^{\circ}(z_{\text{B}} - z_{\text{R}}) \tag{3.1–16} $$

$$ |\vec{\varrho}_{\text{B}} - \vec{\varrho}_{\text{Gerade}}| = \sqrt{(1 - k)^{2}\left[(x_{\text{B}} - x_{\text{G}})^{2} + (y_{\text{B}} - y_{\text{G}})^{2}\right] + (z_{\text{B}} - z_{\text{R}})^{2}} \tag{3.1–17} $$

$$ \frac{\mathrm{d}\,|\vec{\varrho}_{\text{B}} - \vec{\varrho}_{\text{Gerade}}|}{\mathrm{d}k} = -\frac{\left[(x_{\text{B}} - x_{\text{G}})^{2} + (y_{\text{B}} - y_{\text{G}})^{2}\right](1 - k)}{\sqrt{(1 - k)^{2}\left[(x_{\text{B}} - x_{\text{G}})^{2} + (y_{\text{B}} - y_{\text{G}})^{2}\right] + (z_{\text{B}} - z_{\text{R}})^{2}}} \tag{3.1–18} $$

$$ \frac{\mathrm{d}\,t(k)}{\mathrm{d}k} = \frac{n}{c} \cdot \frac{\left[(x_{\text{B}} - x_{\text{G}})^{2} + (y_{\text{B}} - y_{\text{G}})^{2}\right]k}{\sqrt{k^{2}\left[(x_{\text{B}} - x_{\text{G}})^{2} + (y_{\text{B}} - y_{\text{G}})^{2}\right] + (z_{\text{R}} - z_{\text{G}})^{2}}} $$

$$ -\frac{n'}{c} \cdot \frac{\left[(x_{\text{B}} - x_{\text{G}})^{2} + (y_{\text{B}} - y_{\text{G}})^{2}\right](1 - k)}{\sqrt{(1 - k)^{2}\left[(x_{\text{B}} - x_{\text{G}})^{2} + (y_{\text{B}} - y_{\text{G}})^{2}\right] + (z_{\text{B}} - z_{\text{R}})^{2}}} \tag{3.1–19} $$

Wenn man gemäß Bild 3.1–1 beachtet, daß

$$\overline{P_\mathrm{G}^*P_\mathrm{B}} = k \sqrt{(x_\mathrm{B} - x_\mathrm{G})^2 - (y_\mathrm{B} - y_\mathrm{G})^2} \; , \qquad (3.1\text{–}20)$$

$$\overline{P_\mathrm{R}P_\mathrm{B}^*} = (1 - k) \sqrt{(x_\mathrm{B} - x_\mathrm{G})^2 - (y_\mathrm{B} - y_\mathrm{G})^2} \; , \qquad (3.1\text{–}21)$$

$$\overline{P_\mathrm{G}P_\mathrm{R}} = \sqrt{k^2 \left[(x_\mathrm{B} - x_\mathrm{G})^2 - (y_\mathrm{B} - y_\mathrm{G})^2\right] + (z_\mathrm{R} - z_\mathrm{G})^2} \; , \qquad (3.1\text{–}22)$$

$$\overline{P_\mathrm{R}P_\mathrm{B}} = \sqrt{(1 - k)^2 \left[(x_\mathrm{B} - x_\mathrm{G})^2 - (y_\mathrm{B} - y_\mathrm{G})^2\right] + (z_\mathrm{R} - z_\mathrm{G})^2} \qquad (3.1\text{–}23)$$

ist, läßt sich unter Beachtung der Gleichung (3.1–8) folgende Beziehung aufstellen.

$$n \frac{\overline{P_\mathrm{G}^*P_\mathrm{R}}}{\overline{P_\mathrm{G}P_\mathrm{R}}} = n' \frac{\overline{P_\mathrm{R}P_\mathrm{B}^*}}{\overline{P_\mathrm{R}P_\mathrm{B}^*}} \qquad (3.1\text{–}24)$$

Diese Beziehung führt zum Fermatschen Brechungsgesetz.

$$n \sin\varepsilon = n' \sin\varepsilon' \qquad (3.1\text{–}25)$$

Mit dem Brechzahlverhältnis m

$$m = n/n' \qquad (3.1\text{–}26)$$

ergibt sich dann folgende Form des Brechungsgesetzes

$$m \sin\varepsilon = \sin\varepsilon' \quad . \qquad (3.1\text{–}27)$$

In dieser Beziehung ist ε der Einfallswinkel des Lichtstrahls zwischen dem eintretendem Lichtstrahl und der Flächennormale der brechenden Fläche und ε' der Ausfallswinkel des Lichtstrahls zwischen dem austretenden Lichtstrahl und der Flächennormale der brechenden Fläche

Die Aussage der Gl.(3.1–25) entspricht dem Snelliusschen Brechungsgesetz (Gl.(3.2–4)). Die Brechung des Lichtstrahls, d.h die Lage des Punktes P_R, wird durch das Verhältnis der Brechzahlen $m = n/n'$ der optischen Medien bestimmt. Wenn der Lichtstrahl vom Objektpunkt P_G zum Bildpunkt P_B verlaufen soll, muß das Brechzahlverhältnis m folgenden Betrag haben.

$$m = \frac{n}{n'} = \frac{\overline{P_\mathrm{R}P_\mathrm{B}^*}}{\overline{P_\mathrm{R}P_\mathrm{B}^*}} \; \frac{\overline{P_\mathrm{G}P_\mathrm{R}}}{\overline{P_\mathrm{G}^*P_\mathrm{R}}} \qquad (3.1\text{–}28)$$

$$m = \frac{(1-k)}{k} \cdot \frac{\sqrt{k^2 \left[(x_\mathrm{B} - x_\mathrm{G})^2 + (y_\mathrm{B} - y_\mathrm{G})^2\right] + (z_\mathrm{R} - z_\mathrm{G})^2}}{\sqrt{(1 - k)^2 \left[(x_\mathrm{B} - x_\mathrm{G})^2 + (y_\mathrm{B} - y_\mathrm{G})^2\right] + (z_\mathrm{B} - z_\mathrm{R})^2}} \qquad (3.1\text{–}29)$$

■ Beispiel 3.1–1 Fermatsches Prinzip (Bild 3.1–1)

Folgende Daten sind gegeben.

Objektpunkt	Bildpunkt	
$x_G = 0{,}02$ m	$x_B = -0{,}02$ m	Lage der brechende Fläche $z_R = 0{,}08$m
$y_G = 0{,}02$ m	$y_B = -0{,}02$ m	Parameter $k = 0{,}7$
$z_G = 0{,}04$ m	$z_B = 0{,}12$ m	

Rechnungsgang

Mit den gegebenen Daten muß das Brechzahlverhältnis $m = n/n'$ den folgenden Wert (Gl.(3.1–29)) haben, wenn die Brechung des Lichtstrahls im Punkt P_R ($k = 0{,}7$) erfolgen soll. $m = 0{,}5551$

3.2 Huygenssches Prinzip

3.2.1 Brechung eines Lichtstrahls an einer ebenen Fläche

Nach dem Huygensschen Prinzip kann man jeden Punkt einer Wellenfront selbst als Ursprung einer Elementarwelle ansehen. Die Überlagerung der Elementarwellen ergibt dann die fortschreitende Wellenfront, auf der die Ausbreitungsrichtung senkrecht steht.

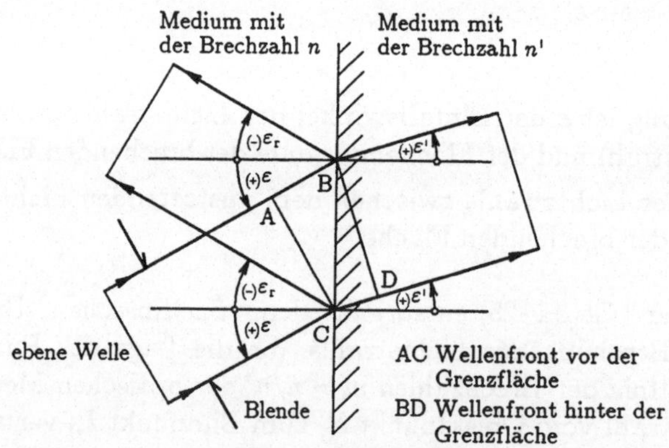

Bild 3.2–1 Brechung und Reflexion einer Lichtwelle nach
dem Huygensschen Prinzip

Im Bild 3.2–1 wird eine ebene Welle an einer Grenzfläche zwischen zwei unterschiedlichen optischen Medien gebrochen. Die Zeit t, in der das Licht die Strecke $\overline{AB}$ im optischen Medium mit der Brechzahl n und gleichzeitig die Strecke $\overline{CD}$

im Medium mit der Brechzahl n' durchläuft, beträgt unter Beachtung der Gleichung (3.1-1)

$$t = n\,\frac{\overline{AB}}{c} = n'\,\frac{\overline{CD}}{c} \quad . \tag{3.2-1}$$

Mit den trigonometrischen Beziehungen

$$\overline{AB} = \overline{BC}\sin\varepsilon \quad , \tag{3.2-2}$$

$$\overline{CD} = \overline{BC}\sin\varepsilon' \tag{3.2-3}$$

erhält man das Snelliussche Brechungsgesetz

$$n\sin\varepsilon = n'\sin\varepsilon' \quad , \tag{3.2-4}$$

das zwischen dem Einfallswinkel ε und dem Ausfallswinkel ε' eine Beziehung herstellt. Es entspricht der aus dem Fermatschen Prinzip gewonnenen Beziehung in Gl.(3.1-25). Bei der Reflexion der Lichtwelle gilt für den Reflexionswinkel ε_r (Bild 3.2-1)

$$\varepsilon_r = -\varepsilon \quad . \tag{3.2-5}$$

Totale Reflexion tritt ein, wenn der Grenzwinkel ε_G überschritten wird. Für den Grenzwinkel gilt die Beziehung

$$\sin\varepsilon_G = \frac{n'}{n} \quad \text{mit} \quad n > n' \quad . \tag{3.2-6}$$

3.2.2 Brechung eines Meridionalstrahls an einer sphärischen Fläche

In der Meridionalebene eines optischen Systems liegen die optische Achse und die Krümmungsmittelpunkte der Linsenflächen. Ein Meridionalstrahl verläuft vom Objektpunkt bis zum Bildpunkt in der Meridionalebene. In der Technischen Optik werden bei der trigonometrischen Berechnung der Brechung von Meridionalstrahlen an sphärischen Flächen Weiten, Winkel und Radien je nach Lage mit positiven oder negativen Vorzeichen versehen. Die Bilder 3.2-2 und 3.2-3 zeigen, wie die Zuordnung der Vorzeichen erfolgt. Durch diese Vorzeichenzuordnung wird eine Durchrechnung von sphärischen Linsensystemen erleichtert. Es kann ein Lichtstrahl vom Bildpunkt auf der optischen Achse bis zum Objektpunkt auf der optischen Achse über die einzelnen brechenden Fläche verfolgt werden, wobei die virtuellen Bilder der einzelnen brechenden Flächen in der Rechnung formal als reelle Objekte dienen.

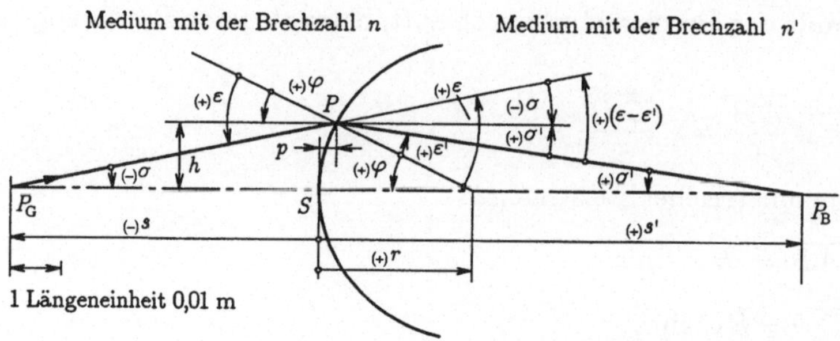

Bild 3.2-2 Brechung eines Meridionalstrahls an einer sphärischen Fläche
(Trigonometrische Betrachtungsweise)

Charakteristische Größen eines sphärischen Systems (Bild 3.2-2)

P_G	Objekt- oder Gegenstandspunkt	ε	Einfallswinkel gegen das Lot der brechenden Fläche
P_B	Bildpunkt		
P_M	Mittelpunkt der brechenden, sphärischen Fläche	ε'	Ausfallswinkel gegen das Lot der brechenden Fläche
P	Auftreffpunkt des Lichtstrahls	σ	Neigungswinkel des einfallenden Lichtstrahls gegen die optische Achse
S	Scheitelpunkt		
s	Objektschnittweite		
s'	Bildschnittweite	σ'	Neigungswinkel des gebrochenen Lichtstrahls gegen die optische Achse
h	Einfallshöhe		
p	Scheitelabstand		
n, n'	Brechzahlen	φ	Höhenwinkel gegen die optische Achse
m	Brechzahlverhältnis $m = n/n'$		
		r	Radius der brechenden Fläche

Nach Bild 3.2-2 lautet der Sinussatz im Dreieck $\Delta\,(P_G P_M P)$ unter <u>Beachtung der Vorzeichen</u> der Weiten, Winkel und Radien

$$\frac{\sin(180° - \varepsilon)}{\sin(-\sigma)} = \frac{(-s) + r}{r} \ . \tag{3.2-7}$$

Mit den Beziehungen

$$\sin(180° - \varepsilon) = \sin\varepsilon \quad \text{und} \quad \sin(-\sigma) = -\sin\sigma$$

ergibt sich für den besagten Sinussatz im Dreieck $\Delta\,(P_G P_M P)$

$$\frac{\sin\varepsilon}{\sin\sigma} = \frac{s - r}{r} \ . \tag{3.2-8}$$

Der Außenwinkel im Punkt P des Dreiecks $\Delta\,(P_G P_M P)$ beträgt

$$\varepsilon = \varphi + (-\sigma) \ . \tag{3.2-9}$$

Der Höhenwinkel φ des Punktes P ist demnach

$$\varphi = \varepsilon + \sigma \quad . \tag{3.2-10}$$

Im Dreieck $\Delta\,(P_\mathrm{M}P_\mathrm{B}P)$ lautet der Sinussatz unter Beachtung der Vorzeichen der
Weiten, Winkel und Radien

$$\frac{\sin \varepsilon'}{\sin \sigma'} = \frac{s'-r}{r} \quad . \tag{3.2-11}$$

Der Außenwinkel im Punkt P_M des Dreiecks $\Delta\,(P_\mathrm{M}P_\mathrm{B}P)$ entspricht dem Höhenwinkel φ.

$$\varphi = \varepsilon' + \sigma' \tag{3.2-12}$$

Um das Brechungsgesetz (Gl. (3.2–4))

$$m = \frac{n}{n'} = \frac{\sin \varepsilon'}{\sin \varepsilon}$$

anwenden zu können, müssen die durch den Sinussatz ermittelten Gleichungen
(Gl.(3.2–8) und (3.2–11)) durcheinander geteilt werden.

$$\frac{\sin \varepsilon'}{\sin \varepsilon} \cdot \frac{\sin \sigma}{\sin \sigma'} = \frac{s'-r}{s-r} \tag{3.2-13}$$

Mit Hilfe des Brechungsgesetzes (Gl. (3.2–4)) läßt sich aus dieser Beziehung eine
Gleichung für die Bildschnittweite s' ableiten.

$$s' = \frac{n}{n'} \cdot \frac{\sin \sigma}{\sin \sigma'}(s-r) + r \tag{3.2-14}$$

Mit Hilfe der Außenwinkel der Dreiecke $\Delta\,(P_\mathrm{G}P_\mathrm{M}P)$ und $\Delta\,(P_\mathrm{M}P_\mathrm{B}P)$ (Gl.(3.2–10))
und (Gl.(3.2–12)) ergibt sich für den Neigungswinkel σ' des gebrochenen Lichtstrahls gegen die optische Achse unter Beachtung der besonderen Vorzeichenregeln in der Technischen Optik die Beziehung (Bild 3.2-2)

$$\sigma' = \varepsilon - \varepsilon' + \sigma \quad . \tag{3.2-15}$$

Den Einfallswinkel ε gegen das Lot der brechenden Fläche gewinnt man aus
Gl.(3.2–8)

$$\varepsilon = \arcsin\left(\frac{s-r}{r}\,\sin \sigma\right) \tag{3.2-16}$$

und den Austrittswinkel ε' durch Anwendung des Brechungsgesetzes (Gl.(3.2–4))

$$\varepsilon' = \arcsin\left(\frac{n}{n'} \cdot \frac{s-r}{r}\,\sin \sigma\right) \quad . \tag{3.2-17}$$

Bei einem optischen System mit mehreren brechenden Flächen wird die Brechung an jeder einzelnen Fläche berechnet und somit der Lichtstrahl durch das
ganze System vom Objekt bis zum Bild verfolgt. Die Position der brechenden
Fläche wird durch den Index $\varkappa = 1,2,3\,..\,k$ ausgedrückt. Vor der $\varkappa$-ten brechenden
Fläche beträgt der Einfallswinkel

$$\varepsilon_x = \arcsin\left(\frac{s_x - r_x}{r_x}\,\sin\sigma_x\right) \tag{3.2-18}$$

und der Ausfallswinkel hinter der $\varkappa$-ten brechenden Fläche

$$\varepsilon_x' = \arcsin\left(\frac{n_x}{n_x'}\cdot\frac{s_x - r_x}{r_x}\,\sin\sigma_x\right)\ . \tag{3.2-19}$$

Der Neigungswinkel σ_x' des Lichtstrahls gegenüber der optischen Achse hinter der $\varkappa$-ten brechenden Fläche hat die Größe (Gl.(3.2–15))

$$\sigma_x' = \varepsilon_x - \varepsilon_x' + \sigma_x\ . \tag{3.2-20}$$

Das führt zu der Bildschnittweite s_x' hinter der $\varkappa$-ten brechenden Fläche.

$$s_x' = \frac{n_x}{n_x'}\cdot\frac{\sin\sigma_x}{\sin\sigma_x'}\,(s_x - r_x) + r_x \tag{3.2-21}$$

Die Bildschnittweite s_x' kann durch die Berücksichtigung des Abstandes $d_{x,x+1}$ der brechenden Flächen mit der Position $\varkappa$ und $\varkappa + 1$ über die folgende Gleichung in die Objektschnittweite s_{x+1} der nächsten brechenden Fläche überführt werden. Der Abstand der brechenden Flächen $d_{x,x+1}$ ist nicht vorzeichenbehaftet.

$$s_{x+1} = s_x' - d_{x,x+1} \tag{3.2-22}$$

Der Neigungswinkel des Lichtstrahls gegenüber der optischen Achse bleibt unverändert.

$$\sigma_{x+1} = \sigma_x' \tag{3.2-23}$$

Danach wird dann die Brechung an der $(\varkappa +1)$-ten Fläche berechnet.

■ Beispiel 3.2–1 Brechung eines Meridionalstrahls an einer sphärischen Fläche

Folgende Daten sind gegeben. (Bild 3.2–2)
Neigungswinkel $\sigma = -12\,°$ Brechzahlverhältnis $m = 0{,}5$
Objektschnittweite $s = -\,0{,}06$ m   Radius der brechenden Fläche $r = 0{,}03$ m

Rechnungsgang

1. Einfallswinkel ε (Gl.(3.2–16)) $\varepsilon = 38{,}5894\,°$
2. Ausfallswinkel ε' (Gl.(3.2–17)) $\varepsilon' = 18{,}1718\,°$
3. Neigungswinkel σ' (Gl.(3.2–15)) $\sigma' = 8{,}4176\,°$
4. Bildschnittweite s' (Gl.3.2–14)) $s' = 0{,}093913$ m

3.2.3 Verlauf eines Meridionalstrahls in einer sphärischen Sammellinse

In der nachfolgenden Betrachtung wird der Verlauf eines Meridionalstrahls in einer sphärischen Sammellinse (Bild 3.2–3) mit Hilfe der Trigonometrie berechnet.

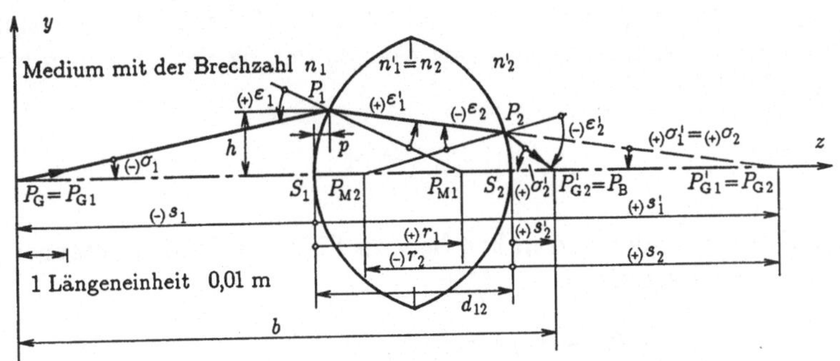

Bild 3.2-3 Verlauf eines Meridionalstrahls in einer sphärischen Sammellinse
(Trigonometrische Betrachtungsweise)

Charakteristische Größen einer sphärischen Sammellinse (Bild 3.2–3)

P_G, P_{G1}	Objekt- oder Gegenstands-	$\varepsilon_1, \varepsilon_2$	Einfallswinkel
P_{G2}	punkte	$\varepsilon_1', \varepsilon_2'$	Ausfallswinkel
P_{G1}', P_{G2}'	virtuelle Bildpunkte	σ_1, σ_2	Neigungswinkel des einfallen-
P_B	Bildpunkt		den Lichtstrahls
P_{M1}, P_{M2}	Mittelpunkte der brechen-	σ_1', σ_2'	Neigungswinkel des gebroche-
	den, sphärischen Flächen		nen Lichtstrahls
P_1, P_2	Auftreffpunkte des Licht-	m_1, m_2	Brechzahlverhältnisse
	strahls auf den brechen-	$m_1 = n_1/n_1' \quad m_2 = n_2/n_2' \quad n_1' = n_2 = n_L$	
	den Flächen	r_1, r_2	Radien der brechenden
s_1, s_2	Objektschnittweite		Flächen
s_1', s_2'	Bildschnittweite		

Gemäß Gl.(3.2–18) ergibt sich für den Einfallswinkel ε_1 der ersten brechenden
Fläche, wenn $\varkappa = 1$ gesetzt wird,

$$\varepsilon_1 = \text{arc sin}\left(\frac{s_1 - r_1}{r_1}\sin\sigma_1\right). \tag{3.2-24}$$

Das Brechungsgesetz (Gl.(3.2–4) und Gl. (3.2–19)) mit $\varkappa = 1$ liefern den Ausfallswinkel ε_1' hinter der ersten Fläche.

$$\varepsilon_1' = \text{arc sin}\left(m_1\frac{s_1 - r_1}{r_1}\sin\sigma_1\right) \tag{3.2-25}$$

Für den Neigungswinkel des gebrochenen Lichtstrahls σ_1' bezüglich der ersten
brechenden Fläche ergibt sich dann gemäß der Gl. (3.2–20) mit $\varkappa = 1$

$$\sigma_1' = \varepsilon_1 - \varepsilon_1' + \sigma_1 \quad . \tag{3.2-26}$$

Der Neigungswinkel des gebrochenen Lichtstrahls σ_1' bezüglich der ersten brechenden Fläche ist mit dem Neigungswinkel σ_2 der zweiten brechenden Fläche identisch (Gl. (3.2–23)).

$$\sigma_2 = \sigma_1' \tag{3.2–27}$$

Die Bildschnittweite s_1' der ersten brechenden Fläche läßt sich entsprechend der Gl.(3.2–21) für $\varkappa = 1$ berechnen.

$$s_1' = m_1 \frac{\sin \sigma_1}{\sin \sigma_1'} (s_1 - r_1) + r_1 \tag{3.2–28}$$

Sie gibt die Entfernung des durch die erste brechende Fläche erzeugten virtuellen Bildes vom Scheitelpunkt der ersten brechenden Fläche an. Bei der Festlegung der Objektschnittweite s_2 muß die Linsendicke d_{12} berücksichtigt werden. Sie gehört nicht zu den vorzeichenbehafteten Größen. Nach Gl.(3.2–22) ergibt sich für $\varkappa = 2$

$$s_2 = s_1' - d_{12} \ . \tag{3.2–29}$$

Der Einfallswinkel ε_2 des Lichtstrahls gegen das Lot der zweiten brechenden Fläche beträgt entsprechend der Gl. (3.2–18) mit $\varkappa = 2$

$$\varepsilon_2 = \text{arc sin} \left(\frac{s_2 - r_2}{r_2} \sin \sigma_2 \right) \tag{3.2–30}$$

und der Ausfallswinkel ε_2' des Lichtstrahls bei Anwendung des Brechungsgesetzes (Gl.(3.2–4) und Gl. (3.2–19)) mit $\varkappa = 2$

$$\varepsilon_2' = \text{arc sin} \left(m_2 \frac{s_2 - r_2}{r_2} \sin \sigma_2 \right) \ . \tag{3.2–31}$$

Für den Neigungswinkel σ_2' erhält man nach Gl. (3.2–20) mit $\varkappa = 2$

$$\sigma_2' = \varepsilon_2 - \varepsilon_2' + \sigma_2 \ , \tag{3.2–32}$$

für die Bildschnittweite s_2' nach Gl.(3.2–21) mit $\varkappa = 2$

$$s_2' = m_2 \frac{\sin \sigma_2}{\sin \sigma_2'} (s_2 - r_2) + r_2 \tag{3.2–33}$$

und für den Objektbildabstand b

$$b = s_2' - s_1 + d_{12} \ . \tag{3.2–34}$$

■ Beispiel 3.2–2 Verlauf eines Meridionalstrahls in einer sphärischen
Sammellinse (Bild 3.2–3)

Folgende Daten sind gegeben.

Neigungswinkel $\sigma_1 = -12\,°$ Brechzahlverhältnisse $m_1 = 0{,}5$ $m_2 = 2$
Objektschnittweite $s_1 = -0{,}06\ \text{m}$ Linsendicke $d_{12} = 0{,}04\ \text{m}$
Radien der brechenden Flächen $r_1 = 0{,}03\ \text{m}$ $r_2 = -0{,}03\ \text{m}$

Rechnungsgang

1. Einfallswinkel ε_1 (Gl.(3.2–24)) $\qquad\qquad$ $\varepsilon_1 = 38{,}5894\,°$
2. Austrittswinkel ε_1' (Gl.(3.2–25)) $\qquad\qquad$ $\varepsilon_1' = 18{,}1718\,°$
3. Neigungswinkel $\sigma_1' = \sigma_2$ (Gl.(3.2–26), (3.2–27)) $\quad$ $\sigma_1' = \sigma_2 = 8{,}4176\,°$
4. Bildschnittweite s_1' (Gl.(3.2–28)) $\qquad\qquad$ $s_1' = 0{,}093913$ m
5. Objektschnittweite s_2 (Gl.(3.2–29)) $\qquad\qquad$ $s_2 = 0{,}053913$ m
6. Einfallswinkel ε_2 (Gl.(3.2–30)) $\qquad\qquad$ $\varepsilon_2 = -24{,}1708\,°$
7. Ausfallswinkel ε_2' (Gl.(3.2–31)) $\qquad\qquad$ $\varepsilon_2' = -54{,}9766\,°$
8. Neigungswinkel σ_2' (Gl.(3.2–32)) $\qquad\qquad$ $\sigma_2' = 39{,}2233\,°$
9. Bildschnittweite s_2' (Gl.(3.2–33)) $\qquad\qquad$ $s_2' = 0{,}008851$ m
10. Objektbildabstand b (Gl.(3.2–34)) $\qquad\qquad$ $b = 0{,}108851$ m

3.2.4 Verlauf eines Meridionalstrahls in einer sphärischen Zerstreuungslinse

Gegenüber der <u>Sammellinse</u> sind bei der <u>Zerstreuungslinse</u> die Radien der ersten (konkaven) und zweiten (konvexen) brechenden Fläche mit dem jeweils entgegengesetzten Vorzeichen behaftet. Ansonsten verläuft die Berechnung in der gleichen Weise wie bei der Sammellinse. Es gelten die in Kapitel 3.2.3 aufgeführten Berechnungsgleichungen.

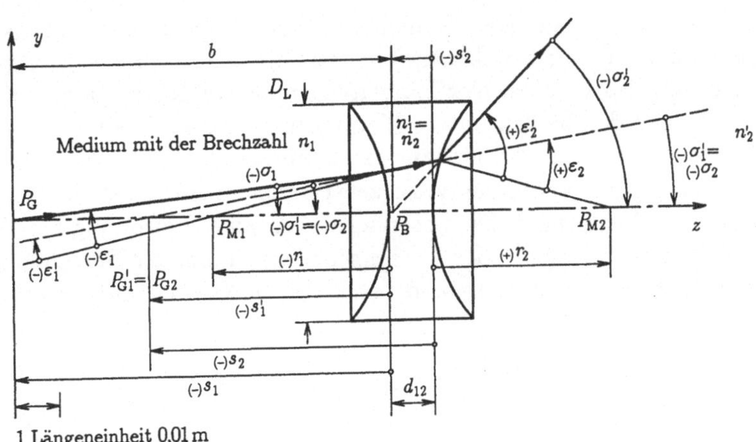

Bild 3.2–4 Verlauf eines Meridionalstrahls in einer sphärischen Zerstreuungslinse (Trigonometrische Betrachtungsweise)

■ Beispiel 3.2–3 Verlauf eines Meridionalstrahls in einer Zerstreuungslinse

Folgende Daten sind gegeben. (Bild 3.2–4)

Neigungswinkel $\sigma_1 = -6{,}5\,°$ $\qquad$ Brechzahlverhältnisse $m_1 = 0{,}5$ $\quad$ $m_2 = 2$
Objektschnittweite $s_1 = -0{,}085$ m $\qquad$ Linsendicke $d_{12} = 0{,}01$ m
Radien der brechenden Flächen $\qquad$ $r_1 = -0{,}04$ m $\qquad$ $r_2 = 0{,}04$ m

Rechnungsgang

1. Einfallswinkel ε_1 (Gl.(3.2–24)) $\varepsilon_1 = -7,3167\ °$
2. Austrittswinkel ε_1' (Gl.(3.2–25)) $\varepsilon_1' = -3,6509\ °$
3. Neigungswinkel $\sigma_1' = \sigma_2$ (Gl.(3.2–26), (3.2–27)) $\sigma_1' = \sigma_2 = 10,1658\ °$
4. Bildschnittweite s_1' (Gl.(3.2–28)) $s_1' = 0,054432\ \text{m}$
5. Objektschnittweite s_2 (Gl.(3.2–29)) $s_2 = -0,064431\ \text{m}$
6. Einfallswinkel ε_2 (Gl.(3.2–30)) $\varepsilon_2 = 27,4385°$
7. Ausfallswinkel ε_2' (Gl.(3.2–31)) $\varepsilon_2' = 67,1599\ °$
8. Neigungswinkel σ_2' (Gl.(3.2–32)) $\sigma_2' = -49,8873\ °$
9. Bildschnittweite s_2' (Gl.(3.2–33)) $s_2' = -0,008202\ \text{m}$
10. Objektbildabstand b (Gl.(3.2–34)) $b = 0,07716\ \text{m}$

3.3 Vektorielles Brechungs- und Reflexionsgesetz

3.3.1 Brechung eines Lichtstrahls an einer ebenen Fläche

Das vektorielle Brechnungsgesetz (Bild 3.3–1) ermöglicht die Verfolgung von
Lichtstrahlen, die z.B. in sphärischen optischen Systemen auch <u>außerhalb</u> der
Meridionalebene liegen. Der Einheitsstrahlenvektor $\vec{s}^{\,0}$ des einfallenden Licht-
strahles und $\vec{s}^{\,0\prime}$ des gebrochenen Lichtstrahls zeigen in die jeweilige Ausbreitungsrichtung des Lichtes. Der Einheitsnormalenvektor $\vec{n}^{\,0}$ steht auf der Grenzfläche zwischen den beiden unterschiedlichen optischen Medien im Auftreffpunkt
des Strahles senkrecht und ist von der Lage des Auftreffpunktes und der Form
der brechenden Fläche abhängig. Er zeigt in das optische Medium, in das der gebrochene Strahl eintaucht. Die besondere Vorzeichenzuordnung bei Weiten, Winkeln und Radien, wie sie in der Technischen Optik bei der Berechnung von Meridionalstrahlen vorgenommen wird, ist in der Vektorrechnung nicht verwendbar
und hier völlig verfehlt.

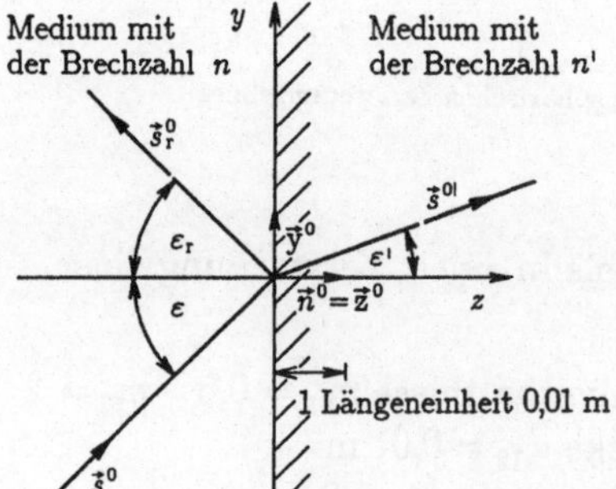

Bild 3.3–1 Vektorielles Brechungs- und Reflexionsgesetz

Ausgehend vom Snelliusschen Brechungsgesetz

$$n \sin \varepsilon = n' \sin \varepsilon' \qquad (3.2\text{-}4)$$

läßt sich das vektorielle Brechungsgesetz mit Hilfe der Einheitsstrahlenvektoren $\vec{s}^{\,\circ}$ und $\vec{s}^{\,\circ\prime}$ sowie des Einheitsnormalenvektors $\vec{n}^{\,\circ}$ nach den Regeln der Vektorrechnung in folgender Weise ableiten.

$$\sin \varepsilon = |\vec{s}^{\,\circ} \times \vec{n}^{\,\circ}| = |\vec{s}^{\,\circ}| \, |\vec{n}^{\,\circ}| \sin \varepsilon \qquad (3.3\text{-}1)$$

$$\sin \varepsilon' = |\vec{s}^{\,\circ\prime} \times \vec{n}^{\,\circ}| = |\vec{s}^{\,\circ\prime}| \, |\vec{n}^{\,\circ}| \sin \varepsilon' \qquad (3.3\text{-}2)$$

Werden diese Beziehungen in das Brechungsgesetz eingesetzt ergibt sich

$$n \left(\vec{s}^{\,\circ} \times \vec{n}^{\,\circ} \right) = n' \left(\vec{s}^{\,\circ\prime} \times \vec{n}^{\,\circ} \right) \; . \qquad (3.3\text{-}3)$$

Um den Entwicklungssatz $\vec{a} \times (\vec{b} \times \vec{c}) = (\vec{a} \, \vec{c}) \vec{b} - (\vec{a} \, \vec{b}) \vec{c}$ anwenden zu können, mit dem das Vektorprodukt aufgelöst werden kann, wird die Gl.(3.3-3) durch vektorielle Multiplikation mit dem Einheitsnormalenvektor $\vec{n}^{\,\circ}$ erweitert.

$$n \left[\vec{n}^{\,\circ} \times \left(\vec{s}^{\,\circ} \times \vec{n}^{\,\circ} \right) \right] = n' \left[\vec{n}^{\,\circ} \times \left(\vec{s}^{\,\circ\prime} \times \vec{n}^{\,\circ} \right) \right] \qquad (3.3\text{-}4)$$

Die Anwendung des Entwicklungssatzes führt zu folgender Gleichung.

$$n \left[\left(\vec{n}^{\,\circ} \right)^2 \vec{s}^{\,\circ} - \left(\vec{n}^{\,\circ} \, \vec{s}^{\,\circ} \right) \vec{n}^{\,\circ} \right] = n' \left[\left(\vec{n}^{\,\circ} \right)^2 \vec{s}^{\,\circ\prime} - \left(\vec{n}^{\,\circ} \, \vec{s}^{\,\circ\prime} \right) \vec{n}^{\,\circ} \right] \qquad (3.3\text{-}5)$$

Wegen $\left(\vec{n}^{\,\circ} \right)^2 = 1$ läßt sich die Beziehung vereinfachen.

$$n \left[\left(\vec{s}^{\,\circ} - \left(\vec{n}^{\,\circ} \, \vec{s}^{\,\circ} \right) \vec{n}^{\,\circ} \right] = n' \left[\vec{s}^{\,\circ\prime} - \left(\vec{n}^{\,\circ} \, \vec{s}^{\,\circ\prime} \right) \vec{n}^{\,\circ} \right] \qquad (3.3\text{-}6)$$

Die Auflösung nach dem Einheitsstrahlenvektor $\vec{s}^{\,\circ\prime}$ und die Einführung des Brechzahlverhältnisses

$$m = \frac{n}{n'} \qquad (3.1\text{-}26)$$

führt nach Umwandlung der skalaren Produkte $\vec{n}^{\,\circ} \vec{s}^{\,\circ}$ und $\vec{n}^{\,\circ} \vec{s}^{\,\circ\prime}$ zum vektoriellen Brechungsgesetz.

$$\vec{n}^{\,\circ} \vec{s}^{\,\circ} = |\vec{n}^{\,\circ}| \, |\vec{s}^{\,\circ}| \cos \varepsilon \qquad \qquad \cos \varepsilon' = \sqrt{1 - m^2 \sin^2 \varepsilon}$$

$$\vec{n}^{\,\circ} \vec{s}^{\,\circ\prime} = |\vec{n}^{\,\circ}| \, |\vec{s}^{\,\circ\prime}| \cos \varepsilon' \qquad \qquad \cos \varepsilon' = \sqrt{1 - m^2 \left(1 - \cos^2 \varepsilon \right)}$$

$$\cos \varepsilon' = \sqrt{1 - \sin^2 \varepsilon} \qquad \qquad \cos \varepsilon' = \sqrt{1 - m^2 \left[1 - \left(\vec{n}^{\,\circ} \vec{s}^{\,\circ} \right)^2 \right]}$$

$$\sin \varepsilon' = m \sin \varepsilon$$

$$\vec{s}^{\,\circ\prime} = \vec{s}^{\,\circ} m - \vec{n}^{\,\circ} \left\{ m \left(\vec{n}^{\,\circ} \vec{s}^{\,\circ} \right) - \sqrt{1 - m^2 \left[1 - \left(\vec{n}^{\,\circ} \vec{s}^{\,\circ} \right)^2 \right]} \right\} \qquad (3.3\text{-}7)$$

Bei einem optischen System mit mehreren brechenden Flächen wird die Brechung an jeder einzelnen Fläche berechnet und somit der Lichtstrahl durch das ganze System von der Objektebene bis zur Bild- oder Auffangebene verfolgt.

$$\vec{s}^{\,o\prime}_{\kappa} = \vec{s}^{\,o}_{\kappa}\, m_{\kappa} - \vec{n}^{\,o}_{\kappa}\left\{ m_{\kappa}(\vec{n}^{\,o}_{\kappa}\, \vec{s}^{\,o}_{\kappa}) - \sqrt{1 - m^{2}_{\kappa}\left[1 - (\vec{n}^{\,o}_{\kappa}\, \vec{s}^{\,o}_{\kappa})^{2}\right]} \right\} \tag{3.3--8}$$

Die Indizes $\kappa = 1, 2, 3, \ldots$ beziffern die einzelnen in Lichtrichtung hintereinanderliegenden brechenden Flächen. Bei der Verfolgung des Lichtstrahls durch das Linsensystem muß dieser immer wieder mit den brechenden Flächen zum Schnitt gebracht und im Schnittpunkt die Flächennormale der brechenden Fläche ermittelt werden, damit Ein- und Ausfallswinkel bestimmt werden können.

Bei der Reflexion zeigt der Einheitsstrahlenvektors $\vec{s}^{\,o}_{r}$ in die Richtung des reflektierten Lichtstrahls.

$$\vec{s}^{\,o}_{r} = - \vec{s}^{\,o\prime} \qquad \text{für } n' = - n \quad \text{oder} \quad m = - 1 \tag{3.3--9}$$

$$\vec{s}^{\,o}_{r} = \vec{s}^{\,o} - 2\left(\vec{n}^{\,o}\, \vec{s}^{\,o}\right)\vec{n}^{\,o} \tag{3.3--10}$$

Erfolgt die Reflexion an der κ-ten brechenden bzw. reflektierenden Fläche ergibt sich folgende Form des vektoriellen Reflexionsgesetzes.

$$\vec{s}^{\,o}_{r\kappa} = \vec{s}^{\,o}_{\kappa} - 2\left(\vec{n}^{\,o}_{\kappa}\, \vec{s}^{\,o}_{\kappa}\right)\vec{n}^{\,o}_{\kappa} \tag{3.3--11}$$

■ Beispiel 3.3--1   Vektorielles Brechungs- und Reflexionsgesetz (Bild 3.3--1)

Folgende Daten sind gegeben.

Einfallswinkel des Lichtstrahls	$\varepsilon = 45°$
Brechzahlverhältnis	$m = 0{,}6$
Normale der brechenden Fläche	$\vec{n}^{\,o} = \vec{z}^{\,o}$

Rechnungsgang

1. Strahlenvektor des auftreffenden Lichtstrahls

$$\vec{s}^{\,o} = \vec{y}^{\,o}\sin\varepsilon + \vec{z}^{\,o}\cos\varepsilon$$
$$\vec{s}^{\,o} = \vec{y}^{\,o}\sqrt{\tfrac{1}{2}} + \vec{z}^{\,o}\sqrt{\tfrac{1}{2}}$$

2. Strahlenvektor des gebrochenen Lichtstrahls $\vec{s}^{\,o\prime}$ (Gl.(3.3--7))

$$\vec{s}^{\,o\prime} = \vec{y}^{\,o}\sin\varepsilon' + \vec{z}^{\,o}\cos\varepsilon'$$
$$\vec{s}^{\,o\prime} = \vec{y}^{\,o}\sqrt{\tfrac{1}{8}} + \vec{z}^{\,o}\sqrt{\tfrac{7}{8}}$$

3. Ausfallswinkel ε' (Gl.(3.2--4))
$$\varepsilon' = 20{,}7048\,°$$

4. Strahlenvektor des reflektierten Lichtstrahls $\vec{s}^{\,o}_{r}$ (Gl.(3.3--10))

$$\vec{s}^{\,o}_{r} = \vec{y}^{\,o}\sin\varepsilon - \vec{z}^{\,o}\cos\varepsilon$$
$$\vec{s}^{\,o}_{r} = \vec{y}^{\,o}\sqrt{\tfrac{1}{2}} - \vec{z}^{\,o}\sqrt{\tfrac{1}{2}}$$

5. Reflektionswinkel ε_{r}
$$\varepsilon_{r} = \varepsilon = 45\,°$$

3.3.2 Brechung eines Meridionalstrahls an einer sphärischen Fläche

In der nachfolgenden Betrachtung wird die Brechung eines Meridionalstrahls an einer sphärischen Fläche (Bild 3.3–2) mit Hilfe der Vektorrechnung untersucht.

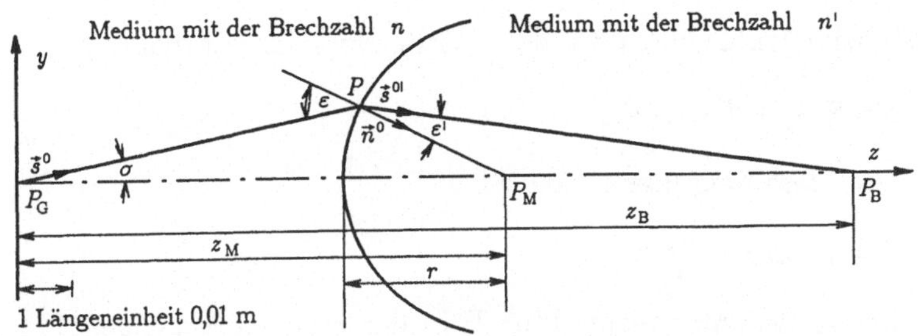

Bild 3.3–2 Brechung eines Meridionalstrahls an einer sphärischen
Fläche (Vektorielle Betrachtungsweise)

Charakteristische Größen eines sphärischen Systems (Bild 3.3–2)

$P_\mathrm{G}(x_\mathrm{G}, y_\mathrm{G}, z_\mathrm{G})$	Objekt– oder Gegenstandspunkt im
$x_\mathrm{G} = y_\mathrm{G} = z_\mathrm{G} = 0$	Koordinatenursprung
$P_\mathrm{B}(x_\mathrm{B}, y_\mathrm{B}, z_\mathrm{B})$	Bildpunkt auf der optischen Achse
z_B	Abstand des Bildpunktes vom
	Koordinatenursprung
$P_\mathrm{M}(x_\mathrm{M}, y_\mathrm{M}, z_\mathrm{M})$	Mittelpunkt der sphärischen Fläche auf der optischen Achse
$\vec{\varrho}_\mathrm{M} = \vec{x}^{\,0} x_\mathrm{M} + \vec{y}^{\,0} y_\mathrm{M} + \vec{z}^{\,0} z_\mathrm{M}$	Ortsvektor des Mittelpunktes
$x_\mathrm{M} = y_\mathrm{M} = 0$	
z_M	Abstand des Mittelpunktes P_M vom Koordinatenursprung
$P(x, y, z)$	Auftreffpunkt des Lichtstrahls auf der brechenden Fläche
$\vec{\varrho} = \vec{x}^{\,0} x + \vec{y}^{\,0} y + \vec{z}^{\,0} z$	Ortsvektor des Auftreffpunktes $P(x, y, z)$
$x = 0$	
r	Radius der brechenden Fläche
n, n'	Brechzahlen
$m \qquad m = n/n'$	Brechzahlverhältnis
ε	Einfallswinkel gegen das Lot der brechenden Fläche
ε'	Ausfallswinkel gegen das Lot der brechenden Fläche
σ	Neigungswinkel des einfallenden Lichtstrahls gegen die optische Achse

$$\vec{s}^{\,0} = \vec{x}^{\,0} s_x + \vec{y}^{\,0} s_y + \vec{z}^{\,0} s_z$$

$$s_x = 0 \quad s_y = \sin\sigma \quad s_z = \cos\sigma$$

$$\vec{s}^{\,0\prime} = \vec{x}^{\,0} s_x' + \vec{y}^{\,0} s_y' + \vec{z}^{\,0} s_z'$$

$$\vec{n}^{\,0} = \vec{x}^{\,0} n_x + \vec{y}^{\,0} n_y + \vec{z}^{\,0} n_z$$

Einheitsstrahlenvektor des einfallenden Lichtstrahls

Einheitsstrahlenvektor des gebrochenen Lichtstrahls

Einheitsnormalenvektor der brechenden Fläche im Auftreffpunkt $P(x, y, z)$

Für den Einheitsstrahlenvektor $\vec{s}^{\,0}$ des einfallenden Lichtstrahls

$$\vec{s}^{\,0} = \vec{x}^{\,0} s_x + \vec{y}^{\,0} s_y + \vec{z}^{\,0} s_z \tag{3.3-12}$$

ergibt sich mit dem Neigungswinkel σ

$$\vec{s}^{\,0} = \vec{y}^{\,0} \sin\sigma + \vec{z}^{\,0} \cos\sigma \ . \tag{3.3-13}$$

Zur Berechnung des Auftreffpunktes P in der ersten brechenden Fläche ist es notwendig, zuerst die Strahlenlänge $e = \overline{P_G P}$ zwischen Objektpunkt P_G und Auftreffpunkt P zu bestimmen. Das läuft darauf hinaus, den Schnittpunkt zwischen einfallendem Lichtstrahl und sphärischer Fläche zu berechnen (Kapitel 5.1.8). Da der vom Koordinatenursprung ausgehende Lichtstrahl als Meridionalstrahl in der y-z-Ebene liegt, muß er mit dem Kreis, der in dieser Ebene die brechende Fläche darstellt, zum Schnitt gebracht werden. Die vektorielle Kreisgleichung lautet

$$\left(\vec{\varrho}_{\text{Kreis}} - \vec{\varrho}_M\right)^2 = r^2 \ . \tag{3.3-14}$$

Die vektorielle Geradengleichung hat die Form

$$\vec{\varrho}_{\text{Gerade}} = \vec{s}^{\,0} e \ . \tag{3.3-15}$$

Der Faktor e hat bei der Ermittlung des Schnittpunktes die Funktion eines Parameters. Im Schnittpunkt muß gelten

$$\vec{\varrho}_{\text{Kreis}} = \vec{\varrho}_{\text{Gerade}} \ . \tag{3.3-16}$$

Das führt zu einer Bestimmungsgleichung für die Entfernung e

$$\left(\vec{s}^{\,0} e - \vec{\varrho}_M\right)^2 = r^2 \ , \tag{3.3-17}$$

aus der man die Strahlenlänge e schließlich berechnen kann.

$$e^2 - 2 e s_z z_M + z_M^2 = r^2 \tag{3.3-18}$$

$$e = s_z z_M \pm \sqrt{\left(s_z z_M\right)^2 + r^2 - z_M^2} \tag{3.3-19}$$

Bei konvexer Brechfläche bezüglich der Lichtrichtung gilt für die Wurzel das negative Vorzeichen. Zum Auftreffpunkt $P(x, y, z)$ des einfallenden Lichtstrahls gehört der Ortsvektor

$$\vec{\varrho} = \vec{s}^{\,0} e = \vec{x}^{\,0} x + \vec{y}^{\,0} y + \vec{z}^{\,0} z \ . \tag{3.3-20}$$

Er hat die Komponenten

$$x = 0 \qquad y = s_y e \qquad z = s_z e \; . \qquad (3.3\text{–}21)$$

Der Einheitsnormalenvektor $\vec{n}^{\,\circ}$ der brechenden Fläche im Auftreffpunkt P zeigt in das Gebiet, in das der gebrochene Strahl eintaucht (Bild 3.3–1 und 3.3–2). Es ist also darauf zu achten, ob die brechende Fläche bezüglich der Lichtrichtung konkav oder konvex gekrümmt ist. In Bild 3.3–2 tifft der Lichtstrahl auf eine konvex gekrümmte brechende Fläche.

$$\vec{n}^{\,\circ} = \frac{\vec{\varrho}_M - \vec{\varrho}}{r} \qquad (3.3\text{–}22)$$

Die Komponenten lauten

$$n_x = 0 \qquad n_y = -y/r \qquad n_z = (z_M - z)/r \; . \qquad (3.3\text{–}23)$$

Der Einfallswinkel ε des Lichtstrahls beim Auftreffen auf die brechende Fläche läßt sich mit Hilfe des skalaren Produkts

$$\vec{n}^{\,\circ}\,\vec{s}^{\,\circ} = \cos \varepsilon \qquad (3.3\text{–}24)$$

berechnen. Das führt zu folgendem Ausdruck.

$$\cos \varepsilon = n_y s_y + n_z s_z \qquad (3.3\text{–}25)$$

Der Ausfallswinkel ε' läßt sich über das Snelliussche Brechnungsgesetz ermitteln.

$$\sin \varepsilon' = m \sin \varepsilon \qquad (3.1\text{–}27)$$

Der Einheitsstrahlenvektor $\vec{s}^{\,\circ\prime}$ hinter der brechenden Fläche errechnet sich aus folgender Beziehung.

$$\vec{s}^{\,\circ\prime} = \vec{s}^{\,\circ} m - \vec{n}^{\,\circ}\left\{ m\,(\vec{n}^{\,\circ}\,\vec{s}^{\,\circ}) - \sqrt{1 - m^2\left[1 - (\vec{n}^{\,\circ}\,\vec{s}^{\,\circ})^2\right]} \right\} \qquad (3.3\text{–}26)$$

$$\vec{s}^{\,\circ\prime} = \vec{s}^{\,\circ} m - \vec{n}^{\,\circ}\,(m \cos \varepsilon - \cos \varepsilon') \qquad (3.3\text{–}27)$$

$$s_x' = 0 \qquad s_y' = s_y m - n_y (m \cos \varepsilon - \cos \varepsilon') \qquad s_z' = s_z m - n_z (m \cos \varepsilon - \cos \varepsilon')$$
$$(3.3\text{–}28)$$

Der Einheitsstrahlenvektor $\vec{s}^{\,\circ\prime}$ weist auf den Bildpunkt P_B.

$$\vec{s}^{\,\circ\prime} = \vec{s}^{\,\circ}_B \qquad (3.3\text{–}29)$$

$$s_{Bx} = 0 \qquad s_{By} = s_y m - n_y (m \cos \varepsilon - \cos \varepsilon') \qquad s_{Bz} = s_z m - n_z (m \cos \varepsilon - \cos \varepsilon')$$
$$(3.3\text{–}30)$$

Der Neigungswinkel σ'

$$\sigma' = \sigma_B \qquad (3.3\text{–}31)$$

hinter der brechenden Fläche errechnet sich aus folgender Beziehung.

$$\cos \sigma_B = \vec{s}\,^0_B \, \vec{z}\,^0 = s_{Bz} \qquad\qquad (3.3\text{--}32)$$

Der Schnittpunkt der durch den Einheitsstrahlenvektor $\vec{s}\,^0_B$ festgelegten Geraden mit der optischen Achse (z-Achse) wird durch den Abstand z_B der bildauffangenden Ebene bestimmt. Man gewinnt diesen Wert mit Hilfe der Gleichung

$$\vec{\varrho} + \vec{s}\,^{0\prime}_B \, e_B = \vec{z}\,^0 z_B \qquad . \qquad\qquad (3.3\text{--}33)$$

Darin ist $e_B = \overline{PP_B}$ der Abstand zwischen dem Auftreffpunkt P und dem Bildpunkt P_B. In der Komponentendarstellung lautet die Gleichung

$$y + s_{By} e_B = 0 \qquad\qquad (3.3\text{--}34)$$

$$z + s_{Bz} e_B = z_B \qquad . \qquad\qquad (3.3\text{--}35)$$

Der Lichtstrahl verläuft in der y-z-Ebene, so daß keine x-Komponenten auftreten. Die Elimination des Abstandes e_B führt schließlich auf den Bildpunktabstand z_B.

$$z_B = z - s_{Bz}\frac{y}{s_{By}} \qquad\qquad (3.3\text{--}36)$$

■ **Beispiel 3.3–2** Brechung eines Meridionalstrahls an einer sphärischen Fläche

Folgende Daten sind gegeben. (Bild 3.3–2)
Neigungswinkel $\sigma = 12\,°$ Brechzahlverhältnis $m = 0{,}5$
Mittelpunkt der brechenden Fläche $z_M = 0{,}09$ m
Radius der brechenden Fläche $r = 0{,}03$ m

Rechnungsgang

1. Einheitsstrahlenvektor $\vec{s}\,^0$ (Gl.(3.3–12), (3.3–13))
   $s_x = 0$ $\qquad\qquad$ $s_y = 0{,}2079$ $\qquad\qquad$ $s_z = 0{,}9781$
2. Strahlenlänge e (Gl.(3.3–19)) $\qquad\qquad\qquad\qquad\qquad$ $e = 0{,}064584$ m
3. Auftreffpunkt $P(x,y,z)$ (Gl.(3.3–20), (3.3–21))
   $x = 0$ $\qquad\qquad$ $y = 0{,}013428$ m $\qquad\qquad$ $z = 0{,}063173$ m
4. Einheitsnormalenvektor $\vec{n}\,^0$ (Gl.(3.3–22), (3.3–23))
   $n_x = 0$ $\qquad\qquad$ $n_y = -0{,}4476$ $\qquad\qquad$ $n_z = 0{,}8942$
5. Einfallswinkel ε (Gl.(3.3–25)) $\qquad\qquad\qquad\qquad$ $\varepsilon = 38{,}5894\,°$
6. Ausfallswinkel ε' (Gl.(3.1–27)) $\qquad\qquad\qquad\qquad$ $\varepsilon' = 18{,}1718\,°$
7. Einheitsstrahlenvektor $\vec{s}\,^{0\prime} = \vec{s}\,^0_B$ (Gl.(3.3–27), (3.3–28), (3.3–29))
   $s_{Bx} = 0$ $\qquad\qquad$ $s_{By} = -0{,}1467$ $\qquad\qquad$ $s_{Bz} = 0{,}9892$
8. Neigungswinkel $\sigma' = \sigma_B$ (Gl.(3.3–32)) $\qquad\qquad\qquad$ $\sigma_B = 8{,}4175\,°$
9. Bildpunktabstand z_B (Gl.(3.3–36)) $\qquad\qquad\qquad\qquad$ $z_B = 0{,}153913$ m

3.3.3 Verlauf eines Meridionalstrahls in einer sphärischen Sammellinse

In der nachfolgenden Betrachtung wird die Brechung eines Meridionalstrahls in einer sphärischen Linse (Bild 3.3–3) mit Hilfe der Vektorrechnung untersucht.

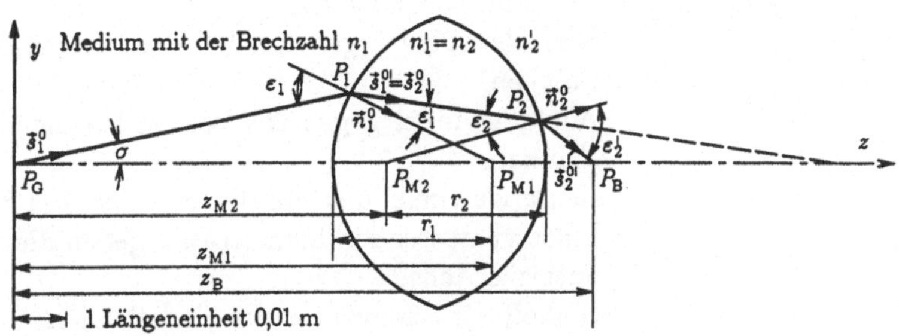

Bild 3.3–3 Verlauf eines Meridionalstrahls in einer sphärischen Sammellinse (Vektorielle Betrachtungsweise)

Charakteristische Größen eines sphärischen Linsensystems (Bild 3.3–3)

$P_G(x_G, y_G, z_G)$	Objekt– oder Gegenstandspunkt im
$x_G = y_G = z_G = 0$	Koordinatenursprung
$\vec{\varrho}_G = \vec{x}^0 x_G + \vec{y}^0 y_G + \vec{z}^0 z_G$	Ortsvektor des Objekt– oder Gegenstandspunktes
$P_B(x_B, y_B, z_B)$	Bildpunkt auf der optischen Achse
z_B	Abstand des Bildpunktes vom Koordinatenursprung
$P_{M1}(x_{M1}, y_{M1}, z_{M1})$	Mittelpunkt der ersten brechenden Fläche auf der optischen Achse
$\vec{\varrho}_{M1} = \vec{x}^0 x_{M1} + \vec{y}^0 y_{M1} + \vec{z}^0 z_{M1}$	Ortsvektor des Mittelpunktes der ersten brechen-
$x_{M1} = y_{M1} = 0$	den Fläche
z_{M1}	Abstand des Mittelpunktes P_{M1} vom Koordinaten- ursprung
$P_{M2}(x_{M2}, y_{M2}, z_{M2})$	Mittelpunkt der zweiten brechenden Fläche auf der optischen Achse
$\vec{\varrho}_{M2} = \vec{x}^0 x_{M2} + \vec{y}^0 y_{M2} + \vec{z}^0 z_{M2}$	Ortsvektor des Mittelpunktes der ersten brechen-
$x_{M2} = y_{M2} = 0$	den Fläche
z_{M2}	Abstand des Mittelpunktes P_{M1} vom Koordinaten- ursprung
$P_1(x_1, y_1, z_1)$	Auftreffpunkt des Lichtstrahls auf der ersten brechenden Fläche
$\vec{\varrho}_1 = \vec{x}^0 x_1 + \vec{y}^0 y_1 + \vec{z}^0 z_1$	Ortsvektor des Auftreffpunktes $P_1(x_1, y_1, z_1)$
$x_1 = 0$	

$P_2(x_2, y_2, z_2)$ — Auftreffpunkt des Lichtstrahls auf der zweiten brechenden Fläche

$\vec{\varrho}_2 = \vec{x}^{\,\circ} x_2 + \vec{y}^{\,\circ} y_2 + \vec{z}^{\,\circ} z_2$ — Ortsvektor des Auftreffpunktes $P_2(x_2, y_2, z_2)$

$x_2 = 0$

r_1 — Radius der ersten brechenden Fläche

r_2 — Radius der zweiten brechenden Fläche

n_1, n_1', n_2, n_2' — Brechzahlen

$m_1 = n_1/n_1' \qquad m_2 = n_2/n_2'$ — Brechzahlverhältnisse

$\varepsilon_1, \varepsilon_2$ — Einfallswinkel gegen das Lot der brechenden Flächen

$\varepsilon_1', \varepsilon_2'$ — Ausfallswinkel gegen das Lot der brechenden Flächen

$\sigma_1, \sigma_2' \qquad \sigma_2' = \sigma_B$ — Neigungswinkel des einfallenden und aus der Linse austretenden Lichtstrahls gegen die optische Achse

$\vec{s}_1^{\,\circ} = \vec{x}^{\,\circ} s_{1x} + \vec{y}^{\,\circ} s_{1y} + \vec{z}^{\,\circ} s_{1z}$ — Einheitsstrahlenvektor des einfallenden Lichtstrahls auf die erste brechende Fläche

$s_{1x} = 0$

$s_{1y} = \sin\sigma_1 \qquad s_{1z} = \cos\sigma_1$

$\vec{s}_2^{\,\circ} = \vec{x}^{\,\circ} s_{2x} + \vec{y}^{\,\circ} s_{2y} + \vec{z}^{\,\circ} s_{2z}$ — Einheitsstrahlenvektor des einfallenden Lichtstrahls auf die zweite brechende Fläche

$\vec{s}_1^{\,\circ\prime} = \vec{x}^{\,\circ} s_{1x}' + \vec{y}^{\,\circ} s_{1y}' + \vec{z}^{\,\circ} s_{1z}'$ — Einheitsstrahlenvektor des gebrochenen Lichtstrahls hinter der ersten brechenden Fläche

$\vec{s}_2^{\,\circ\prime} = \vec{x}^{\,\circ} s_{2x}' + \vec{y}^{\,\circ} s_{2y}' + \vec{z}^{\,\circ} s_{2z}'$

$\vec{s}_2^{\,\circ\prime} = \vec{s}_B^{\,\circ}$ — Einheitsstrahlenvektor des gebrochenen Lichtstrahls hinter der zweiten brechenden Fläche zum Bildpunkt $P_B(x_B, y_B, z_B)$

$\vec{n}_1^{\,\circ} = \vec{x}^{\,\circ} n_{1x} + \vec{y}^{\,\circ} n_{1y} + \vec{z}^{\,\circ} n_{1z}$ — Einheitsnormalenvektor der ersten brechenden Fläche im Auftreffpunkt $P_1(x_1, y_1, z_1)$

$\vec{n}_2^{\,\circ} = \vec{x}^{\,\circ} n_{2x} + \vec{y}^{\,\circ} n_{2y} + \vec{z}^{\,\circ} n_{2z}$ — Einheitsnormalenvektor der zweiten brechenden Fläche im Auftreffpunkt $P_2(x_2, y_2, z_2)$

Für den Einheitsstrahlenvektor $\vec{s}_1^{\,\circ}$ des einfallenden Lichtstrahls

$$\vec{s}_1^{\,\circ} = \vec{x}^{\,\circ} s_{1x} + \vec{y}^{\,\circ} s_{1y} + \vec{z}^{\,\circ} s_{1z} \tag{3.3–37}$$

ergibt sich mit dem Neigungswinkel σ_1

$$\vec{s}_1^{\,\circ} = \vec{y}^{\,\circ} \sin\sigma_1 + \vec{z}^{\,\circ} \cos\sigma_1 \; . \tag{3.3–38}$$

Zur Berechnung des Auftreffpunktes P_1 in der ersten brechenden Fläche ist es notwendig, zuerst die Strahlenlänge e_1 zwischen Objektpunkt P_G und Auftreffpunkt P_1 zu bestimmen. Das läuft darauf hinaus, den Schnittpunkt zwischen einfallendem Lichtstrahl und sphärischer Fläche zu berechnen (Kapitel 5.1.8). Da der Lichtstrahl als Meridionalstrahl in der y-z-Ebene liegt, muß er mit dem

Kreis, der in dieser Ebene die brechende Fläche darstellt, zum Schnitt gebracht werden. Die vektorielle Kreisgleichung lautet

$$(\vec{\varrho}_{\text{Kreis}\,1} - \vec{\varrho}_{\text{M1}})^2 = r_1^2 \; . \tag{3.3-39}$$

Die vektorielle Geradengleichung hat die Form (Gl.(5.1–4))

$$\vec{\varrho}_{\text{Gerade}\,1} = \vec{\varrho}_G + \vec{s}_1^{\,0} e_1 \; . \tag{3.3-40}$$

Wenn der Objektpunkt P_G im Koordinatenursprung liegt, ist der entsprechende Ortsvektor gleich Null $\vec{\varrho}_G = 0$. Der Faktor e_1 hat bei der Ermittlung des Schnittpunktes die Funktion eines Parameters. Im Schnittpunkt muß gelten

$$\vec{\varrho}_{\text{Kreis}\,1} = \vec{\varrho}_{\text{Gerade}\,1} \; . \tag{3.3-41}$$

Das führt zu einer Bestimmungsgleichung für die Entfernung e_1

$$(\vec{s}_1^{\,0} e_1 - \vec{\varrho}_{\text{M1}})^2 = r_1^2 \; , \tag{3.3-42}$$

aus der man die Entfernung e_1 schließlich berechnen kann.

$$e_1^2 - 2 e_1 s_{1z} z_{\text{M1}} + z_{\text{M1}}^2 = r_1^2 \tag{3.3-43}$$

$$e_1 = s_{1z} z_{\text{M1}} \pm \sqrt{(s_{1z} z_{\text{M1}})^2 + r_1^2 - z_{\text{M1}}^2} \tag{3.3-44}$$

Bei konvexer Brechfläche bezüglich der Lichtrichtung gilt für den Wurzelausdruck das negative Vorzeichen. Zum Auftreffpunkt $P_1(x_1, y_1, z_1)$ des einfallenden Lichtstrahls gehört der Ortsvektor

$$\vec{\varrho}_1 = \vec{s}_1^{\,0} e_1 = \vec{x}^{\,0} x_1 + \vec{y}^{\,0} y_1 + \vec{z}^{\,0} z_1 \; . \tag{3.3-45}$$

Er hat die Koordinaten

$$x_1 = 0 \qquad\qquad y_1 = s_{1y} e_1 \qquad\qquad z_1 = s_{1z} e_1 \; . \tag{3.3-46}$$

Der Einheitsnormalenvektor $\vec{n}_1^{\,0}$ der ersten brechenden Fläche im Auftreffpunkt P_1 lautet (Gl. (3.3–22))

$$\vec{n}_1^{\,0} = \frac{\vec{\varrho}_{\text{M1}} - \vec{\varrho}_1}{r_1} \tag{3.3-47}$$

$$n_{1x} = 0 \qquad\qquad n_{1y} = -\,y_1/r_1 \qquad\qquad n_{1z} = (z_{\text{M1}} - z_1)/r_1 \; . \tag{3.3-48}$$

Der Einfallswinkel ε_1 des Lichtstrahls beim Auftreffen auf die erste brechende Fläche läßt sich mit Hilfe des skalaren Produkts

$$\vec{n}_1^{\,0} \vec{s}_1^{\,0} = \cos \varepsilon_1 \tag{3.3-49}$$

berechnen. Das führt zu folgendem Ausdruck.

$$\cos \varepsilon_1 = n_{1y} s_{1y} + n_{1z} s_{1z} \tag{3.3-50}$$

Der Ausfallswinkel ε_1' läßt sich über das Snelliussche Brechnungsgesetz ermitteln (Gl. (3.1–27)).

$$\sin \varepsilon_1' = m_1 \sin \varepsilon_1$$

Der Einheitsstrahlenvektor $\vec{s}_1^{0'}$ hinter der brechenden Fläche errechnet sich aus folgender Beziehung (Gl. (3.3–8)).

$$\vec{s}_1^{0'} = \vec{s}_1^{0} m_1 - \vec{n}_1^{0}\left\{ m_1(\vec{n}_1^{0} \vec{s}_1^{0}) - \sqrt{1 - m_1^{2}\left[1 - (\vec{n}_1^{0} \vec{s}_1^{0})^2\right]} \right\} \tag{3.3–51}$$

$$\vec{s}_1^{0'} = \vec{s}_1^{0} m_1 - \vec{n}_1^{0}(m_1 \cos \varepsilon_1 - \cos \varepsilon_1') \tag{3.3–52}$$

$$s_{1x}' = 0 \qquad\qquad s_{1y}' = s_{1y} m_1 - n_{1y}(m_1 \cos \varepsilon_1 - \cos \varepsilon_1')$$

$$s_{1z}' = s_{1z} m_1 - n_{1z}(m_1 \cos \varepsilon_1 - \cos \varepsilon_1') \tag{3.3–53}$$

Der Einheitsstrahlenvektor $\vec{s}_2^{0}$ des auf die zweite brechende Fläche einfallenden Lichtstrahls beträgt

$$\vec{s}_2^{0} = \vec{s}_1^{0'} \ . \tag{3.3–54}$$

Zur Berechnung des Auftreffpunktes P_2 in der zweiten brechenden Fläche ist es notwendig, zuerst die Strahlenlänge e_2 zwischen den Auftreffpunkten P_1 auf der ersten und P_2 auf der zweiten brechenden Fläche zu bestimmen. Das läuft darauf hinaus, den Schnittpunkt zwischen einfallendem Lichtstrahl und sphärischer Fläche zu berechnen (Kapitel 5.1.8). Da der Lichtstrahl als Meridionalstrahl in der y-z-Ebene liegt, muß er mit dem Kreis, der in dieser Ebene die brechende Fläche darstellt, zum Schnitt gebracht werden. Die vektorielle Kreisgleichung lautet

$$(\vec{\varrho}_{\text{Kreis}\,2} - \vec{\varrho}_{\text{M}2})^2 = r_2^2 \ . \tag{3.3–55}$$

Die vektorielle Geradengleichung hat die Form

$$\vec{\varrho}_{\text{Gerade}\,2} = \vec{\varrho}_1 + \vec{s}_2^{0} e_2 \ . \tag{3.3–56}$$

Der Faktor e_2 hat bei der Ermittlung des Schnittpunktes die Funktion eines Parameters. Im Schnittpunkt $P_2(x_2, y_2, z_2)$ muß gelten

$$\vec{\varrho}_{\text{Kreis}\,2} = \vec{\varrho}_{\text{Gerade}\,2} \ . \tag{3.3–57}$$

Das führt zu einer Bestimmungsgleichung für die Entfernung e_2

$$[(\vec{\varrho}_1 - \vec{\varrho}_{\text{M}2}) + \vec{s}_2^{0} e_2]^2 = r_2^2 \ , \tag{3.3–58}$$

aus der man die Entfernung e_2 schließlich berechnen kann.

$$e_2^2 + 2 e_2 [s_{2y} y_1 + s_{2z}(z_1 - z_{\text{M}2})] + y_1^2 + (z_1 - z_{\text{M}2})^2 - r_2^2 = 0 \tag{3.3–59}$$

$$e_2 = -[s_{2y} y_1 + s_{2z}(z_1 - z_{\text{M}2})] \pm \ldots$$

$$\cdots \pm \sqrt{\left[s_{2y}y_1 + s_{2z}(z_1 - z_{M2})\right]^2 + r_2^2 - y_1^2 - (z_1 - z_{M2})^2} \qquad (3.3\text{-}60)$$

Bei konvexer Brechfläche gilt für die Wurzel das negative Vorzeichen. Zum Auftreffpunkt $P_2(x_2, y_2, z_2)$ des einfallenden Lichtstrahls gehört der Ortsvektor

$$\vec{\varrho}_2 = \vec{\varrho}_1 + \vec{s}_2^{\,0} e_2 = \vec{x}^{\,0} x_2 + \vec{y}^{\,0} y_2 + \vec{z}^{\,0} z_2 \qquad (3.3\text{-}61)$$

mit den Koordinaten

$$x_2 = 0 \qquad\qquad y_2 = y_1 + s_{2y}e_2 \qquad\qquad z_2 = z_1 + s_{2z}e_2 \,. \qquad (3.3\text{-}62)$$

Der Einheitsnormalenvektor $\vec{n}_2^{\,0}$ der zweiten brechenden Fläche im Auftreffpunkt P_2 lautet (Gl. (3.3-22) und Gl. (3.3-47))

$$\vec{n}_2^{\,0} = \frac{\vec{\varrho}_2 - \vec{\varrho}_{M2}}{r_2} \,, \qquad (3.3\text{-}63)$$

$$n_{2x} = 0 \qquad\qquad n_{2y} = y_2/r_2 \qquad\qquad n_{2z} = -(z_{M2} - z_2)/r_2 \,. \qquad (3.3\text{-}64)$$

Der Einfallswinkel ε_2 des Lichtstrahls beim Auftreffen auf die zweite brechende Fläche beträgt

$$\cos\varepsilon_2 = \vec{n}_2^{\,0}\vec{s}_2^{\,0} \,, \qquad (3.3\text{-}65)$$

$$\cos\varepsilon_2 = n_{2y}s_{2y} + n_{2z}s_{2z} \,. \qquad (3.3\text{-}66)$$

Der Ausfallswinkel ε_2' hinter der zweiten brechenden Fläche ergibt sich durch das Snelliussche Brechungsgesetz (Gl. (3.1-27)).

$$\sin\varepsilon_2' = m_2 \sin\varepsilon_2 \qquad (3.1\text{-}27)$$

Der Einheitsstrahlenvektor $\vec{s}_2^{\,0\prime}$ hinter der zweiten brechenden Fläche errechnet sich entsprechend der Gleichung (3.3-8) für $\varkappa = 2$ aus folgenden Beziehungen.

$$\vec{s}_2^{\,0\prime} = \vec{s}_2^{\,0} m_2 - \vec{n}_2^{\,0}\left\{ m_2(\vec{n}_2^{\,0}\vec{s}_2^{\,0}) - \sqrt{1 - m_2^2\left[1 - (\vec{n}_2^{\,0}\vec{s}_2^{\,0})^2\right]} \right\} \qquad (3.3\text{-}67)$$

$$\vec{s}_2^{\,0\prime} = \vec{s}_2^{\,0} m_2 - \vec{n}_2^{\,0}(m_2\cos\varepsilon_2 - \cos\varepsilon_2') \qquad (3.3\text{-}68)$$

$$s_{2x}' = 0 \qquad\qquad s_{2y}' = s_{2y}m_2 - n_{2y}(m_2\cos\varepsilon_2 - \cos\varepsilon_2')$$

$$s_{2z}' = s_{2z}m_2 - n_{2z}(m_2\cos\varepsilon_2 - \cos\varepsilon_2') \qquad (3.3\text{-}69)$$

Der Einheitsstrahlenvektor $\vec{s}_2^{\,0\prime}$ weist auf den Bildpunkt P_B.

$$\vec{s}_2^{\,0\prime} = \vec{s}_B^{\,0} \qquad (3.3\text{-}70)$$

$$s_{Bx} = 0 \qquad\qquad s_{By} = s_{2y}m_2 - n_{2y}(m_2\cos\varepsilon_2 - \cos\varepsilon_2')$$

$$s_{Bz} = s_{2z}m_2 - n_{2z}(m_2\cos\varepsilon_2 - \cos\varepsilon_2') \qquad (3.3\text{-}71)$$

Der Neigungswinkel

$$\sigma_2' = \sigma_B \tag{3.3-72}$$

hinter der zweiten brechenden Fläche errechnet sich aus folgender Beziehung.

$$\cos \sigma_B = \vec{s}_B^{\,0}\, \vec{z}^{\,0} = s_{Bz} \tag{3.3-73}$$

Der Schnittpunkt der durch den Einheitsstrahlenvektor $\vec{s}_B^{\,0}$ festgelegten Geraden mit der optischern Achse (z-Achse) wird durch den Abstand z_B bestimmt. Man gewinnt diesen Wert mit Hilfe der Gleichung

$$\vec{\varrho}_2 + \vec{s}_B^{\,0\prime}\, e_B = \vec{z}^{\,0}\, z_B \ . \tag{3.3-74}$$

Darin ist $e_B = \overline{P_2 P_B}$ der Abstand zwischen dem Auftreffpunkt P_2 und dem Bildpunkt P_B. In der Komponentendarstellung lautet die Gleichung

$$y_2 + s_{By}\, e_B = 0 \ , \tag{3.3-75}$$

$$z_2 + s_{Bz}\, e_B = z_B \ . \tag{3.3-76}$$

Der Lichtstrahl verläuft in der y-z-Ebene, so daß keine x-Komponenten auftreten. Die Elimination des Abstandes e_B führt schließlich auf den Bildpunktabstand

$$z_B = z_2 - s_{Bz} \frac{y_2}{s_{By}} \tag{3.3-77}$$

■ Beispiel 3.3–3 Verlauf eines Meridionalstrahls in einer Sammellinse

Folgende Daten sind gegeben. (Bild 3.3–3)
Neigungswinkel $\sigma = 12°$ Brechzahlverhältnisse $m_1 = 0,5 \quad m_2 = 2$
Mittelpunkte der brechenden Flächen $z_{M1} = 0,09$ m $\quad z_{M2} = 0,07$ m
Radius der brechenden Flächen $r_1 = 0,03$ m $\quad r_2 = 0,03$ m
Objektpunkt $P_G(x_G, y_G, z_G)$ im Koordinatenursprung

Rechnungsgang

1. Einheitsstrahlenvektor $\vec{s}_1^{\,0}$ (Gl.(3.3–37), (3.3–38))
   $s_{1x} = 0$ $s_{1y} = 0,2079$ $s_{1z} = 0,9781$
2. Strahlenlänge e_1 (Gl.(3.3–44))
                                                                       $e_1 = 0,064584$ m
3. Auftreffpunkt $P_1(x_1, y_1, z_1)$ (Gl.(3.3–45), (3.3–46))
   $x_1 = 0$ $y_1 = 0,013428$ m $z_1 = 0,063173$ m
4. Einheitsnormalenvektor $\vec{n}_1^{\,0}$ (Gl.(3.3–47), (3.3–48))
   $n_{1x} = 0$ $n_{1y} = -\,0,4476$ $n_{1z} = 0,8942$
5. Einfallswinkel ε_1 (Gl.(3.3–50))
                                                                       $\varepsilon_1 = 38,5894°$
6. Ausfallswinkel ε_1' (Gl.(3.1–27))
                                                                       $\varepsilon_1' = 18,1718°$
7. Einheitsstrahlenvektor $\vec{s}_1^{\,0\prime} = \vec{s}_2^{\,0}$ (Gl.(3.3–52), (3.3–53), (3.3–54))
   $s_{2x} = 0$ $s_{2y} = -\,0,1464$ $s_{2z} = 0,9892$

8. Strahlenlänge e_2 (Gl.(3.3–60)) $e_2 = 0{,}03609$ m
9. Auftreffpunkt $P_2(x_2, y_2, z_2)$ (Gl.(3.3–61), (3.3–62))
    $x_2 = 0$ $y_2 = 0{,}008145$ m $z_2 = 0{,}098873$ m
10. Einheitsnormalenvektor $\vec{n}_2^{\,0}$ (Gl.(3.3–63), (3.3–64))
    $n_{2x} = 0$ $n_{2y} = 0{,}2715$ $n_{2z} = 0{,}9624$
11. Einfallswinkel ε_2 (Gl.(3.3–66)) $\varepsilon_2 = 24{,}1708\,°$
12. Ausfallswinkel ε_2' (Gl.(3.1–27)) $\varepsilon_2' = 54{,}9766\,°$
13. Einheitsstrahlenvektor $\vec{s}_2^{\,0'} = \vec{s}_B^{\,0}$ (Gl.(3.3–68), (3.3–69), (3.3–70))
    $s_{Bx} = 0$ $s_{By} = -\,0{,}6323$ $s_{Bz} = 0{,}7747$
14. Neigungswinkel σ_B (Gl.(3.3–72), (3.3–73)) $\sigma_B = 39{,}2233\,°$
15. Bildpunktabstand z_B (Gl.(3.3–77)) $z_B = 0{,}108851$ m

3.3.4 Verlauf eines Meridionalstrahls in einer sphärischen Zerstreuungslinse

Im Gegensatz zur vektoriellen Berechnung des Verlaufs eines Lichtstrahls in einer Sammellinse in Kapitel 3.3.3 ergeben sich bei der Zerstreuungslinse einige Änderungen. In der Gl.(3.3–44) für die Berechnung der Lichtstrahllänge e_1 zwischen dem Objektpunkt P_G und dem Auftreffpunkt P_1 des Lichtstrahls bekommt die Wurzel ein positives Vorzeichen, da die erste brechende Fläche gegenüber der Lichtrichtung konkav gekrümmt ist. Es gilt also der größere Wert der Lichtstrahllänge.

$$e_1 = s_{1z} z_{M1} \pm \sqrt{\left(s_{1z} z_{M1}\right)^2 + r_1^2 - z_{M1}^2} \tag{3.3–44}$$

Der Einheitsnormalenvektor im Aufteffpunkt des Lichtstrahls in der brechenden Fläche zeigt generell in das Gebiet des optischen Mediums, in das der gebrochene Lichtstrahl eintaucht. Die Gleichungen (3.3–47) und (3.3–48) müssen bei der Zerstreuungslinse durch folgende Beziehungen ersetzt werden.

$$\vec{n}_1^{\,0} = \frac{\vec{\varrho}_1 - \vec{\varrho}_{M1}}{r_1} \tag{3.3–78}$$

$$n_{1x} = 0 \qquad n_{1y} = y_1/r_1 \qquad n_{1z} = (z_1 - z_{M1})/r_1 \tag{3.3–79}$$

Die Beziehung für die Berechnung der Strahlenlänge e_2 (Gl.(3.3–60)) zwischen den Auftreffpunkten P_1 und P_2 des Lichtstrahls muß einen negativen Wurzelausdruck bekommen, da der Lichtstrahl auf eine konvexe brechende Fläche trift.

$$e_2 = -\left[s_{2y} y_1 + s_{2z}(z_1 - z_{M2})\right]$$
$$\pm \sqrt{\left[s_{2y} y_1 + s_{2z}(z_1 - z_{M2})\right]^2 + r_2^2 - y_1^2 - (z_1 - z_{M2})^2} \tag{3.3–60}$$

Der Einheitsnormalenvektor $\vec{n}_2^{\,0}$ im Auftreffpunkt P_2 des Lichtstrahls auf der zweiten brechenden Fläche wird im Gegensatz zu den Gleichungen (3.3–63) und (3.3–64) durch folgende Beziehungen beschrieben.

$$\vec{n}_2^{\,0} = \frac{\vec{\varrho}_{M2} - \vec{\varrho}_2}{r_2} \tag{3.3-80}$$

$$n_{2x} = 0 \qquad\qquad n_{2y} = - y_2/r_2 \qquad\qquad n_{2z} = - (z_2 - z_{M2})/r_2 \tag{3.3-81}$$

Für die Berechnung des Verlaufs eines Meridionalstrahls in einer Zerstreuungslinse können ansonsten die Gleichungen im Kapitel 3.3.3 verwendet werden.

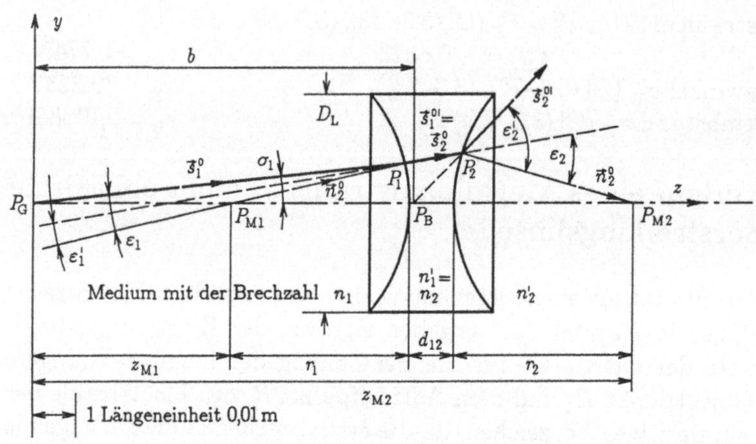

Bild 3.3-4 Verlauf eines Meridionalstrahls in einer sphärischen Zerstreuungslinse
(Vektorielle Betrachtungsweise)

■ Beispiel 3.3-4 Verlauf eines Meridionalstrahls in einer Zerstreuungslinse

Folgende Daten sind gegeben. (Bild 3.3-4)
Neigungswinkel $\sigma = 6,5\,°$ $\qquad\qquad$ Brechzahlverhältnisse $\quad m_1 = 0,5 \;\; m_2 = 2$
Mittelpunkte der brechenden Flächen $\quad z_{M1} = 0,045$ m $\quad z_{M2} = 0,0135$ m
Radius der brechenden Flächen $\qquad r_1 = 0,04$ m $\qquad r_2 = 0,04$ m
Objektpunkt $P_G(x_G, y_G, z_G)$ im Koordinatenursprung

Rechnungsgang

1. Einheitsstrahlenvektor $\vec{s}^{\,0}$ (Gl.(3.3-37),(3.3-38))
$\quad s_{1x} = 0$ $\qquad\qquad s_{1y} = 0,113203$ $\qquad\qquad s_{1z} = 0,9936$
2. Strahlenlänge e_1 (Gl.(3.3-44)) $\qquad\qquad e_1 = 0,084385$ m
3. Auftreffpunkt $P_1(x,y,z)$ (Gl.(3.3-45), (3.3-46))
$\quad x_1 = 0$ $\qquad\qquad y_1 = 0,00955266$ m $\qquad\qquad z_1 = 0,083843$ m
4 Einheitsnormalenvektor $\vec{n}^{\,0}$ (Gl.(3.3-78), (3.3-79))
$\quad n_{1x} = 0$ $\qquad\qquad n_{1y} = - 0,238816$ $\qquad\qquad n_{1z} = 0,9711$
5. Einfallswinkel ε_1 (Gl.(3.3-50)) $\qquad\qquad \varepsilon_1 = 7,3167\,°$
6. Ausfallswinkel ε_1' (Gl.(3.1-27)) $\qquad\qquad \varepsilon_1' = 3,6509\,°$
7. Einheitsstrahlenvektor $\vec{s}_1^{\,0\prime} = \vec{s}_2^{\,0}$ (Gl.(3.3-52), (3.3-53), (3.3-54))
$\quad s_{2x} = 0$ $\qquad\qquad s_{2y} = 0,176497$ $\qquad\qquad s_{2z} = 0,9843$

8. Strahlenlänge e_2 (Gl.(3.3–60)) $e_2 = 0{,}013168$ m
9. Auftreffpunkt $P_2(x_2, y_2, z_2)$ (Gl.(3.3–61), (3.3–62))
    $x_2 = 0$ $y_2 = 0{,}01187678$ m $z_2 = 0{,}096804$ m
10. Einheitsnormalenvektor $\vec{n}_2^{\,\circ}$ (Gl.(3.3–80), (3.3–81))
    $n_{2x} = 0$ $n_{2y} = -0{,}296919$ $n_{2z} = 0{,}9549$
11. Einfallswinkel ε_2 (Gl.(3.3–66)) $\varepsilon_2 = 27{,}4385\,°$
12. Ausfallswinkel ε_2' (Gl.(3.1–27)) $\varepsilon_2' = 67{,}1600\,°$
13. Einheitsstrahlenvektor $\vec{s}_2^{\,\circ\prime} = \vec{s}_B^{\,\circ}$ (Gl.(3.3–68), (3.3–69), (3.3–70))
    $s_{Bx} = 0$ $s_{By} = 0{,}764778$ $s_{Bz} = 0{,}6443$
14. Neigungswinkel σ_B (Gl.(3.3–72), (3.3–73)) $\sigma_B = 49{,}8873\,°$
15. Bildpunktabstand z_B (Gl.(3.3–77)) $z_B = 0{,}086798$ m

3.4 Strahlengang in einem Prismensystem

Es soll der Verlauf eines von den auf einem Kreis mit dem Radius r_G liegenden
Objektpunkten $P_{G\lambda}$ ausgehenden kegelförmigen divergierenden Strahlenbündels
und des zugehörigen Mittelstrahls beim Durchgang durch ein Prismensystem untersucht und berechnet werden (Bild 3.4–1 und 3.4–2). Zur Ausrichtung des Strahlenbündels dient der Mittelstrahl und eine sich senkrecht zum Mittelstrahl erstreckende Hilfsebene, auf der die Auftreffpunkte der Strahlen auf einem zum
Mittelstrahl mittigen Kreis angeordnet sind. Die Umwandlung der räumlichen
Koordinaten in Bildkoordinaten geschieht mit Hilfe der Gleichungen (5.2–4) und
(5.2–5) (Bild 5.2–1 und 5.2–2).

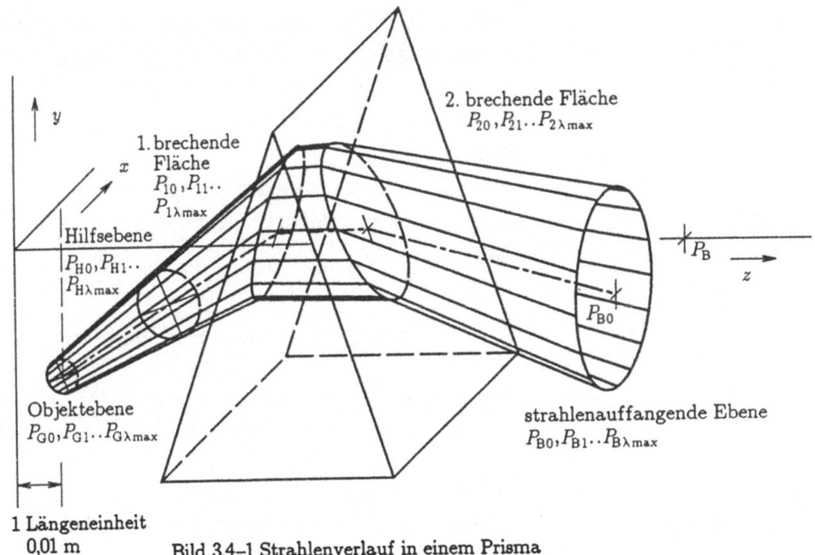

Bild 3.4–1 Strahlenverlauf in einem Prisma

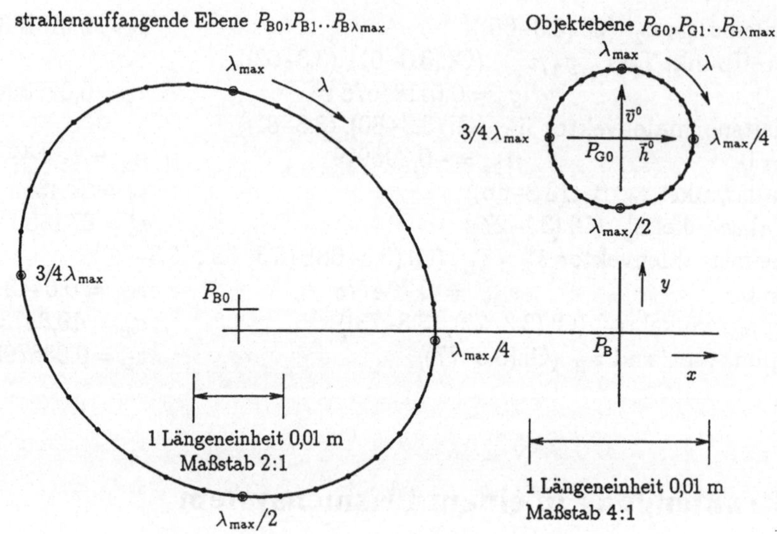

Bild 3.4–2 Objekt– und strahlenauffangende Ebene eines Prismas

Charakteristische Größen eines Prismas (Bild 3.4–1 und 3.4–2)

Prisma

χ — Prismenwinkel

d_{P1}, d_{P2} — Höhe des Prismas oberhalb und unterhalb der optischen Achse

$P_1(x_1, y_1, z_1)$
$x_1 = y_1 = 0$ — Orientierungspunkt in der ersten brechenden Fläche zur Lagebestimmung des Prismas, Schnittpunkt der z-Achse mit der ersten brechenden Fläche und Koordinatenursprung im auxiliaren Koordinatensystem in der ersten brechenden Fläche zur Festlegung der Auftreffpunkte

z_1 — Abstand des Orientierungspunktes vom Koordinatenursprung

$\vec{\varrho}_1 = \vec{x}^{\,\circ} x_1 + \vec{y}^{\,\circ} y_1 + \vec{z}^{\,\circ} z_1$ — Ortsvektor des Orientierungspunktes

$\vec{\varrho}_2 = \vec{x}^{\,\circ} x_2 + \vec{y}^{\,\circ} y_2 + \vec{z}^{\,\circ} z_2$
$x_2 = y_2 = 0$ — Orientierungspunkt in der zweiten brechenden Fläche

$z_2 = z_1 + 2\,d_{P1} \tan(\chi/2)$
$\vec{\varrho}_B = \vec{x}^{\,\circ} x_B + \vec{y}^{\,\circ} y_B + \vec{z}^{\,\circ} z_B$ — Orientierungspunkt in der Bildebene
$x_B = y_B = 0$

m_1, m_2 — Brechzahlverhältnisse

Objektebene

$P_{G0}(x_{G0}, y_{G0}, z_{G0})$ — Objektpunkt des Mittelstrahls

$\vec{\varrho}_{G0} = \vec{x}^{\,\circ} x_{G0} + \vec{y}^{\,\circ} y_{G0} + \vec{z}^{\,\circ} z_{G0}$ — Ortsvektor des Objektpunktes des Mittelstrahls

$P_{G\lambda}(x_{G\lambda}, y_{G\lambda}, z_{G\lambda})$ — Objektpunkte des Strahlenbündels

$\vec{\varrho}_{G\lambda} = \vec{x}^{\circ} x_{G\lambda} + \vec{y}^{\circ} y_{G\lambda} + \vec{z}^{\circ} z_{G\lambda}$ — Ortsvektoren der Objektpkt. des Strahlenbündels

r_G — Radius des Objektkreises

$\lambda = 1, 2, \ldots \lambda_{max}$ — Zählvariable des Strahlenbündels

λ_{max} — Anzahl der Strahlen im Strahlenbündel

$\alpha_0 = 2\pi / \lambda_{max}$ — Winkeleinheit in der Objektebene

Hilfsebene

$P_{H\lambda}(x_{H\lambda}, y_{H\lambda}, z_{H\lambda})$ — Auftreffpunkte des Strahlenbündels in der Hilfsebene

$\vec{s}^{\circ}_{H\lambda} = \vec{x}^{\circ} s_{H\lambda x} + \vec{y}^{\circ} s_{H\lambda y} + \vec{z}^{\circ} s_{H\lambda z}$ — Einheitsstrahlenvektoren des Strahlenbündels in der Hilfsebene

$\vec{\varrho}_{H\lambda} = \vec{x}^{\circ} x_{H\lambda} + \vec{y}^{\circ} y_{H\lambda} + \vec{z}^{\circ} z_{H\lambda}$ — Ortsvektoren der Objektpunkte des Strahlenbündels in der Hilfsebene

$P_{H0}(x_{H0}, y_{H0}, z_{H0})$ — Auftreffpunkt des Mittelstrahls in der Hilfsebene

$\vec{s}^{\circ}_{H0} = \vec{x}^{\circ} s_{H0x} + \vec{y}^{\circ} s_{H0y} + \vec{z}^{\circ} s_{H0z}$ — Einheitsstrahlenvektor des Mittelstrahls in der Hilfsebene

$\vec{\varrho}_{H0} = \vec{x}^{\circ} x_{H0} + \vec{y}^{\circ} y_{H0} + \vec{z}^{\circ} z_{H0}$ — Ortsvektor des Auftreffpunktes des Mittelstrahls in der Hilfsebene

r_H — Radius des Auftreffkreises in der Hilfsebene

e_H — Abstand der Hilfsebene vom Mittelpunkt P_{G0} des Objektkreises

e_M — Strahlenlänge auf dem Kegelstumpf zwischen Objektkreis und Hilfskreis

Brechende Flächen

h_{10}, v_{10} — Koordinaten des Auftreffpunktes P_{10} des Mittelstrahls im auxiliaren Koordinatensystem in der ersten brechenden Fläche

$\vec{v}^{\circ}_1, \vec{h}^{\circ}_1$ — vertikaler und horizontaler Einheitsvektor im auxiliaren Koordinatensystem in der ersten brechenden Fläche

$\vec{\sigma}_{10} = \vec{v}^{\circ}_1 v_{10} + \vec{h}^{\circ}_1 h_{10}$ — Lagevektor im auxiliaren Koordinatensystem in der ersten brechenden Fläche zur Festlegung des Auftreffpunktes des Mittelstrahls

$P_{\varkappa 0}(x_{\varkappa 0}, y_{\varkappa 0}, z_{\varkappa 0})$ — Auftreffpunkt des Mittelstrahls in der $\varkappa$-ten brechenden Fläche

$\vec{s}^{\circ}_{\varkappa 0} = \vec{x}^{\circ} s_{\varkappa 0x} + \vec{y}^{\circ} s_{\varkappa 0y} + \vec{z}^{\circ} s_{\varkappa 0z}$ — Einheitsstrahlenvektor des Mittelstrahls in der $\varkappa$-ten brechenden Fläche

$\vec{\varrho}_{\varkappa 0} = \vec{x}^{\circ} x_{\varkappa 0} + \vec{y}^{\circ} y_{\varkappa 0} + \vec{z}^{\circ} z_{\varkappa 0}$ — Ortsvektor des Auftreffpunktes des Mittelstrahls in der $\varkappa$-ten brechenden Fläche

$\vec{n}^{\circ}_{\varkappa} = \vec{x}^{\circ} n_{\varkappa x} + \vec{y}^{\circ} n_{\varkappa y} + \vec{z}^{\circ} n_{\varkappa z}$ — Einheitsnormalenvektor der $\varkappa$-ten ebenen, brechenden Fläche

$P_{\varkappa\lambda}(x_{\varkappa\lambda}, y_{\varkappa\lambda}, z_{\varkappa\lambda})$ — Auftreffpunkte des Strahlenbündels in der $\varkappa$-ten brechenden Fläche

$\vec{s}^{\,0}_{\varkappa\lambda} = \vec{x}^{\,0}\,s_{\varkappa\lambda x} + \vec{y}^{\,0}\,s_{\varkappa\lambda y} + \vec{z}^{\,0}\,s_{\varkappa\lambda z}$ Einheitsstrahlenvektoren des Strahlenbündels in der $\varkappa$-ten brechenden Fläche

$\vec{\varrho}_{\varkappa\lambda} = \vec{x}^{\,0}\,x_{\varkappa\lambda} + \vec{y}^{\,0}\,y_{\varkappa\lambda} + \vec{z}^{\,0}\,z_{\varkappa\lambda}$ Ortsvektoren der Auftreffpunkte des Strahlenbündels in der $\varkappa$-ten brechenden Fläche

$\varkappa = 1, 2, 3 \ldots$ Zählvariable der $\varkappa$-ten brechenden Fläche

$e_{S1\lambda} = \vec{n}^{\,0}_1(\vec{\varrho}_{10} - \vec{\varrho}_{G\lambda})$ oder   Senkrechter Abstand der Objektpunkte $P_{G\lambda}$ von der ersten brechenden Fläche
$e_{S1\lambda} = \vec{n}^{\,0}_1(\vec{\varrho}_1 - \vec{\varrho}_{G\lambda})$ oder
$e_{S1\lambda} = e_{1\lambda}(\vec{n}^{\,0}_1\,\vec{s}^{\,0}_{1\lambda})$

$e_{S20} = \vec{n}^{\,0}_2(\vec{\varrho}_2 - \vec{\varrho}_{10})$ Senkrechter Abstand des Auftreffpunktes P_{10} von der zweiten brechenden Fläche

$e_{S2\lambda} = \vec{n}^{\,0}_2(\vec{\varrho}_2 - \vec{\varrho}_{1\lambda})$ Senkrechter   Abstand   des   Auftreffpunktes $P_{1\lambda}$ von der zweiten brechenden Fläche

$e_{\varkappa 0}$ Länge des Mittelstrahls zwischen der Objektebene und der ersten brechenden Fläche sowie den weiteren brechenden Flächen

$e_{\varkappa\lambda}$ Länge der Strahlen des Strahlenbündels zwischen der Objektebene und der ersten brechenden Fläche sowie den weiteren brechenden Flächen

Bildebene

$P_B(x_B, y_B, z_B)$ Orientierungspunkt der Bildebene, Schnittpunkt der z-Achse mit der Bildebene
$x_B = y_B = 0$

z_B Abstand der Bildebene vom Koordinatenursprung

$\vec{\varrho}_B = \vec{x}^{\,0}\,x_B + \vec{y}^{\,0}\,y_B + \vec{z}^{\,0}\,x_B$ Ortsvektor des Orientierungspunktes in der Bildebene

$P_{B0}(x_{B0}, y_{B0}, z_{B0})$ Auftreffpunkt des Mittelstrahls in der Bildebene

$\vec{\varrho}_{B0} = \vec{x}^{\,0}\,x_{B0} + \vec{y}^{\,0}\,y_{B0} + \vec{z}^{\,0}\,x_{B0}$ Ortsvektor des Auftreffpunktes des Mittelstrahls in der Bildebene

$P_{B\lambda}(x_{B\lambda}, y_{B\lambda}, z_{B\lambda})$ Auftreffpunkte des Strahlenkegels in der Bildebene

$\vec{\varrho}_{B\lambda} = \vec{x}^{\,0}\,x_{B\lambda} + \vec{y}^{\,0}\,y_{B\lambda} + \vec{z}^{\,0}\,x_{B\lambda}$ Ortsvektoren der Auftreffpunkte des Strahlenkegels in der Bildebene

e_{B0} Länge des Mittelstrahls zwischen zweiter brechender Fläche und Bildebene

$e_{B\lambda}$ Länge der Strahlen des Strahlenbündels zwischen zweiter brechender Fläche und Bildebene

$\vec{s}^{\,0}_{B0}$ Einheitsstrahlenvektor des Mittelstrahls in der Bildebene

$\vec{s}^{\,0}_{B\lambda}$ Einheitsstrahlenvektoren des Strahlenbündels in der Bildebene

$\vec{n}^{\,0}_B = \vec{z}^{\,0}$ Einheitsnormalenvektor der Bildebene

Rechnungsgang

Die folgenden Daten sind vorgegeben.

$P_{G0}(x_{G0}, y_{G0}, z_{G0})$ Objektpunkt des Mittelstrahls

r_G	Radius des Objektkreises
z_1	Abstand des Orientierungspunktes vom Koordinatenursprung
e_H	Abstand der Hilfsebene vom Objektpunkt P_G
r_H	Radius des Auftreffkreises in der Hilfsebene
h_{10}, v_{10}	Koordinaten des Auftreffpunktes P_{10} des Mittelstrahls in der ersten brechenden Fläche
$\lambda_{\max}$	Anzahl der Strahlen im Strahlenbündel
z_B	Abstand der Bildebene vom Koordinatenursprung
$\vec{n}^{\,0}_\mathrm{B} = \vec{z}^{\,0}$	Einheitsnormalenvektor der Bildebene
χ	Prismenwinkel
$d_\mathrm{P1}, d_\mathrm{P2}$	Höhe des Prismas oberhalb und unterhalb der optischen Achse
m_1, m_2	Brechzahlverhältnisse

Der Verlauf der einzelnen Lichtstrahlen ist gesucht.

1. Ortsvektor des Objektpunktes P_G0 in der Objektebene

$$\vec{\varrho}_\mathrm{G0} = \vec{x}^{\,0} x_\mathrm{G0} + \vec{y}^{\,0} y_\mathrm{G0} + \vec{z}^{\,0} z_\mathrm{G0}$$

2. Ortsvektor des Orientierungspunktes P_1 in der ersten brechenden Fläche

$$\vec{\varrho}_1 = \vec{x}^{\,0} x_1 + \vec{y}^{\,0} y_1 + \vec{z}^{\,0} z_1 \qquad\qquad x_1 = y_1 = 0$$

3. Ortsvektor des Orientierungspunktes P_2 in der zweiten brechenden Fläche

$$\vec{\varrho}_2 = \vec{x}^{\,0} x_2 + \vec{y}^{\,0} y_2 + \vec{z}^{\,0} z_2 \qquad x_2 = y_2 = 0 \qquad z_2 = z_1 + 2\, d_\mathrm{P1} \tan(\chi/2)$$

4. Ortsvektor des Orientierungspunktes P_B in der Bildebene

$$\vec{\varrho}_\mathrm{B} = \vec{x}^{\,0} x_\mathrm{B} + \vec{y}^{\,0} y_\mathrm{B} + \vec{z}^{\,0} z_\mathrm{B} \qquad x_\mathrm{B} = y_\mathrm{B} = 0$$

5. Einheitsnormalenvektor der ersten brechenden Fläche

Die Prismenkante soll in Richtung der y-Achse liegen. Der Einheitsnormalenvektor weist in das brechende Medium.

$$\vec{n}^{\,0}_1 = \vec{x}^{\,0} n_{1\mathrm{x}} + \vec{y}^{\,0} n_{1\mathrm{y}} + \vec{z}^{\,0} n_{1z}$$

$$n_{1\mathrm{x}} = 0 \qquad\qquad n_{1\mathrm{y}} = -\sin(\chi/2) \qquad n_{1z} = \cos(\chi/2)$$

6. Einheitsnormalenvektor der zweiten brechenden Fläche

$$\vec{n}^{\,0}_2 = \vec{x}^{\,0} n_{2\mathrm{x}} + \vec{y}^{\,0} n_{2\mathrm{y}} + \vec{z}^{\,0} n_{2z}$$

$$n_{2\mathrm{x}} = 0 \qquad\qquad n_{2\mathrm{y}} = \sin(\chi/2) \qquad n_{2z} = \cos(\chi/2)$$

7. Koordinatensystem in der ersten brechenden Fläche zur Bestimmung der Auftreffpunkte des Strahlenbündels

Dieses System wird eingerichtet, um die Lage des Auftreffpunktes P_{10} des Mittelstrahls unabhängig von der räumlichen Anordnung des Prismas angeben zu können. Der Koordinatenursprung dieses auxiliaren Systems soll im Orientierungspunkt P_1 des Prismas liegen. Die beiden Achsen mit den Einheitsvektoren $\vec{v}_1^{\,o}$ und $\vec{h}_1^{\,o}$ stehen aufeinander und jeweils auf dem Einheitsnormalenvektor $\vec{n}_1^{\,o}$ senkrecht. Der Vektor $\vec{h}_1^{\,o}$ soll außerdem horizontal verlaufen, d.h. er liegt in der x-z-Ebene. Er berechnet sich aus folgender Beziehung.

$$\vec{h}_1^{\,o} = \frac{\vec{y}^{\,o} \times \vec{n}_1^{\,o}}{|\vec{y}^{\,o} \times \vec{n}_1^{\,o}|} \qquad \vec{h}_1^{\,o} = \vec{x}^{\,o}\, h_{1x} + \vec{y}^{\,o}\, h_{1y} + \vec{z}^{\,o}\, h_{1z} \qquad \vec{y}^{\,o} \times \vec{n}_1^{\,o} = \vec{x}^{\,o} \cos(\chi/2)$$

$$h_{1x} = 1 \qquad h_{1y} = 0 \qquad h_{1z} = 0$$

Der Einheitsvektor $\vec{v}_1^{\,o}$ errechnet sich aus

$$\vec{v}_1^{\,o} = \vec{n}_1^{\,o} \times \vec{h}_1^{\,o} \,, \qquad\qquad \vec{v}_1^{\,o} = \vec{x}^{\,o}\, v_{1x} + \vec{y}^{\,o}\, v_{1y} + \vec{z}^{\,o}\, v_{1z} \,,$$

$$v_{1x} = 0 \,, \qquad v_{1y} = \cos(\chi/2) \,, \qquad v_{1z} = \sin(\chi/2) \,.$$

8. Lage des Auftreffpunktes P_{10} des Mittelstrahls in der ersten brechenden Fläche

$$\vec{\varrho}_{10} = \vec{\varrho}_1 + \vec{\sigma}_{10}$$

Der Vektor $\vec{\sigma}_{10}$ liegt im h_1-v_1-Koordinatensystem in der ersten brechenden Fläche.

$$\vec{\sigma}_{10} = \vec{h}_1^{\,o}\, h_{10} + \vec{v}_1^{\,o}\, v_{10}$$

$$\vec{\varrho}_{10} = \vec{x}^{\,o}\, x_{10} + \vec{y}^{\,o}\, y_{10} + \vec{z}^{\,o}\, z_{10}$$

$$x_{10} = x_1 + h_{10} \qquad y_{10} = v_{10} \cos(\chi/2) \qquad z_{10} = v_{10} \sin(\chi/2)$$

9. Länge des Mittelstrahls zwischen der Objektebene und der ersten brechenden
   Fläche

$$e_{10} = |\vec{\varrho}_{10} - \vec{\varrho}_{G0}| \qquad e_{10} = \sqrt{(x_{10} - x_{G0})^2 + (y_{10} - y_{G0})^2 + (z_{10} - z_{G0})^2}$$

10. Einheitsstrahlenvektor des Mittelstrahls zwischen der Objektebene und der
    ersten brechenden Fläche

$$\vec{s}_{10}^{\,o} = \frac{\vec{\varrho}_{10} - \vec{\varrho}_{G0}}{e_{10}} \qquad \vec{s}_{10}^{\,o} = \vec{x}^{\,o}\, s_{10x} + \vec{y}^{\,o}\, s_{10y} + \vec{z}^{\,o}\, s_{10z}$$

$$s_{10x} = \frac{x_{10} - x_{G0}}{e_{10}} \qquad s_{10y} = \frac{y_{10} - y_{G0}}{e_{10}} \qquad s_{10z} = \frac{z_{10} - z_{G0}}{e_{10}}$$

11. Abstand der Hilfsebene von der Objektebene

$$e_H < e_{10}$$

Zur Festlegung der Auftreffpunkte eines kegeligen Strahlenbündels wird eine Hilfsebene benötigt. Sie liegt zwischen dem Objektpunkt P_{G0} und dem Auftreffpunkt P_{10} des Mittelstrahls auf der ersten brechenden Fläche.

12. Koordinatensystem in der Objektebene

Die beiden Achsen mit den Einheitsvektoren $\vec{v}_G^{\,0}$ und $\vec{h}_G^{\,0}$ stehen aufeinander und jeweils auf dem Einheitsstrahlenvektor $\vec{s}_{10}^{\,0}$ senkrecht. Der Vektor $\vec{h}_G^{\,0}$ soll außerdem horizontal verlaufen, d.h. er liegt in der x-z-Ebene. Er berechnet sich aus folgender Beziehung.

$$\vec{h}_G^{\,0} = \frac{\vec{y}^{\,0} \times \vec{s}_{10}^{\,0}}{|\vec{y}^{\,0} \times \vec{s}_{10}^{\,0}|} \qquad\qquad \vec{h}_G^{\,0} = \vec{x}^{\,0} h_{Gx} + \vec{y}^{\,0} h_{Gy} + \vec{z}^{\,0} h_{Gz}$$

$$h_{Gx} = \frac{s_{10z}}{\sqrt{s_{10x}^2 + s_{10z}^2}} \qquad h_{Gy} = 0 \qquad h_{Gz} = -\frac{s_{10x}}{\sqrt{s_{10x}^2 + s_{10z}^2}}$$

Die v_G-Achse steht auf dem Einheitsstrahlenvektor $\vec{s}_{10}^{\,0}$ und der h_G-Achse senkrecht.

$$\vec{v}_G^{\,0} = \vec{s}_{10}^{\,0} \times \vec{h}_G^{\,0} \qquad\qquad\qquad \vec{v}_G^{\,0} = \vec{x}^{\,0} v_{Gx} + \vec{y}^{\,0} v_{Gy} + \vec{z}^{\,0} v_{Gz}$$

$$v_{Gx} = s_{10y} h_{Gz} \qquad\qquad v_{Gy} = s_{10z} h_{Gx} - s_{10x} h_{10z} \qquad\qquad v_{Gz} = - s_{10y} h_{Gx}$$

13. Ortsvektoren der Objektpunkte $P_{G\lambda}$ des Strahlenkegels in der Objektebene

Die Objektpunkte des Strahlenkegels mit $\lambda_{\max}$ Strahlen liegen in der Objektebene auf einem Kreis mit dem Radius r_G in regelmäßigen Abständen von $2\pi r_H/\lambda_{\max}$.

$$\vec{\varrho}_{G0} = \vec{x}^{\,0} x_{G0} + \vec{y}^{\,0} y_{G0} + \vec{z}^{\,0} z_{G0}$$

$$\vec{\varrho}_{G\lambda} = \vec{\varrho}_{G0} + \vec{\sigma}_{G\lambda} \qquad\qquad \vec{\sigma}_{G\lambda} = \vec{h}_G^{\,0} r_G \cos(\lambda\alpha_0) + \vec{v}_G^{\,0} r_G \sin(\lambda\alpha_0) \qquad \alpha_0 = \frac{2\pi}{\lambda_{\max}}$$

$$\vec{\varrho}_{G\lambda} = \vec{x}^{\,0} x_{G\lambda} + \vec{y}^{\,0} y_{G\lambda} + \vec{z}^{\,0} z_{G\lambda}$$

$$x_{G\lambda} = x_{G0} + h_{Gx} r_G \cos(\lambda\alpha_0) + v_{Gx} r_G \sin(\lambda\alpha_0)$$
$$y_{G\lambda} = y_{G0} + h_{Gy} r_G \cos(\lambda\alpha_0) + v_{Gy} r_G \sin(\lambda\alpha_0)$$
$$z_{G\lambda} = z_{G0} + h_{Gz} r_G \cos(\lambda\alpha_0) + v_{Gz} r_G \sin(\lambda\alpha_0)$$

14. Koordinatensystem in der Hilfsebene

Die beiden Achsen mit den Einheitsvektoren $\vec{v}_H^{\,0}$ und $\vec{h}_H^{\,0}$ stehen aufeinander und jeweils auf dem Einheitsstrahlenvektor $\vec{s}_{10}^{\,0}$ senkrecht. Der Vektor $\vec{h}_H^{\,0}$ soll außerdem horizontal verlaufen, d.h. er liegt in der x-z-Ebene. Er berechnet sich aus folgender Beziehung.

$$\vec{h}_H^{\,0} = \frac{\vec{y}^{\,0} \times \vec{s}_{10}^{\,0}}{|\vec{y}^{\,0} \times \vec{s}_{10}^{\,0}|} \qquad\qquad \vec{h}_H^{\,0} = \vec{x}^{\,0} h_{Hx} + \vec{y}^{\,0} h_{Hy} + \vec{z}^{\,0} h_{Hz}$$

$$h_{Hx} = \frac{s_{10z}}{\sqrt{s_{10x}^2 + s_{10z}^2}} \qquad h_{Hy} = 0 \qquad h_{Hz} = -\frac{s_{10x}}{\sqrt{s_{10x}^2 + s_{10z}^2}}$$

Die v_H-Achse steht auf dem Einheitsstrahlenvektor $\vec{s}_{10}^{\,0}$ und der h_H-Achse senkrecht.

$$\vec{v}^{\,\circ}_{\mathrm{H}} = \vec{s}^{\,\circ}_{10} \times \vec{h}^{\,\circ}_{\mathrm{H}} \qquad\qquad\qquad \vec{v}^{\,\circ}_{\mathrm{H}} = \vec{x}^{\,\circ} v_{\mathrm{Hx}} + \vec{y}^{\,\circ} v_{\mathrm{Hy}} + \vec{z}^{\,\circ} v_{\mathrm{Hz}}$$

$$v_{\mathrm{Hx}} = s_{10y} h_{\mathrm{Hz}} \qquad\qquad v_{\mathrm{Hy}} = s_{10z} h_{\mathrm{Hx}} - s_{10x} h_{10z} \qquad\qquad v_{\mathrm{Hz}} = - s_{10y} h_{\mathrm{Hx}}$$

15. Ortsvektor des Auftreffpunktes P_{H0} des Mittelstrahls in der Hilfsebene

$$\vec{\varrho}_{\mathrm{H0}} = \vec{\varrho}_{\mathrm{G0}} + e_{\mathrm{H}} \vec{s}^{\,\circ}_{10} \qquad\qquad\qquad \vec{\varrho}_{\mathrm{H0}} = \vec{x}^{\,\circ} x_{\mathrm{H0}} + \vec{y}^{\,\circ} y_{\mathrm{H0}} + \vec{z}^{\,\circ} z_{\mathrm{H0}}$$

$$x_{\mathrm{H0}} = x_{\mathrm{G0}} + e_{\mathrm{H}} s_{10x} \qquad\qquad y_{\mathrm{H0}} = y_{\mathrm{G0}} + e_{\mathrm{H}} s_{10y} \qquad\qquad z_{\mathrm{H0}} = z_{\mathrm{G0}} + e_{\mathrm{H}} s_{10z}$$

16. Ortsvektoren der Auftreffpunkte $P_{\mathrm{H}\lambda}$ des Strahlenbündels in der Hilfsebene

Die Auftreffpunkte des Strahlenbündels mit $\lambda_{\max}$ Strahlen liegen in der Hilfsebene auf einem Kreis mit dem Radius r_{H} in regelmäßigen Abständen von $2\pi r_{\mathrm{H}}/\lambda_{\max}$.

$$\vec{\varrho}_{\mathrm{H}\lambda} = \vec{\varrho}_{\mathrm{H}} + \vec{\sigma}_{\mathrm{H}\lambda} \qquad \vec{\sigma}_{\mathrm{H}\lambda} = \vec{h}^{\,\circ}_{\mathrm{H}} r_{\mathrm{H}} \cos(\lambda\alpha_0) + \vec{v}^{\,\circ}_{\mathrm{H}} r_{\mathrm{H}} \sin(\lambda\alpha_0) \qquad \alpha_0 = \frac{2\pi}{\lambda_{\max}}$$

$$\vec{\varrho}_{\mathrm{H}\lambda} = \vec{x}^{\,\circ} x_{\mathrm{H}\lambda} + \vec{y}^{\,\circ} y_{\mathrm{H}\lambda} + \vec{z}^{\,\circ} z_{\mathrm{H}\lambda}$$

$$x_{\mathrm{H}\lambda} = x_{\mathrm{H}} + h_{\mathrm{Hx}} r_{\mathrm{H}} \cos(\lambda\alpha_0) + v_{\mathrm{Hx}} r_{\mathrm{H}} \sin(\lambda\alpha_0)$$
$$y_{\mathrm{H}\lambda} = y_{\mathrm{H}} + h_{\mathrm{Hy}} r_{\mathrm{H}} \cos(\lambda\alpha_0) + v_{\mathrm{Hy}} r_{\mathrm{H}} \sin(\lambda\alpha_0)$$
$$z_{\mathrm{H}\lambda} = z_{\mathrm{H}} + h_{\mathrm{Hz}} r_{\mathrm{H}} \cos(\lambda\alpha_0) + v_{\mathrm{Hz}} r_{\mathrm{H}} \sin(\lambda\alpha_0)$$

17. Länge des Kegelmantels

Alle Strahlen des Strahlenbündels liegen auf dem Mantel eines geraden Kreiskegels. Die Grundfläche dieses Kegels liegt in der Hilfsebene. Der Kreiskegelmantel hat die Länge

$$e_{\mathrm{M}} = \sqrt{e_{\mathrm{H}}^2 + (r_{\mathrm{H}} - r_{\mathrm{G}})^2} \; .$$

18. Einheitsstrahlenvektoren des Strahlenbündels zwischen der Objektebene und der ersten brechenden Fläche

$$\vec{s}^{\,\circ}_{1\lambda} = \frac{\vec{\varrho}_{\mathrm{H}\lambda} - \vec{\varrho}_{\mathrm{G}}}{e_{\mathrm{M}}} \qquad\qquad \vec{s}^{\,\circ}_{1\lambda} = \vec{x}^{\,\circ} s_{1\lambda x} + \vec{y}^{\,\circ} s_{1\lambda y} + \vec{z}^{\,\circ} s_{1\lambda z}$$

$$s_{1\lambda x} = \frac{x_{\mathrm{H}\lambda} - x_{\mathrm{G}}}{e_{\mathrm{M}}} \qquad\qquad s_{1\lambda y} = \frac{y_{\mathrm{H}\lambda} - y_{\mathrm{G}}}{e_{\mathrm{M}}} \qquad\qquad s_{1\lambda z} = \frac{z_{\mathrm{H}\lambda} - z_{\mathrm{G}}}{e_{\mathrm{M}}}$$

19. Senkrechter Abstand der Objektpunkte $P_{\mathrm{G}\lambda}$ von der ersten brechenden Fläche

$$e_{\mathrm{S}1\lambda} = \vec{n}^{\,\circ}_1 (\vec{\varrho}_{10} - \vec{\varrho}_{\mathrm{G}\lambda}) \qquad \text{oder} \qquad e_{\mathrm{S}1\lambda} = \vec{n}^{\,\circ}_1 (\vec{\varrho}_1 - \vec{\varrho}_{\mathrm{G}\lambda}) \qquad \text{oder} \qquad e_{\mathrm{S}1\lambda} = e_{1\lambda} (\vec{n}^{\,\circ}_1 \vec{s}^{\,\circ}_{1\lambda})$$

$$e_{\mathrm{S}1\lambda} = n_{1x} (x_{10} - x_{\mathrm{G}\lambda}) + n_{1y} (y_{10} - y_{\mathrm{G}\lambda}) + n_{1z} (z_{10} - z_{\mathrm{G}\lambda})$$

20. Länge der Strahlen des Strahlenbündels zwischen der Objektebene und der ersten brechenden Fläche

Um die Länge der einzelnen Strahlen ermitteln zu können, müssen die Geradengleichungen der Strahlen und die Ebenengleichung der ersten brechenden Fläche

aufgestellt und die Vektoren, die die Strahlen und die Ebene beschreiben, gleich-
gesetzt werden.

Ebenengleichung der ersten brechenden Fläche in Normalenform

$$\vec{n}_1^{\,0}(\vec{\varrho}_{\text{Ebene}} - \vec{\varrho}_1) = 0 \qquad\qquad \vec{\varrho}_1 \text{ Ortsvektor des Orientierungspunktes } P_1$$

Geradengleichung eines Strahls auf dem Kegelmantel im ersten Medium mit dem
Parameter $e_{1\lambda}$

$$\vec{\varrho}_{\text{Gerade}} - \vec{\varrho}_G = e_{1\lambda}\,\vec{s}_{1\lambda}^{\,0}$$

Der Faktor $e_{1\lambda}$ hat bei der Ermittlung des Schnittpunktes die Funktion eines Parameters. Im Schnittpunkt von Strahl und brechender Fläche muß gelten

$$\vec{\varrho}_{\text{Gerade}} = \vec{\varrho}_{\text{Ebene}} \cdot$$

Die Strahlenlänge zwischen den Objektpunkten $P_{G\lambda}$ und den Auftreffpunkten der
Strahlen auf der brechenden ersten Fläche $P_{1\lambda}$ kann über den Parameter $e_{1\lambda}$ berechnet werden. Endgültig ergeben sich für die Strahlenlängen (Gl.(5.1–34))

$$e_{1\lambda} = \frac{\vec{n}_1^{\,0}(\vec{\varrho}_1 - \vec{\varrho}_{G\lambda})}{(\vec{n}_1^{\,0}\vec{s}_{1\lambda}^{\,0})} = \frac{e_{S1\lambda}}{(\vec{n}_1^{\,0}\vec{s}_{1\lambda}^{\,0})} \quad , \qquad \vec{n}_1^{\,0}\vec{s}_{1\lambda}^{\,0} = n_{1x}s_{1\lambda x} + n_{1y}s_{1\lambda y} + n_{1z}s_{1\lambda z} \cdot$$

21. Ortsvektoren der Auftreffpunkte $P_{1\lambda}$ des Strahlenbündels auf der ersten brechenden Fläche

$$\vec{\varrho}_{1\lambda} = \vec{\varrho}_{G\lambda} + e_{1\lambda}\,\vec{s}_{1\lambda}^{\,0}$$

$$\vec{\varrho}_{1\lambda} = \vec{x}^{\,0}x_{1\lambda} + \vec{y}^{\,0}y_{1\lambda} + \vec{z}^{\,0}z_{1\lambda}$$

$$x_{1\lambda} = x_{G\lambda} + e_{1\lambda}s_{1\lambda x} \qquad y_{1\lambda} = y_{G\lambda} + e_{1\lambda}s_{1\lambda y} \qquad z_{1\lambda} = z_{G\lambda} + e_{1\lambda}s_{1\lambda z}$$

22. Einheitsstrahlenvektor des Mittelstrahls zwischen der ersten und zweiten brechenden Fläche

$$\vec{s}_{10}^{\,01} = \vec{s}_{20}^{\,0} = \vec{s}_{10}^{\,0}\,m_1 - \vec{n}_1^{\,0}\left\{m_1(\vec{n}_1^{\,0}\vec{s}_{10}^{\,0}) - \sqrt{1 - m_1^2\left[1 - (\vec{n}_1^{\,0}\vec{s}_{10}^{\,0})^2\right]}\right\}$$

$$\vec{n}_1^{\,0}\vec{s}_{10}^{\,0} = n_{1x}s_{10x} + n_{1y}s_{10y} + n_{1z}s_{10z}$$

$$\vec{s}_{20}^{\,0} = \vec{x}^{\,0}s_{20x} + \vec{y}^{\,0}s_{20y} + \vec{z}^{\,0}s_{20z}$$

Eintrittswinkel ε_{10} $\qquad\qquad\qquad\qquad$ Austrittswinkel ε_{10}'

$$\vec{n}_1^{\,0}\vec{s}_{10}^{\,0} = \cos\varepsilon_{10} \qquad\qquad \vec{n}_1^{\,0}\vec{s}_{20}^{\,0} = \sqrt{1 - m_1^2\left[1 - (\vec{n}_1^{\,0}\vec{s}_{10}^{\,0})^2\right]} = \cos\varepsilon_{10}'$$

$$s_{20x} = m_1 s_{10x} - n_{1x}(m_1\cos\varepsilon_{10} - \cos\varepsilon_{10}')$$
$$s_{20y} = m_1 s_{10y} - n_{1y}(m_1\cos\varepsilon_{10} - \cos\varepsilon_{10}')$$
$$s_{20z} = m_1 s_{10z} - n_{1z}(m_1\cos\varepsilon_{10} - \cos\varepsilon_{10}')$$

23. Einheitsstrahlenvektor des kegeligen Strahlenbündels zwischen der ersten und zweiten brechenden Fläche

$$\vec{s}_{1\lambda}^{0\prime} = \vec{s}_{2\lambda}^{0} = \vec{s}_{1\lambda}^{0} m_1 - \vec{n}_1^{0}\left\{ m_1(\vec{n}_1^{0}\vec{s}_{1\lambda}^{0}) - \sqrt{1 - m_1^{2}\left[1 - (\vec{n}_1^{0}\vec{s}_{1\lambda}^{0})^2\right]} \right\}$$

$$\vec{n}_1^{0}\vec{s}_{1\lambda}^{0} = n_{1x}s_{1\lambda x} + n_{1y}s_{1\lambda y} + n_{1z}s_{1\lambda z}$$

$$\vec{s}_{2\lambda}^{0} = \vec{x}^{0}s_{2\lambda x} + \vec{y}^{0}s_{2\lambda y} + \vec{z}^{0}s_{2\lambda z}$$

Eintrittswinkel $\varepsilon_{1\lambda}$ Austrittswinkel $\varepsilon_{1\lambda}'$

$$\vec{n}_1^{0}\vec{s}_{1\lambda}^{0} = \cos\varepsilon_{1\lambda} \qquad\qquad \vec{n}_1^{0}\vec{s}_{2\lambda}^{0} = \sqrt{1 - m_1^{2}\left[1 - (\vec{n}_1^{0}\vec{s}_{1\lambda}^{0})^2\right]} = \cos\varepsilon_{1\lambda}'$$

$$s_{2\lambda x} = m_1 s_{1\lambda x} - n_{1x}(m_1\cos\varepsilon_{1\lambda} - \cos\varepsilon_{1\lambda}')$$
$$s_{2\lambda y} = m_1 s_{1\lambda y} - n_{1y}(m_1\cos\varepsilon_{1\lambda} - \cos\varepsilon_{1\lambda}')$$
$$s_{2\lambda z} = m_1 s_{1\lambda z} - n_{1z}(m_1\cos\varepsilon_{1\lambda} - \cos\varepsilon_{1\lambda}')$$

24. Senkrechter Abstand des Auftreffpunktes P_{10} von der zweiten brechenden Fläche

$$e_{S20} = \vec{n}_2^{0}(\vec{\varrho}_2 - \vec{\varrho}_{10})$$

$$\vec{\varrho}_2 = \vec{\varrho}_1 + \vec{z}^{0}2d_{\mathrm{P}}\tan(\chi/2) \qquad\qquad \vec{\varrho}_1 = \vec{z}^{0}z_1$$

$$e_{S20} = n_{2x}(x_2 - x_{10}) + n_{2y}(y_2 - y_{10}) + n_{2z}(z_2 - z_{10})$$

25. Senkrechter Abstand des Auftreffpunktes $P_{1\lambda}$ von der zweiten brech. Fläche

$$e_{S2\lambda} = \vec{n}_2^{0}(\vec{\varrho}_2 - \vec{\varrho}_{1\lambda})$$

$$e_{S2\lambda} = n_{2x}(x_2 - x_{1\lambda}) + n_{2y}(y_2 - y_{1\lambda}) + n_{2z}(z_2 - z_{1\lambda})$$

26. Länge des Mittelstrahls zwischen der ersten und zweiten brechenden Fläche

Mit Hilfe der Geradengleichung des Strahls und der Ebenengleichung der brechenden Fläche läßt sich auch hier wieder die Strahlenlänge berechnen (Gl.(5.1–34)).

$$e_{20} = \frac{\vec{n}_2^{0}(\vec{\varrho}_2 - \vec{\varrho}_{10})}{(\vec{n}_2^{0}\vec{s}_{20}^{0})} = \frac{e_{S10}}{(\vec{n}_2^{0}\vec{s}_{20}^{0})} \qquad\qquad \vec{n}_2^{0}\vec{s}_{20}^{0} = n_{2x}s_{20x} + n_{2y}s_{20y} + n_{2z}s_{20z}$$

27. Länge der Strahlen des Strahlenbündels zwischen der ersten und zweiten brechenden Fläche (Gl.(5.1–34))

$$e_{2\lambda} = \frac{\vec{n}_2^{0}(\vec{\varrho}_2 - \vec{\varrho}_{1\lambda})}{(\vec{n}_2^{0}\vec{s}_{2\lambda}^{0})} = \frac{e_{S1\lambda}}{(\vec{n}_2^{0}\vec{s}_{2\lambda}^{0})} \qquad\qquad \vec{n}_2^{0}\vec{s}_{2\lambda}^{0} = n_{2x}s_{2\lambda x} + n_{2y}s_{2\lambda y} + n_{2z}s_{2\lambda z}$$

28. Ortsvektor des Auftreffpunktes P_{20} des Mittelstrahls in der zweiten brechenden Fläche

$$\vec{\varrho}_{20} = \vec{\varrho}_{10} + e_{20}\vec{s}_{20}^{0}$$

29. Ortsvektoren der Auftreffpunkte $P_{2\lambda}$ des Strahlenbündels in der zweiten brechenden Fläche

$$\vec{\varrho}_{2\lambda} = \vec{\varrho}_{1\lambda} + e_{2\lambda}\vec{s}^{\,0}_{2\lambda}$$

30. Einheitsstrahlenvektor des Mittelstrahls zwischen der ersten und zweiten brechenden Fläche

$$\vec{s}^{\,0\mathrm{I}}_{20} = \vec{s}^{\,0}_{\mathrm{B}0} = \vec{s}^{\,0}_{20}\, m_2 - \vec{n}^{\,0}_2\left\{ m_2\left(\vec{n}^{\,0}_2\,\vec{s}^{\,0}_2\right) - \sqrt{1 - m^2_2\left[1 - \left(\vec{n}^{\,0}_2\vec{s}^{\,0}_{20}\right)^2\right]} \right\}$$

$$\vec{n}^{\,0}_2\vec{s}^{\,0}_{20} = n_{2\mathrm{x}}s_{20\mathrm{x}} + n_{2\mathrm{y}}s_{20\mathrm{y}} + n_{2\mathrm{z}}s_{20\mathrm{z}}$$

$$\vec{s}^{\,0}_{\mathrm{B}0} = \vec{\mathrm{x}}^{\,0}s_{\mathrm{B}0\mathrm{x}} + \vec{\mathrm{y}}^{\,0}s_{\mathrm{B}0\mathrm{y}} + \vec{\mathrm{z}}^{\,0}s_{\mathrm{B}0\mathrm{z}}$$

31. Einheitsstrahlenvektoren des Strahlenbündels zwischen der ersten und zweiten brechenden Fläche

$$\vec{s}^{\,0\mathrm{I}}_{2\lambda} = \vec{s}^{\,0}_{\mathrm{B}\lambda} = \vec{s}^{\,0}_{2\lambda}\, m_2 - \vec{n}^{\,0}_2\left\{ m_2(\vec{n}^{\,0}_2\vec{s}^{\,0}_{2\lambda}) - \sqrt{1 - m^2_2\left[1 - \left(\vec{n}^{\,0}_2\,\vec{s}^{\,0}_{2\lambda}\right)^2\right]} \right\}$$

$$\vec{n}^{\,0}_2\vec{s}^{\,0}_{2\lambda} = n_{2\mathrm{x}}s_{2\lambda\mathrm{x}} + n_{2\mathrm{y}}s_{2\lambda\mathrm{y}} + n_{2\mathrm{z}}s_{2\lambda\mathrm{z}}$$

$$\vec{s}^{\,0}_{\mathrm{B}\lambda} = \vec{\mathrm{x}}^{\,0}s_{\mathrm{B}\lambda\mathrm{x}} + \vec{\mathrm{y}}^{\,0}s_{\mathrm{B}\lambda\mathrm{y}} + \vec{\mathrm{z}}^{\,0}s_{\mathrm{B}\lambda\mathrm{z}}$$

32. Länge des Mittelstrahls zwischen der zweiten brechenden Fläche und der Bildebene (Gl.(5.1–34))

$$e_{\mathrm{B}0} = \frac{\vec{n}^{\,0}_{\mathrm{B}}(\vec{\varrho}_{\mathrm{B}} - \vec{\varrho}_{20})}{(\vec{n}^{\,0}_{\mathrm{B}}\vec{s}^{\,0}_{\mathrm{B}0})}$$

33. Länge der Strahlen des Strahlenbündels zwischen der zweiten brechenden Fläche und der Bildebene (Gl.(5.1–34))

$$e_{\mathrm{B}\lambda} = \frac{\vec{n}^{\,0}_{\mathrm{B}}(\vec{\varrho}_{\mathrm{B}} - \vec{\varrho}_{2\lambda})}{(\vec{n}^{\,0}_{\mathrm{B}}\vec{s}^{\,0}_{\mathrm{B}\lambda})}$$

34. Ortsvektoren des Bildpunktes $P_{\mathrm{B}0}$ des Mittelstrahls

$$\vec{\varrho}_{\mathrm{B}0} = \vec{\varrho}_{20} + e_{\mathrm{B}0}\vec{s}^{\,0}_{\mathrm{B}0}$$

35. Ortsvektoren der Bildpunkte $P_{\mathrm{B}\lambda}$ des Strahlenbündels

$$\vec{\varrho}_{\mathrm{B}\lambda} = \vec{\varrho}_{2\lambda} + e_{\mathrm{B}\lambda}\vec{s}^{\,0}_{\mathrm{B}\lambda}$$

■ Beispiel 3.4–1 Strahlenverlauf in einem Prisma (Bild 3.4–1 und Bild 3.4–2)

Es sind folgende Daten gegeben.
Koordinaten des Objektpunktes des Mittelstrahls

$$x_{\mathrm{G}0} = 0{,}03\,\mathrm{m} \qquad y_{\mathrm{G}0} = -\,0{,}04\,\mathrm{m} \qquad z_{\mathrm{G}0} = 0$$

Prismenwinkel $\qquad\qquad\qquad\qquad\qquad\qquad\qquad\qquad \chi = (\pi/5)\mathrm{rad}$

Höhe des Prismas $\qquad\qquad d_{\mathrm{P1}} = 0{,}04\,\mathrm{m} \qquad\qquad d_{\mathrm{P2}} = 0{,}04\,\mathrm{m}$

Radius des Objektkreises $\qquad\qquad\qquad\qquad\qquad\qquad r_{\mathrm{G}} = 0{,}5r_{\mathrm{H}}$

Radius des Auftreffkreises in der Hilfsebene $\qquad r_H = 0{,}008$ m
Abstand des Orientierungspunktes vom Koordinatenursprung $z_1 = 0{,}06$ m
Abstand der Bildebene vom Koordinatenursprung $\qquad z_B = 0{,}15$ m
Abstand der Hilfsebene vom Objektpunkt P_{G0} $\qquad e_H = 0{,}5\,e_{10}$
Koordinaten des Auftreffpunktes P_{10} des Mittelstrahls in der ersten brechenden
Fläche $\qquad h_{10} = -\,0{,}006$ m $\qquad v_{10} = 0{,}005$ m
Anzahl der Strahlen im Strahlenbündel $\qquad \lambda_{max} = 64$
Einheitsnormalenvektor der Bildebene $\qquad \vec{n}_B^{\,0} = \vec{z}^{\,0}$
Brechzahl der Linse $\qquad n_L = 1{,}8$
Brechzahlverhältnisse $\qquad m_1 = 1/n_L \qquad m_2 = n_L$

Die Bilder 3.4–1 und 3.4–2 zeigen den mit Hilfe des Rechnungsgangs ermittelten
Strahlenverlauf. Die räumlichen Koordinaten der Prismenkontur und des Strahlenganges wurden in Bildkoordinaten (Kavalierperspektive) (Gl.(5.2–4) und
(5.2–5)) (Bild 5.2–1 und 5.2–2) umgerechnet.

3.5 Strahlengang in einem Linsensystem

3.5.1 Strahlengang in einer Sammellinse

Es soll der Verlauf eines von den auf einem Kreis mit dem Radius r_G liegenden
Objektpunkten $P_{G\lambda}$ ausgehenden kegelförmigen divergierenden Strahlenbündels
und des zugehörigen Mittelstrahls beim Durchgang durch ein sphärisches Linsensystem untersucht und unter Verwendung der Vektorrechnung berechnet werden
(Bild 3.5–1 und 3.5–2). Zur Ausrichtung des Strahlenbündels dient der Mittelstrahl
und eine sich senkrecht zum Mittelstrahl erstreckende Hilfsebene, auf der die
Auftreffpunkte der Strahlen auf einem zum Mittelstrahl mittigen Kreis angeordnet sind. Die Bestimmung der Lage der Hauptebenen, der Brennweite und der
Objekt- und Bildweite erfolgt mit der speziellen Rechenmethode der Technischen
Optik für paraxiale Strahlen. Hier also müssen die Vorzeichenregeln der Technischen Optik beachtet werden (Bild 3.2–2 und 3.2–3). Bei den geometrischen und
vektoriellen Berechnungen sind die besonderen Vorzeichenregeln ohne Belang.
Die Umwandlung der räumlichen Koordinaten in Bildkoordinaten (Kavalierperspektive) geschieht mit Hilfe der Gleichungen (5.2–4) und (5.2–5) (Bild 5.2–1 und
5.2–2).

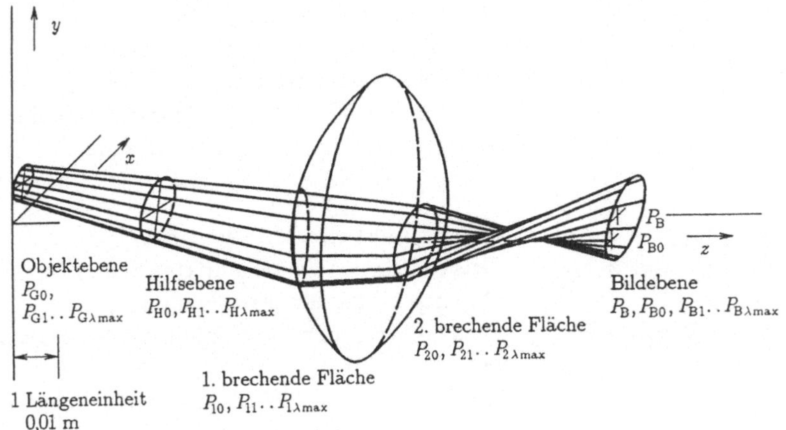

Bild 3.5–1 Strahlenverlauf in einer sphärischen Sammellinse

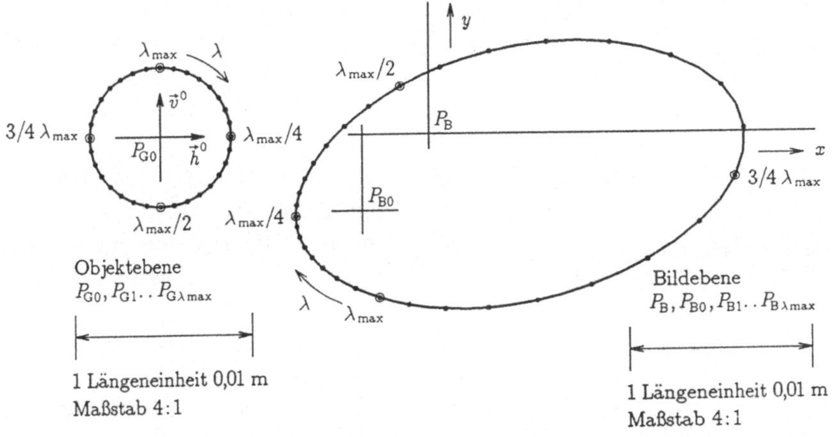

Bild 3.5–2 Objekt– und Bildebene einer sphärischen Sammellinse

Charakteristische Größen eines sphärischen Linsensystems (Bild 3.5–1 und 3.5–2)

Linse

r_1	Radius der ersten brechenden Fläche
r_2	Radius der zweiten brechenden Fläche
d_M	Abstand der Mittelpunkte der brechenden Flächen
$P_{M1}(x_{M1}, y_{M1}, z_{M1})$	Mittelpunkt der ersten brechenden Fläche
$\vec{\varrho}_{M1} = \vec{x}^\circ\, x_{M1} + \vec{y}^\circ\, y_{M1} + \vec{z}^\circ\, z_{M1}$	Ortsvektor des Mittelpunktes der ersten brechen-
$x_{M1} = y_{M2} = 0$	den Fläche
$P_{M2}(x_{M2}, y_{M2}, z_{M2})$	Mittelpunkt der zweiten brechenden Fläche
$\vec{\varrho}_{M2} = \vec{x}^\circ\, x_{M2} + \vec{y}^\circ\, y_{M2} + \vec{z}^\circ\, z_{M2}$	Ortsvektor des Mittelpunktes der zweiten bre-
$x_{M2} = y_{M2} = 0$	chenden Fläche

m_1, m_2	Brechzahlverhältnisse
$q_1 = -1$	Wurzelvorzeichen für die Berechnung der Strahlenlängen bei konvexer Brechfläche
$q_2 = 1$	Wurzelvorzeichen für die Berechnung der Strahlenlängen bei konkaver Brechfläche

Objektebene

$P_{G0}(x_{G0}, y_{G0}, z_{G0})$	Objektpunkt des Mittelstrahls
$\vec{\varrho}_{G0} = \vec{x}^{\,\circ} x_{G0} + \vec{y}^{\,\circ} y_{G0} + \vec{z}^{\,\circ} z_{G0}$	Ortsvektor des Objektpunktes des Mittelstrahls
$P_{G\lambda}(x_{G\lambda}, y_{G\lambda}, z_{G\lambda})$	Objektpunkte des Strahlenbündels
$\vec{\varrho}_{G\lambda} = \vec{x}^{\,\circ} x_{G\lambda} + \vec{y}^{\,\circ} y_{G\lambda} + \vec{z}^{\,\circ} z_{G\lambda}$	Ortsvektoren der Objektpunkte des Strahlenbündels
r_G	Radius des Strahlenbündels in der Objektebene
$\lambda = 1, 2, \ldots \lambda_{max}$	Zählvariable des Strahlenbündels
λ_{max}	Anzahl der Strahlen im Strahlenbündel
$\alpha_0 = 2\pi / \lambda_{max}$	Winkeleinheit in der Objektebene

Hilfsebene

$P_{H\lambda}(x_{H\lambda}, y_{H\lambda}, z_{H\lambda})$	Auftreffpunkte des Strahlenbündels in der Hilfsebene
$\vec{s}^{\,\circ}_{H\lambda} = \vec{x}^{\,\circ} s_{H\lambda x} + \vec{y}^{\,\circ} s_{H\lambda y} + \vec{z}^{\,\circ} s_{H\lambda z}$	Einheitsstrahlenvektoren des Strahlenbündels in der Hilfsebene
$\vec{\varrho}_{H\lambda} = \vec{x}^{\,\circ} x_{H\lambda} + \vec{y}^{\,\circ} y_{H\lambda} + \vec{z}^{\,\circ} z_{H\lambda}$	Ortsvektoren der Auftreffpunkte des Strahlenbündels in der Hilfsebene
$P_{H0}(x_{H0}, y_{H0}, z_{H0})$	Auftreffpunkt des Mittelstrahls in der Hilfsebene
$\vec{s}^{\,\circ}_{H0} = \vec{x}^{\,\circ} s_{H0x} + \vec{y}^{\,\circ} s_{H0y} + \vec{z}^{\,\circ} s_{H0z}$	Einheitsstrahlenvektor des Mittelstrahls in der Hilfsebene
$\vec{\varrho}_{H0} = \vec{x}^{\,\circ} x_{H0} + \vec{y}^{\,\circ} y_{H0} + \vec{z}^{\,\circ} z_{H0}$	Ortsvektoren des Auftreffpunktes des Mittelstrahls in der Hilfsebene
e_H	Abstand der Hilfsebene vom Objektpunkt P_{G0}
r_H	Radius des Auftreffkreises in der Hilfsebene
e_M	Strahlenlänge auf dem Kegelstumpf zwischen Objektkreis und Hilfskreis

Brechende Flächen

ψ	Deklination (Zenitwinkel) des Auftreffpunktes des Mittelstrahls in der ersten brechenden Fläche
ϑ	Azimut des Auftreffpunktes des Mittelstrahls in der ersten brechenden Fläche
$P_{\varkappa 0}(x_{\varkappa 0}, y_{\varkappa 0}, z_{\varkappa 0})$	Auftreffpunkt des Mittelstrahls in der $\varkappa$-ten brechenden Fläche
$\vec{s}^{\,\circ}_{\varkappa 0} = \vec{x}^{\,\circ} s_{\varkappa 0x} + \vec{y}^{\,\circ} s_{\varkappa 0y} + \vec{z}^{\,\circ} s_{\varkappa 0z}$	Einheitsstrahlenvektor des Mittelstrahls in der $\varkappa$-ten brechenden Fläche
$\vec{\varrho}_{\varkappa 0} = \vec{x}^{\,\circ} x_{\varkappa 0} + \vec{y}^{\,\circ} y_{\varkappa 0} + \vec{z}^{\,\circ} z_{\varkappa 0}$	Ortsvektor des Auftreffpunktes des Mittelstrahls in der $\varkappa$-ten brechenden Fläche

$\vec{n}^{\,0}_{\mathrm{x}0} = \vec{x}^{\,0}\, n_{\mathrm{x}0\mathrm{x}} + \vec{y}^{\,0}\, n_{\mathrm{x}0\mathrm{y}} + \vec{z}^{\,0} n_{\mathrm{x}0\mathrm{z}}$ — Einheitsnormalenvektor im Auftreffpunkt des Mittelstrahls in der $\varkappa$-ten brechenden Fläche

$P_{\mathrm{x}\lambda}(x_{\mathrm{x}\lambda}, y_{\mathrm{x}\lambda}, z_{\mathrm{x}\lambda})$ — Auftreffpunkte des Strahlenbündels in der $\varkappa$-ten brechenden Fläche

$\vec{s}^{\,0}_{\mathrm{x}\lambda} = \vec{x}^{\,0}\, s_{\mathrm{x}\lambda\mathrm{x}} + \vec{y}^{\,0}\, s_{\mathrm{x}\lambda\mathrm{y}} + \vec{z}^{\,0}\, s_{\mathrm{x}\lambda\mathrm{z}}$ — Einheitsstrahlenvektoren des Strahlenbündels in der $\varkappa$-ten brechenden Fläche

$\vec{\varrho}_{\mathrm{x}\lambda} = \vec{x}^{\,0}\, x_{\mathrm{x}\lambda} + \vec{y}^{\,0}\, y_{\mathrm{x}\lambda} + \vec{z}^{\,0}\, z_{\mathrm{x}\lambda}$ — Ortsvektoren der Auftreffpunkte des Strahlenbündels in der $\varkappa$-ten brechenden Fläche

$\vec{n}^{\,0}_{\mathrm{x}\lambda} = \vec{x}^{\,0} n_{\mathrm{x}\lambda\mathrm{x}} + \vec{y}^{\,0} n_{\mathrm{x}\lambda\mathrm{y}} + \vec{z}^{\,0} n_{\mathrm{x}\lambda\mathrm{z}}$ — Einheitsnormalenvektoren im Auftreffpunkt des Strahlenbündels in der $\varkappa$-ten brechenden Fläche

$e_{\mathrm{x}0}$ — Länge des Mittelstrahls zwischen der Objektebene und der ersten brechenden Fläche sowie den weiteren brechenden Flächen

$e_{\mathrm{x}\lambda}$ — Länge der Strahlen des Strahlenbündels zwischen der Objektebene und der ersten brechenden Fläche sowie den weiteren brechenden Flächen

$\varkappa = 1, 2, 3 \ldots$ — Zählvariable der $\varkappa$-ten brechenden Fläche

Bildebene

$P_{\mathrm{B}}(x_{\mathrm{B}}, y_{\mathrm{B}}, z_{\mathrm{B}})$ — Orientierungspunkt in der Bildebene

$\vec{\varrho}_{\mathrm{B}} = \vec{x}^{\,0}\, x_{\mathrm{B}} + \vec{y}^{\,0}\, y_{\mathrm{B}} + \vec{z}^{\,0}\, z_{\mathrm{B}}$ — Ortsvektor des Orientierungspunktes in der Bildebene

$\vec{n}^{\,0}_{\mathrm{B}} = \vec{z}^{\,0}$ — Einheitsnormalenvektor der Bildebene

$P_{\mathrm{B}0}(x_{\mathrm{B}0}, y_{\mathrm{B}0}, z_{\mathrm{B}0})$ — Auftreffpunkt des Mittelstrahls auf der Bildebene

$\vec{s}^{\,0}_{\mathrm{B}0} = \vec{x}^{\,0}\, s_{\mathrm{B}0\mathrm{x}} + \vec{y}^{\,0}\, s_{\mathrm{B}0\mathrm{y}} + \vec{z}^{\,0}\, s_{\mathrm{B}0\mathrm{z}}$ — Einheitsstrahlenvektor des Mittelstrahls in der Bildebene

$\vec{\varrho}_{\mathrm{B}0} = \vec{x}^{\,0}\, x_{\mathrm{B}0} + \vec{y}^{\,0}\, y_{\mathrm{B}0} + \vec{z}^{\,0}\, z_{\mathrm{B}0}$ — Ortsvektor des Auftreffpunktes des Mittelstrahls in der Bildebene

$P_{\mathrm{B}\lambda}(x_{\mathrm{B}\lambda}, y_{\mathrm{B}\lambda}, z_{\mathrm{B}\lambda})$ — Auftreffpunkte des Strahlenbündels in der Bildebene

$\vec{s}^{\,0}_{\mathrm{B}\lambda} = \vec{x}^{\,0}\, s_{\mathrm{B}\lambda\mathrm{x}} + \vec{y}^{\,0}\, s_{\mathrm{B}\lambda\mathrm{y}} + \vec{z}^{\,0}\, s_{\mathrm{B}\lambda\mathrm{z}}$ — Einheitsstrahlenvektoren des Strahlenbündels in der Bildebene

$\vec{\varrho}_{\mathrm{B}\lambda} = \vec{x}^{\,0}\, x_{\mathrm{B}\lambda} + \vec{y}^{\,0}\, y_{\mathrm{B}\lambda} + \vec{z}^{\,0}\, z_{\mathrm{B}\lambda}$ — Ortsvektoren der Auftreffpunkte des Strahlenbündels in der Bildebene

$e_{\mathrm{B}0}$ — Länge des Mittelstrahls zwischen der letzten brechenden Fläche und der Bildebene

$e_{\mathrm{B}\lambda}$ — Länge der Strahlen des Strahlenbündels zwischen der letzten brechenden Fläche und der Bildebene

Rechnungsgang

Es sind folgende Daten gegeben.

$P_{\mathrm{G}0}(x_{\mathrm{G}0}, y_{\mathrm{G}0}, z_{\mathrm{G}0})$ — Objektpunkt des Mittelstrahls

r_{G} — Radius des Strahlenbündels in der Objektebene

r_1 — Radius der ersten brechenden Fläche

r_2 Radius der zweiten brechenden Fläche

Deklination (Zenitwinkel) des Auftreffpunktes des Mittelstrahls in der ersten brechenden Fläche in bezug auf die z-Achse

ϑ Azimut des Auftreffpunktes des Mittelstrahls in der ersten brechenden Fläche in bezug auf die x-Achse in der x-y-Ebene

e_H Abstand der Hilfsebene vom Mittelpunkt P_{G0} des Objektkreises

r_H Radius des Auftreffkreises des Strahlenbündels in der Hilfsebene

λ_{max} Anzahl der Strahlen im Strahlenbündel

z_B Abstand der Bildebene vom Koordinatenursprung

n_L Brechzahl der Linse

$m_1 = 1/n_\mathrm{L} \quad m_2 = n_\mathrm{L}$ Brechzahlverhältnisse

d_{12} Dicke der Linse

a Objektweite

Der Verlauf der einzelnen Lichtstrahlen ist gesucht.

1. Brennweite der Linse (Gl.(3.6–38))

$$f' = \frac{n_\mathrm{L} r_1 r_2}{(n_\mathrm{L} - 1)\left[n_\mathrm{L}(r_2 - r_1) + d_{12}(n_\mathrm{L} - 1)\right]} = -\overline{f}$$

In der speziellen Rechenmethode der Technischen Optik ist der Wert für den Radius r_x der brechenden Fläche positiv, wenn sich die brechende Fläche <u>gegen</u> die Lichtrichtung vorwölbt und negativ, wenn sich die Fläche <u>in</u> Lichtrichtung einbeult (Bild 3.2–2 und 3.2–3).

2. Objektseitige Brennpunktsschnittweite (Gl.(3.6–46))

$$s_{1(\mathrm{F})} = \frac{r_1\left[n_\mathrm{L} r_2 + d_{12}(n_\mathrm{L} - 1)\right]}{(n_\mathrm{L} - 1)\left[n_\mathrm{L}(r_2 - r_1) + d_{12}(n_\mathrm{L} - 1)\right]}$$

3. Bildseitige Brennpunktsschnittweite (Gl.(3.6–37))

$$s'_{2(\mathrm{F}')} = \frac{r_2\left[n_\mathrm{L} r_1 - d_{12}(n_\mathrm{L} - 1)\right]}{(n_\mathrm{L} - 1)\left[n_\mathrm{L}(r_2 - r_1) + d_{12}(n_\mathrm{L} - 1)\right]}$$

4. Hauptebenenabstand (Gl.(3.6–53))

$$\overline{HH}' = d_{12}\left(1 - \frac{r_2 - r_1}{(n_\mathrm{L} - 1)d_{12} + n_\mathrm{L}(r_2 - r_1)}\right)$$

5. Objektschnittweite (Gl.(3.6–50), Gl.(3.6–51))

$$s_1 = a - \overline{f} + s_{1(\mathrm{F})}$$

Die Objektweite a ist negativ, wenn das Objekt in Lichtrichtung gesehen vor der Linse liegt.

6. Lage des Mittelpunktes P_{M1} der ersten brechenden Fläche

$$z_{M1} = |s_1| + |r_1|$$

7. Lage des Mittelpunktes P_{M2} der zweiten brechenden Fläche

$$z_{M2} = |s_1| + |d_{12}| - |r_2|$$

8. Bildweite (Gl.(3.6–21), Gl.(3.6–41))

$$a' = \frac{f'\,a}{f'+a}$$

9. Objektbildabstand (Gl.(3.6–54))

$$b = z_B = a' - a + \overline{HH}'$$

10. Einheitsnormalenvektor der Bildebene

$$\vec{n}_B^{\,o} = \vec{z}^{\,o} \qquad n_{Bx} = n_{By} = 0 \qquad n_{Bz} = 1$$

11. Abstand der Kugelmittelpunkte P_{M1} und P_{M2}

$$d_M = |\vec{\varrho}_{M1} - \vec{\varrho}_{M2}| \qquad d_M = |z_{M1} - z_{M2}|$$

12. Linsenhalbmesser (Gl.(5.2–92))

$$r_L = \sqrt{r_1^{\,2} - \left(\frac{d_M^{\,2} + r_1^{\,2} - r_2^{\,2}}{2d_M}\right)^2}$$

13. Ortsvektor des Objektpunktes P_{G0} in der Objektebene

$$\vec{\varrho}_{G0} = \vec{x}^{\,o} x_{G0} + \vec{y}^{\,o} y_{G0} + \vec{z}^{\,o} z_{G0}$$

14. Ortsvektor des Mittelpunktes P_{M1} der ersten brechenden Fläche

$$\vec{\varrho}_{M1} = \vec{x}^{\,o} x_{M1} + \vec{y}^{\,o} y_{M1} + \vec{z}^{\,o} z_{M1} \qquad x_{M1} = y_{M1} = 0$$

15. Ortsvektor des Mittelpunktes P_{M2} der zweiten brechenden Fläche

$$\vec{\varrho}_{M2} = \vec{x}^{\,o} x_{M2} + \vec{y}^{\,o} y_{M2} + \vec{z}^{\,o} z_{M2} \qquad x_{M2} = y_{M2} = 0$$

16. Ortsvektor des Orientierungspunktes P_B in der Bildebene

$$\vec{\varrho}_B = \vec{x}^{\,o} x_B + \vec{y}^{\,o} y_B + \vec{z}^{\,o} z_B \qquad x_B = y_B = 0$$

17. Prüfung der Deklination und des Azimuts des Auftreffpunktes des Mittelstrahls

Damit der Mittelstrahl die Linse trifft muß die Bedingung $r_\mathrm{L} > |r_1 \sin\psi|$ und $r_\mathrm{L} > |r_1 \sin\vartheta|$ erfüllt sein.

18. Ortsvektor des Auftreffpunktes P_{10} des Mittelstrahls auf der ersten brechenden Fläche

$$\vec{\varrho}_{10} = \vec{\varrho}_{\mathrm{M}1} + \vec{\sigma}_{10} \qquad\qquad \vec{\sigma}_{10} = \vec{\mathrm{x}}^{\circ} x_{10} + \vec{\mathrm{y}}^{\circ} y_{10} + \vec{\mathrm{z}}^{\circ} z_{10}$$

$$x_{10} = r_1 \cos\vartheta \, \sin\psi \qquad y_{10} = r_1 \sin\vartheta \, \sin\psi \qquad z_{10} = r_1 \cos\psi \quad \text{(Kugelkoordinaten)}$$

$$\vec{\varrho}_{10} = \vec{\mathrm{x}}^{\circ}(x_{\mathrm{M}1} + x_{10}) + \vec{\mathrm{y}}^{\circ}(y_{\mathrm{M}1} + y_{10}) + \vec{\mathrm{z}}^{\circ}(z_{\mathrm{M}1} + z_{10})$$

19. Länge des Mittelstrahls zwischen der Objektebene und der ersten brechenden Fläche

$$e_{10} = |\vec{\varrho}_{10} - \vec{\varrho}_{\mathrm{G}0}| \qquad\qquad e_{10} = \sqrt{(x_{10} - x_{\mathrm{G}0})^2 + (y_{10} - y_{\mathrm{G}0})^2 - (z_{10} - z_{\mathrm{G}0})^2}$$

20. Abstand zwischen der Objektebene und der Hilfsebene

$$e_{\mathrm{H}} = 0{,}8 \, e_{10}$$

21. Einheitsstrahlenvektor des Mittelstrahls zwischen der Objektebene und der ersten brechenden Fläche

$$\vec{s}^{\,\circ}_{10} = \frac{\vec{\varrho}_{10} - \vec{\varrho}_{\mathrm{G}0}}{e_{10}} \qquad\qquad \vec{s}^{\,\circ}_{10} = \vec{\mathrm{x}}^{\circ} s_{10\mathrm{x}} + \vec{\mathrm{y}}^{\circ} s_{10\mathrm{y}} + \vec{\mathrm{z}}^{\circ} s_{10\mathrm{z}}$$

$$s_{10\mathrm{x}} = \frac{x_{10} - x_{\mathrm{G}0}}{e_{10}} \qquad s_{10\mathrm{y}} = \frac{y_{10} - y_{\mathrm{G}0}}{e_{10}} \qquad s_{10\mathrm{z}} = \frac{z_{10} - z_{\mathrm{G}0}}{e_{10}}$$

22. Koordinatensystem in der Hilfsebene

Mit Hilfe eines Koordinatensystems werden in der Hilfsebene die Auftreffpunkte des Strahlenbündels festgelegt. Die h_H-Achse des auxiliaren Koordinatensystems soll horizontal, d.h. parallel zur x-y-Ebene verlaufen. Sie wird durch den Einheitsvektor $\vec{h}^{\,\circ}_\mathrm{H}$ symbolisiert.

$$\vec{h}^{\,\circ}_\mathrm{H} = \frac{\vec{\mathrm{y}}^{\circ} \times \vec{s}^{\,\circ}_{10}}{|\vec{\mathrm{y}}^{\circ} \times \vec{s}^{\,\circ}_{10}|} \qquad\qquad \vec{h}^{\,\circ}_\mathrm{H} = \vec{\mathrm{x}}^{\circ} h_{\mathrm{Hx}} + \vec{\mathrm{y}}^{\circ} h_{\mathrm{Hy}} + \vec{\mathrm{z}}^{\circ} h_{\mathrm{Hz}}$$

$$h_{\mathrm{Hx}} = \frac{s_{10\mathrm{z}}}{\sqrt{s_{10\mathrm{x}}^2 + s_{10\mathrm{z}}^2}} \qquad h_{\mathrm{Hy}} = 0 \qquad h_{\mathrm{Hz}} = -\frac{s_{10\mathrm{x}}}{\sqrt{s_{10\mathrm{x}}^2 + s_{10\mathrm{z}}^2}}$$

Die v_H-Achse steht auf dem Einheitsstrahlenvektor $\vec{s}^{\,\circ}_{10}$ und der h_H-Achse senkrecht. Sie wird durch den Einheitsvektor $\vec{v}^{\,\circ}_\mathrm{H}$ symbolisiert.

$$\vec{v}^{\,\circ}_\mathrm{H} = \vec{s}^{\,\circ}_{10} \times \vec{h}^{\,\circ}_\mathrm{H} \qquad\qquad \vec{v}^{\,\circ}_\mathrm{H} = \vec{\mathrm{x}}^{\circ} v_{\mathrm{Hx}} + \vec{\mathrm{y}}^{\circ} v_{\mathrm{Hy}} + \vec{\mathrm{z}}^{\circ} v_{\mathrm{Hz}}$$

$$v_{\mathrm{Hx}} = s_{10\mathrm{y}} h_{\mathrm{Hz}} \qquad\qquad v_{\mathrm{Hy}} = s_{10\mathrm{z}} h_{\mathrm{Hx}} - s_{10\mathrm{x}} h_{10\mathrm{z}} \qquad\qquad v_{\mathrm{Hz}} = - s_{10\mathrm{y}} h_{\mathrm{Hx}}$$

23. Ortsvektor des Auftreffpunktes P_{H0} des Mittelstrahls in der Hilfsebene

$$\vec{\varrho}_{H0} = \vec{\varrho}_{G0} + e_H \vec{s}^{\,0}_{10} \qquad\qquad \vec{\varrho}_{H0} = \vec{x}^{\,0} x_{H0} + \vec{y}^{\,0} y_{H0} + \vec{z}^{\,0} z_{H0}$$

$$x_{H0} = x_{G0} + e_H s_{10x} \qquad y_{H0} = y_{G0} + e_H s_{10y} \qquad z_{H0} = z_{G0} + e_H s_{10z}$$

24. Ortsvektoren der Objektpunkte $P_{G\lambda}$ des Strahlenbündels in der Objektebene

Die Objektpunkte des Strahlenbündels mit λ_{max} Strahlen liegen in der Objektebene auf einem Kreis mit dem Radius r_G in regelmäßigen Abständen von $2\pi r_H/\lambda_{max}$. Die Objektebene und die Hilfsebene liegen parallel. Objektkreis und Hilfskreis bilden einen geraden Kreiskegelstumpf. Die Einheitsvektoren des Koordinatensystems in der Objektebene und in der Hilfsebene sind gleich. Der Objektkreis wird mit Hilfe des Parameters $\lambda\alpha_0$ definiert.

$$\vec{\varrho}_{G\lambda} = \vec{\varrho}_{G0} + \vec{\sigma}_{G\lambda} \qquad \vec{\sigma}_{G\lambda} = \vec{h}^{\,0}_H r_G \cos(\lambda\alpha_0) + \vec{v}^{\,0}_H r_G \sin(\lambda\alpha_0) \qquad \alpha_0 = \frac{2\pi}{\lambda_{max}}$$

$$\vec{\varrho}_{G\lambda} = \vec{x}^{\,0} x_{G\lambda} + \vec{y}^{\,0} y_{G\lambda} + \vec{z}^{\,0} z_{G\lambda}$$

$$x_{G\lambda} = x_{G0} + h_{Hx} r_G \cos(\lambda\alpha_0) + v_{Hx} r_G \sin(\lambda\alpha_0)$$
$$y_{G\lambda} = y_{G0} + h_{Hy} r_G \cos(\lambda\alpha_0) + v_{Hy} r_G \sin(\lambda\alpha_0)$$
$$z_{G\lambda} = z_{G0} + h_{Hz} r_G \cos(\lambda\alpha_0) + v_{Hz} r_G \sin(\lambda\alpha_0)$$

25. Ortsvektoren der Auftreffpunkte $P_{H\lambda}$ des Strahlenbündels in der Hilfsebene

Die Auftreffpunkte des Strahlenbündels mit λ_{max} Strahlen liegen in der Hilfsebene auf einem Kreis mit dem Radius r_H in regelmäßigen Abständen von $2\pi r_H/\lambda_{max}$. Der Hilfskreis wird mit Hilfe des Parameters $\lambda\alpha_0$ definiert.

$$\vec{\varrho}_{H\lambda} = \vec{\varrho}_H + \vec{\sigma}_{H\lambda} \qquad \vec{\sigma}_{H\lambda} = \vec{h}^{\,0}_H r_H \cos(\lambda\alpha_0) + \vec{v}^{\,0}_H r_H \sin(\lambda\alpha_0) \qquad \alpha_0 = \frac{2\pi}{\lambda_{max}}$$

$$\vec{\varrho}_{H\lambda} = \vec{x}^{\,0} x_{H\lambda} + \vec{y}^{\,0} y_{H\lambda} + \vec{z}^{\,0} z_{H\lambda}$$

$$x_{H\lambda} = x_H + h_{Hx} r_H \cos(\lambda\alpha_0) + v_{Hx} r_H \sin(\lambda\alpha_0)$$
$$y_{H\lambda} = y_H + h_{Hy} r_H \cos(\lambda\alpha_0) + v_{Hy} r_H \sin(\lambda\alpha_0)$$
$$z_{H\lambda} = z_H + h_{Hz} r_H \cos(\lambda\alpha_0) + v_{Hz} r_H \sin(\lambda\alpha_0)$$

26. Länge der Strahlen des Strahlenbündels auf dem Kegelmantel

Alle Strahlen des Strahlenbündels liegen auf dem Mantel eines geraden Kreiskegels, der zwischen Objektebene und Hilfsebene liegt. Der Kegelmantel hat die Länge

$$e_M = \sqrt{e_H^2 + (r_H - r_G)^2} \ .$$

27. Einheitsstrahlenvektoren des Strahlenbündels zwischen der Objektebene und der ersten brechenden Fläche

$$\vec{s}_{1\lambda}^{\,0} = \frac{\vec{\varrho}_{H\lambda} - \vec{\varrho}_{G\lambda}}{e_M} \qquad\qquad \vec{s}_{1\lambda}^{\,0} = \vec{x}^{\,0}\, s_{1\lambda x} + \vec{y}^{\,0}\, s_{1\lambda y} + \vec{z}^{\,0}\, s_{1\lambda z}$$

$$s_{1\lambda x} = \frac{x_{H\lambda} - x_{G\lambda}}{e_M} \qquad s_{1\lambda y} = \frac{y_{H\lambda} - y_{G\lambda}}{e_M} \qquad s_{1\lambda z} = \frac{z_{H\lambda} - z_{G\lambda}}{e_M}$$

28. Länge der Strahlen im Strahlenbündel zwischen der Objektebene und der ersten brechenden Fläche

Der Strahl mit dem Einheitsstrahlenvektor $\vec{s}_{1\lambda}^{\,0}$ schneidet die Kugel mit dem Radius r_1 und dem Mittelpunktsortsvektor $\vec{\varrho}_{M1}$ im Punkt $P_{1\lambda}$. Nun wird zuerst die Entfernung zwischen dem Objektpunkt $P_{G\lambda}$ und dem Auftreffpunkt $P_{1\lambda}$ berechnet und anschließend der Ortsvektor des Auftreffpunktes $P_{1\lambda}$.

Geradengleichung des Strahls mit $e_{1\lambda}$ als Parameter

$$\vec{\varrho}_{\text{Gerade}} = \vec{\varrho}_{G\lambda} + e_{1\lambda}\, \vec{s}_{1\lambda}^{\,0} \; .$$

Kugelgleichung der ersten brechenden Fläche

$$\left(\vec{\varrho}_{\text{Kugel}} - \vec{\varrho}_{M1}\right)^2 = r_1^2 \; .$$

Im Schnittpunkt von Gerade und Kugel muß gelten

$$\vec{\varrho}_{\text{Gerade}} = \vec{\varrho}_{\text{Kugel}} \quad\cdot$$

Das führt zu einer Gleichung, aus der der Abstand zwischen Objektpunkt und Auftreffpunkt berechnet werden kann.

$$\left[\left(\vec{\varrho}_{G\lambda} - \vec{\varrho}_{M1}\right) + e_{1\lambda}\, \vec{s}_{10}^{\,0}\right]^2 = r_1^2$$

$$e_{1\lambda} = -\,\vec{s}_{1\lambda}^{\,0}\left(\vec{\varrho}_{G\lambda} - \vec{\varrho}_{M1}\right) + q_1 \sqrt{\left[\vec{s}_{1\lambda}^{\,0}\left(\vec{\varrho}_{G\lambda} - \vec{\varrho}_{M1}\right)\right]^2 - \left(\vec{\varrho}_{G\lambda} - \vec{\varrho}_{M1}\right)^2 + r_1^2}$$

$$\vec{s}_{1\lambda}^{\,0}\left(\vec{\varrho}_{G\lambda} - \vec{\varrho}_{M1}\right) = s_{1\lambda x}\left(x_{G\lambda} - x_{M1}\right) + s_{1\lambda y}\left(y_{G\lambda} + y_{M1}\right) + s_{1\lambda z}\left(z_{G\lambda} - z_{M1}\right)$$

$$\left(\vec{\varrho}_{G\lambda} - \vec{\varrho}_{M1}\right)^2 = \left(x_{G\lambda} - x_{M1}\right)^2 + \left(y_{G\lambda} - y_{M1}\right)^2 - \left(z_{G\lambda} - z_{M1}\right)^2$$

29. Ortsvektoren der Auftreffpunkte $P_{1\lambda}$ in der ersten brechenden Fläche

$$\vec{\varrho}_{1\lambda} = \vec{\varrho}_{G\lambda} + e_{1\lambda}\, \vec{s}_{1\lambda}^{\,0} \qquad\qquad \vec{\varrho}_{1\lambda} = \vec{x}^{\,0}\, x_{1\lambda} + \vec{y}^{\,0}\, y_{1\lambda} + \vec{z}^{\,0}\, z_{1\lambda}$$

$$x_{1\lambda} = x_{G\lambda} + e_{1\lambda}\, s_{1\lambda x} \qquad y_{1\lambda} = y_{G\lambda} + e_{1\lambda}\, s_{1\lambda y} \qquad z_{1\lambda} = z_{G\lambda} + e_{1\lambda}\, s_{1\lambda x}$$

30. Einheitsnormalenvektor der ersten brechenden Fläche im Auftreffpunkt P_{10} des Mittelstrahls

$$\vec{n}_{10}^{\,0} = \frac{\vec{\varrho}_{M1} - \vec{\varrho}_{10}}{r_1} \qquad\qquad \vec{n}_{10}^{\,0} = \vec{x}^{\,0}\, n_{10x} + \vec{y}^{\,0}\, n_{10y} + \vec{z}^{\,0}\, n_{10z}$$

$$n_{10x} = \frac{x_{M1} - x_{10}}{r_1} \qquad n_{10y} = \frac{y_{M1} - y_{10}}{r_1} \qquad n_{10z} = \frac{z_{M1} - z_{10}}{r_1}$$

31. Einheitsnormalenvektoren der ersten brechenden Fläche in den Auftreffpunkten $P_{1\lambda}$ des Strahlenbündels

$$\vec{n}^{\,o}_{1\lambda} = \frac{\vec{\varrho}_{M1} - \vec{\varrho}_{1\lambda}}{r_1} \qquad\qquad \vec{n}^{\,o}_{1\lambda} = \vec{x}^{\,o} n_{1\lambda x} + \vec{y}^{\,o} n_{1\lambda y} + \vec{z}^{\,o} n_{1\lambda z}$$

$$n_{1\lambda x} = \frac{x_{M1} - x_{1\lambda}}{r_1} \qquad n_{1\lambda y} = \frac{y_{M1} - y_{1\lambda}}{r_1} \qquad n_{1\lambda z} = \frac{z_{M1} - z_{1\lambda}}{r_1}$$

32. Einheitsstrahlenvektor des Mittelstrahls zwischen der ersten und zweiten brechenden Fläche

$$\vec{s}^{\,01}_{10} = \vec{s}^{\,o}_{20} = \vec{s}^{\,o}_{10} m_1 - \vec{n}^{\,o}_{10} \left\{ m_1 (\vec{n}^{\,o}_{10}\, \vec{s}^{\,o}_{10}) - \sqrt{1 - m_1^2 \left[1 - (\vec{n}^{\,o}_{10}\, \vec{s}^{\,o}_{10})^2 \right]} \right\}$$

$$\vec{n}^{\,o}_{10}\, \vec{s}^{\,o}_{10} = n_{10x} s_{10x} + n_{10y} s_{10y} + n_{10z} s_{10z}$$

$$\vec{s}^{\,o}_{20} = \vec{x}^{\,o} s_{20x} + \vec{y}^{\,o} s_{20y} + \vec{z}^{\,o} s_{20z}$$

Eintrittswinkel ε_{10} \qquad\qquad Austrittswinkel ε'_{10}

$$\vec{n}^{\,o}_{10}\, \vec{s}^{\,o}_{10} = \cos \varepsilon_{10} \qquad\qquad \vec{n}^{\,o}_{10}\, \vec{s}^{\,o}_{20} = \sqrt{1 - m_1^2 \left[1 - (\vec{n}^{\,o}_{10}\, \vec{s}^{\,o}_{10})^2 \right]} = \cos \varepsilon'_{10}$$

$$s_{20x} = m_1 s_{10x} - n_{10x} (m_1 \cos \varepsilon_{10} - \cos \varepsilon'_{10})$$
$$s_{20y} = m_1 s_{10y} - n_{10y} (m_1 \cos \varepsilon_{10} - \cos \varepsilon'_{10})$$
$$s_{20z} = m_1 s_{10z} - n_{10z} (m_1 \cos \varepsilon_{10} - \cos \varepsilon'_{10})$$

33. Einheitsstrahlenvektoren des kegeligen Strahlenbündels zwischen der ersten und zweiten brechenden Fläche

$$\vec{s}^{\,01}_{1\lambda} = \vec{s}^{\,o}_{2\lambda} = \vec{s}^{\,o}_{1\lambda} m_1 - \vec{n}^{\,o}_{1\lambda} \left\{ m_1 (\vec{n}^{\,o}_{1\lambda} \vec{s}^{\,o}_{1\lambda}) - \sqrt{1 - m_1^2 \left[1 - (\vec{n}^{\,o}_{1\lambda} \vec{s}^{\,o}_{1\lambda})^2 \right]} \right\}$$

$$\vec{n}^{\,o}_{1\lambda} \vec{s}^{\,o}_{1\lambda} = n_{1\lambda x} s_{1\lambda x} + n_{1\lambda y} s_{1\lambda y} + n_{1\lambda z} s_{1\lambda z}$$

$$\vec{s}^{\,o}_{2\lambda} = \vec{x}^{\,o} s_{2\lambda x} + \vec{y}^{\,o} s_{2\lambda y} + \vec{z}^{\,o} s_{2\lambda z}$$

Eintrittswinkel $\varepsilon_{1\lambda}$ \qquad Austrittswinkel $\varepsilon'_{1\lambda}$

$$\vec{n}^{\,o}_{1\lambda} \vec{s}^{\,o}_{1\lambda} = \cos \varepsilon_{1\lambda} \qquad\qquad \vec{n}^{\,o}_{1\lambda} \vec{s}^{\,o}_{2\lambda} = \sqrt{1 - m_1^2 \left[1 - (\vec{n}^{\,o}_{1\lambda} \vec{s}^{\,o}_{1\lambda})^2 \right]} = \cos \varepsilon'_{1\lambda}$$

$$s_{2\lambda x} = m_1 s_{1\lambda x} - n_{1\lambda x} (m_1 \cos \varepsilon_{1\lambda} - \cos \varepsilon'_{1\lambda})$$
$$s_{2\lambda y} = m_1 s_{1\lambda y} - n_{1\lambda y} (m_1 \cos \varepsilon_{1\lambda} - \cos \varepsilon'_{1\lambda})$$
$$s_{2\lambda z} = m_1 s_{1\lambda z} - n_{1\lambda z} (m_1 \cos \varepsilon_{1\lambda} - \cos \varepsilon'_{1\lambda})$$

34. Länge des Mittelstrahls zwischen der ersten und zweiten brechenden Fläche

$$e_{20} = - \vec{s}^{\,o}_{20} (\vec{\varrho}_{10} - \vec{\varrho}_{M2}) + q_2 \sqrt{\left[\vec{s}^{\,o}_{20} (\vec{\varrho}_{10} - \vec{\varrho}_{M2}) \right]^2 - (\vec{\varrho}_{10} - \vec{\varrho}_{M2})^2 + r_2^2}$$

35. Ortsvektor des Auftreffpunktes P_{20} des Mittelstrahls in der zweiten brechenden Fläche

$$\vec{\varrho}_{20} = \vec{\varrho}_{10} + e_{20}\,\vec{s}^{\,o}_{20}$$

36. Länge der Strahlen des Strahlenbündel zwischen der ersten und zweiten brechenden Fläche

$$e_{2\lambda} = -\,\vec{s}^{\,o}_{2\lambda}(\vec{\varrho}_{1\lambda} - \vec{\varrho}_{M2}) + q_2\sqrt{\left[\vec{s}^{\,o}_{2\lambda}(\vec{\varrho}_{1\lambda} - \vec{\varrho}_{M2})\right]^2 - (\vec{\varrho}_{1\lambda} - \vec{\varrho}_{M2})^2 + r_2^2}$$

37. Ortsvektoren der Auftreffpunkte $P_{2\lambda}$ des Strahlenbündels in der zweiten brechenden Fläche

$$\vec{\varrho}_{2\lambda} = \vec{\varrho}_{1\lambda} + e_{2\lambda}\vec{s}^{\,o}_{2\lambda}$$

38. Einheitsnormalenvektor im Auftreffpunkt P_{20} des Mittelstrahls in der zweiten brechenden Fläche

$$\vec{n}^{\,o}_{20} = \frac{\vec{\varrho}_{20} - \vec{\varrho}_{M2}}{r_2}$$

39. Einheitsnormalenvektoren in den Auftreffpunkten $P_{2\lambda}$ des Strahlenbündels in der zweiten brechenden Fläche

$$\vec{n}^{\,o}_{2\lambda} = \frac{\vec{\varrho}_{2\lambda} - \vec{\varrho}_{M2}}{r_2}$$

40. Einheitsstrahlenvektor des Mittelstrahls zwischen der zweiten brechenden Fläche und der Bildebene

$$\vec{s}^{\,oI}_{20} = \vec{s}^{\,o}_{B0} = \vec{s}^{\,o}_{20}\,m_2 - \vec{n}^{\,o}_{20}\left\{m_2\,(\vec{n}^{\,o}_{20}\vec{s}^{\,o}_{20}) - \sqrt{1 - m_2^2\left[1 - (\vec{n}^{\,o}_{20}\vec{s}^{\,o}_{20})^2\right]}\right\}$$

$$\vec{n}^{\,o}_2\vec{s}^{\,o}_{20} = n_{2x}s_{20x} + n_{2y}s_{20y} + n_{2z}s_{20z}$$

$$\vec{s}^{\,o}_{B0} = \vec{x}^{\,o}s_{B0x} + \vec{y}^{\,o}s_{B0y} + \vec{z}^{\,o}s_{B0z}$$

41. Einheitsstrahlenvektoren des Strahlenbündels zwischen der zweiten brechenden Fläche und der Bildebene

$$\vec{s}^{\,oI}_{2\lambda} = \vec{s}^{\,o}_{B\lambda} = \vec{s}^{\,o}_{2\lambda}m_2 - \vec{n}^{\,o}_{2\lambda}\left\{m_2(\vec{n}^{\,o}_{2\lambda}\vec{s}^{\,o}_{2\lambda}) - \sqrt{1 - m_2^2\left[1 - (\vec{n}^{\,o}_{2\lambda}\vec{s}^{\,o}_{2\lambda})^2\right]}\right\}$$

$$\vec{n}^{\,o}_{2\lambda}\vec{s}^{\,o}_{2\lambda} = n_{2\lambda x}s_{2\lambda x} + n_{2\lambda y}s_{2\lambda y} + n_{2\lambda z}s_{2\lambda z}$$

$$\vec{s}^{\,o}_{B\lambda} = \vec{x}^{\,o}s_{B\lambda x} + \vec{y}^{\,o}s_{B\lambda y} + \vec{z}^{\,o}s_{B\lambda z}$$

42. Länge des Mittelstrahls zwischen der zweiten brechenden Fläche und der Bildebene

$$e_{B0} = \frac{\vec{n}^{\,o}_B(\vec{\varrho}_B - \vec{\varrho}_{20})}{(\vec{n}^{\,o}_B\vec{s}^{\,o}_{B0})}$$

43. Länge der Strahlen im Strahlenbündel zwischen der zweiten brechenden Fläche und der Bildebene

$$e_{B\lambda} = \frac{\vec{n}_B^0(\vec{\varrho}_B - \vec{\varrho}_{2\lambda})}{(\vec{n}_B^0\,\vec{s}_{B\lambda}^0)}$$

44. Ortsvektor des Bildpunktes P_{B0} des Mittelstrahls in der Bildebene

$$\vec{\varrho}_{B0} = \vec{\varrho}_{20} + e_{B0}\,\vec{s}_{B0}^0$$

45. Ortsvektoren der Bildpunkte $P_{B\lambda}$ des Strahlenbündels in der Bildebene

$$\vec{\varrho}_{B\lambda} = \vec{\varrho}_{2\lambda} + e_{B\lambda}\,\vec{s}_{B\lambda}^0$$

■ Beispiel 3.5–1 Strahlenverlauf in einer sphärischen Sammellinse

Es sind folgende Daten gegeben. (Bild 3.5–1 und 3.5–2)
Koordinaten des Objektpunktes des Mittelstrahls

$$x_{G0} = 0{,}007\,\text{m} \qquad y_{G0} = 0{,}007\,\text{m} \qquad z_{G0} = 0$$

Radius des Strahlenbündels in der Objektebene $r_G = 0{,}004\,\text{m}$
Radius des Auftreffkreises des Strahlenbündels in der Hilfsebene $r_H = 0{,}007\,\text{m}$
Radius der ersten brechenden Fläche $r_1 = 0{,}04\,\text{m}$
Radius der zweiten brechenden Fläche $r_2 = 0{,}04\,\text{m}$
Dicke der Linse $d_{12} = 0{,}03\,\text{m}$
Deklination (Zenitwinkel) des Auftreffpunktes des Mittelstrahls in der ersten brechenden Fläche in bezug auf die z-Achse $\psi = 170\,^\circ$
Azimut des Auftreffpunktes des Mittelstrahls in der ersten brechenden Fläche in bezug auf die x-Achse in der x-y-Ebene $\vartheta = 190\,^\circ$
Einheitsnormalenvektor der Bildebene $\vec{n}_B^0 = \vec{z}^0$
Abstand der Hilfsebene vom Mittelpunkt P_{G0} des Objektkreises $e_H = 0{,}5\,e_{10}$
Anzahl der Strahlen im Strahlenbündel $\lambda_{max} = 64$
Abstand der Bildebene vom Koordinatenursprung $b = 0{,}135\,\text{m}$
Brechzahl der Linse $n_L = 1{,}8$
Brechzahlverhältnisse $m_1 = 1/n_L \qquad m_2 = n_L$
Dicke der Linse $d_{12} = 0{,}03\,\text{m}$
Objektweite $a = -2{,}5\,f'$

Die Bilder 3.5–1 und 3.5–2 zeigen den mit Hilfe des vektoriellen Rechnungsgangs ermittelten Strahlenverlauf. Für diese Berechnung sind die trigonometrisch ermittelten Daten der Linse, die sich auf paraxiale Meridionalstrahlen stützen, ungeeignet und daher nicht notwendig. Trotzdem sollen sie hier angegeben werden, da diese Daten auf relativ einfache Weise die Abbildungskonditionen bei Sammellinsen für paraxiale Meridionalstrahlen erkennen lassen. Über den Verlauf windschiefer Strahlen können sie jedoch keine Aussage machen.

Rechnungsgang

1.	bildseitige Brennweite f' (Gl.(3.6–38))	$f' = 0{,}03$ m
2.	objektseitige Brennweite $\overline{f}$ (Gl.(3.6–48))	$\overline{f} = -\,0{,}03$ m
3.	objektseitige Brennschnittweite (Gl.(3.6–46))	$s_{1(\overline{F})} = -\,0{,}020$ m
4.	bildseitige Brennschnittweite (Gl.(3.6–37))	$s'_{2(F')} = 0{,}020$ m
5.	Abstand der Hauptpunkte $\overline{HH'}$ (Gl.(3.6–53))	$\overline{HH'} = 0{,}01$ m
6.	Objekthauptpunktlage $\overline{S_1H}$ (Gl.(3.6–50))	$\overline{S_1H} = 0{,}01$ m
7.	Bildhauptpunktlage $\overline{S_2H'}$ (Gl.(3.6–39))	$\overline{S_2H'} = -\,0{,}01$ m
8.	Obbjektschnittweite s_1 (Gl.(3.6–51))	$s_1 = -\,0{,}065$ m
9.	Bildschnittweite s'_1 (Gl.(3.6–5))	$s'_1 = -\,0{,}390$ m
10.	Objektschnittweite s_2 (Gl.(3.6–6))	$s_2 = 0{,}360$ m
11.	Bildschnittweite s'_2 (Gl.(3.6–7))	$s'_2 = 0{,}040$ m
12.	Objektweite a (Gl.(3.6–51))	$a = -\,0{,}075$ m
13.	Bildweite a' (Gl.(3.6–40))	$a' = 0{,}05$ m
14.	Objektbildabstand b (Gl.(3.6–54))	$b = 0{,}135$ m

Die Bilder 3.5–1 und 3.5–2 zeigen den mit Hilfe des Rechnungsgangs ermittelten
Strahlenverlauf. Die räumlichen Koordinaten der Linsenkontur und des Strahlen-
ganges wurden in Bildkoordinaten (Kavalierperspektive) (Gl.(5.2–4) und (5.2–5))
(Bild 5.2–1 und 5.2–2) umgerechnet.

Wird der Radius des Objektkreises r_G gleich Null gesetzt $(r_G \rightarrow 0)$, erhält man
einen spitzen Strahlenkegel und wenn der Radius des Objektkreises und des
Hilfskreises gleich gesetzt werden $(r_G = r_H)$, erhält man ein paralleles Strahlenbündel.

3.5.2   Strahlengang in einer Zerstreuungslinse

Der Rechnungsgang zur Ermittlung des Strahlenverlaufs in einer Zerstreuungslinse ist dem der Sammellinse ähnlich (Bild 3.5–3 und 3.5–4). Bei der Berechnung
der Strahlenlängen ist darauf zu achten, ob die brechenden Flächen konkav oder
konvex gekrümmt sind. Außerdem müssen die Einheitsnormalenvektoren der einzelnen brechenden Flächen immer in das brechende Medium zeigen.

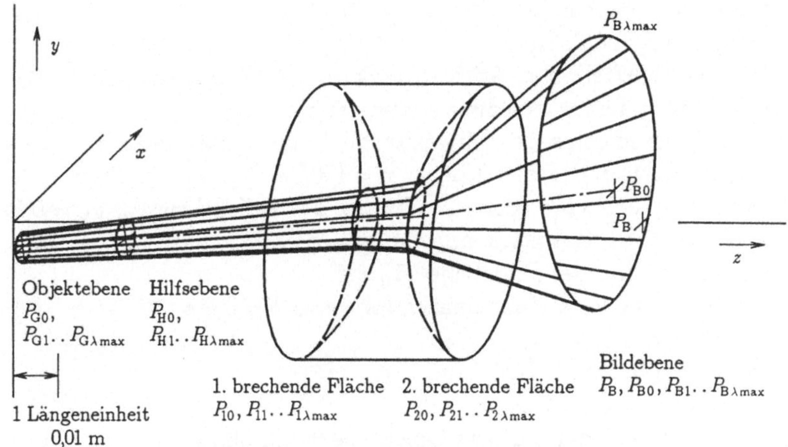

Bild 3.5–3 Strahlenverlauf in einer sphärischen Zerstreuungslinse

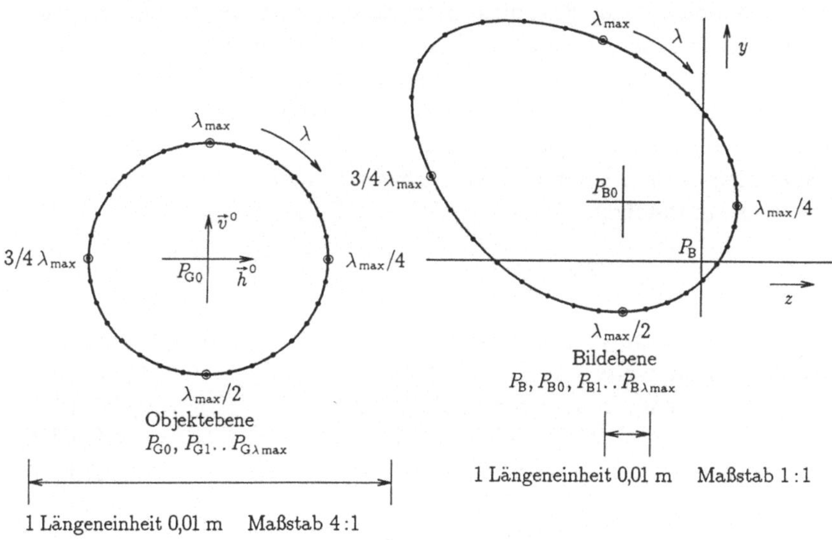

Bild 3.5–4 Objekt– und Bildebene einer sphärischen Zerstreuungslinse

■ Beispiel 3.5–2 Strahlenverlauf in einer sphärischen Zerstreuungslinse

Es sind folgende Daten gegeben.   (Bild 3.5–3 und 3.5–4)
Koordinaten des Objektpunktes des Mittelstrahls

$$x_{G0} = 0{,}006 \text{ m} \qquad y_{G0} = -0{,}008 \text{ m} \qquad z_{G0} = 0$$

Radius des Strahlenbündels in der Objektebene $r_G = 0{,}00333 \text{ m}$
Radius des Auftreffkreises des Strahlenbündels in der Hilfseb. $r_H = 0{,}004333 \text{ m}$
Radius der ersten brechenden Fläche $r_1 = 0{,}04 \text{ m}$

Radius der zweiten brechenden Fläche $r_2 = 0{,}04$ m

Dicke der Linse $d_{12} = 0{,}01$ m

Deklination (Zenitwinkel) des Auftreffpunktes des Mittelstrahls in der ersten brechenden Fläche in bezug auf die z-Achse $\psi = 5°$

Azimut des Auftreffpunktes des Mittelstrahls in der ersten brechenden Fläche in bezug auf die x-Achse in der x-y-Ebene $\vartheta = 150°$

Abstand der Hilfsebene vom Mittelpunkt P_{G0} des Objektkreises $e_H = 0{,}3 e_{10}$

Anzahl der Strahlen im Strahlenbündel $\lambda_{max} = 64$

Einheitsnormalenvektor der Bildebene $\vec{n}_B^{\,0} = \vec{z}^{\,0}$

Abstand der Bildebene vom Koordinatenursprung $b = 3{,}5\, r_1$

Brechzahl der Linse $n_L = 1{,}8$

Brechzahlverhältnisse $m_1 = 1/n_L \quad m_2 = n_L$

Linsendurchmesser $r_L = 3/4 \cdot r_1$

Objektschnittweite in bezug auf die Objektebene für paraxiale Meridionalstrahlen $s_1 = -2 r_1$

Die Bilder 3.5–3 und 3.5–4 zeigen den mit Hilfe des vektoriellen Rechnungsgangs ermittelten Strahlenverlauf. Für diese Berechnung sind die trigonometrisch ermittelten Daten der Linse, die sich auf paraxiale Meridionalstrahlen stützen, ungeeignet und daher nicht notwendig. Trotzdem sollen sie hier angegeben werden, da diese Daten auf relativ einfache Weise die Abbildungskonditionen beim Zusammenwirken von Sammel- und Zerstreuungslinsen für paraxiale Meridionalstrahlen erkennen lassen. Über den Verlauf windschiefer Strahlen können sie jedoch keine Aussage machen.

Rechnungsgang

1. bildseitige Brennweite f' (Gl.(3.6–38))		$f' = -0{,}023684$ m
2. objektseitige Brennweite f (Gl.(3.6–48))		$f = 0{,}023684$ m
3. objektseitige Brennschnittweite (Gl.(3.6–46))		$s_{1(\overline{F})} = 0{,}026316$ m
4. bildseitige Brennschnittweite (Gl.(3.6–37))		$s'_{2(F')} = -0{,}026316$ m
5. Abstand der Hauptpunkte $\overline{HH'}$ Gl.(3.6–53))		$\overline{HH'} = 0{,}004737$ m
6. Objekthauptpunktlage $\overline{S_1 H}$ (Gl.(3.6–50))		$\overline{S_1 H} = 0{,}002632$ m
7. Bildhauptpunktlage $\overline{S_2 H'}$ (Gl.(3.6–39))		$\overline{S_2 H'} = -0{,}002632$ m
8. Objektschnittweite s_1 (Gl.(3.6–51))		$s_1 = -0{,}080$ m
9. Bildschnittweite s'_1 (Gl.(3.6–5))		$s'_1 = -0{,}055385$ m
10. Objektschnittweite s_2 (Gl.(3.6–6))		$s_2 = -0{,}065385$ m
11. Bildschnittweite s'_2 (Gl.(3.6–7))		$s'_2 = -0{,}021040$ m
12. Objektweite a (Gl.(3.6–51))		$a = -0{,}082632$ m
13. Bildweite a' (Gl.(3.6–40))		$a' = -0{,}018408$ m
14. Objektbildabstand b (Gl.(3.6–54))		$b = 0{,}140$ m

Die Bilder 3.5–3 und 3.5–4 zeigen den mit Hilfe des Rechnungsgangs ermittelten Strahlenverlauf. Die räumlichen Koordinaten der Linsenkontur und des Strahlenganges wurden in Bildkoordinaten (Kavalierperspektive) (Gl.(5.2–4) und (5.2–5)) (Bild 5.2–1 und 5.2–2) umgerechnet.

Wird der Radius des Objektkreises r_G gleich Null gesetzt $(r_G \rightarrow 0)$, erhält man einen spitzen Strahlenkegel und wenn der Radius des Objektkreises und des Hilfskreises gleich gesetzt werden $(r_G = r_H)$, erhält man ein paralleles Strahlenbündel.

3.6 Abbildung durch paraxiale Strahlung

3.6.1 Brechung eines paraxialen Meridionalstrahls an einer sphärischen Fläche

Eine Vereinfachung der Berechnung sphärischer Linsensysteme ergibt sich dadurch, daß nur Lichtstrahlen in der Meridionalebene und im paraxialen Bereich berücksichtigt werden. Paraxialstrahlen haben nur geringe Neigung und geringen Abstand gegenüber der optischen Achse, d.h. der Neigungswinkel σ des in das System eintretenden Lichtstrahls und der Neigungswinkel σ' des austretenden Lichtstrahls sind relativ klein. Diese Einschränkung ermöglicht die Definition von charakteristischen Daten optischer Systeme wie z. B. Brennweiten und die Lage der Hauptebenen. Die Zuordnung der Vorzeichen zu den Weiten, Winkeln und Radien zeigen die Bilder 3.2–2 und 3.2–3.

Mit Hilfe der Gleichungen

$$s' = \frac{n}{n'} \cdot \frac{\sin\sigma}{\sin\sigma'} (s - r) + r \,, \tag{3.2–14}$$

$$m = \frac{n}{n'} \,, \tag{3.1–26}$$

$$\sigma' = \varepsilon - \varepsilon' + \sigma \,, \tag{3.2–15}$$

$$\varepsilon = \arcsin\left(\frac{s - r}{r} \sin\sigma\right) \,, \tag{3.2–16}$$

$$\varepsilon' = \arcsin\left(\frac{n}{n'} \cdot \frac{s - r}{r} \sin\sigma\right) \,, \tag{3.2–17}$$

für die noch keine Einschränkung bezüglich des Neigungswinkels σ bzw. σ' gilt, und einiger Umwandlungen mittels Additionstheoremen von Winkel- und Arcusfunktionen läßt sich der Grenzwert

$$\lim_{\sigma \to 0}\left(\frac{\sin\sigma}{\sin\sigma'}\right) = \frac{r}{(n/n')(r - s) + s} \tag{3.6–1}$$

berechnen.. Schließlich erhält man aus der Gleichung (3.2–14) eine Näherungsformel für die Bildschnittweite

$$s' = \frac{1}{\dfrac{n}{n'}\left(\dfrac{1}{s} - \dfrac{1}{r}\right) + \dfrac{1}{r}} \,. \tag{3.6–2}$$

Die Brennweite f', Objektweite a, Bildweite a' und der Abbildungsmaßstab β' gelten nur für paraxiale Lichtstrahlen. Die Brennweite ist für den Extremfall definiert, daß das Objekt unendlich weit vom optischen System entfernt ist. Dann sind einfallenden Lichtstrahlen parallel. Wenn in der Gleichung (3.6–2) die Objektschnittweite s unendlich groß gesetzt wird

$$s = \infty \; , \tag{3.6--3}$$

ist die Bildschnittweite s' gleich der Brennweite f', d. h. gleich dem Abstand zwischen dem Scheitel der brechenden Fläche und dem Brennpunkt.

$$f' = \frac{n'r}{n'-n} \tag{3.6--4}$$

Bei einem optischen System mit mehreren brechenden Flächen wird die Brechung an jeder einzelnen Fläche berechnet und somit der Lichtstrahl durch das ganze System vom Objekt bis zum Bild verfolgt.

■ **Beispiel 3.6–1** Brechung eines paraxialen Lichtstrahls an einer sphärischen Fläche (Bild 3.2–2)

Folgende Daten sind gegeben.

Paraxialer Meridionalstrahl $\sigma \rightarrow 0$

Objektschnittweite $s = -\,0{,}06$ m   Brechzahlverhältnis $m = 0{,}5$

Radius der brechenden Fläche $r = 0{,}03$ m

Rechnungsgang

1. Bildschnittweite s' (Gl.(3.6–2)) $s' = 0{,}12$ m
2. Brennweite f' (Gl.(3.6–4)) $f' = 0{,}06$ m

Die Größe der Bildschnittweite nach Gleichung (3.6–2) stellt nur eine Näherung dar. Die Gleichung (3.6–2) ergibt dann den exakten Wert, wenn die Lichtstrahlen als Paraxialstrahlen parallel zur optischen Achse auf die sphärische Fläche fallen. Je mehr die Strahlenrichtung von der Richtung der optischen Achse abweicht umso ungenauer ist der errechnete Wert (Beispiel 3.2–1).

3.6.2 Verlauf eines paraxialen Meridionalstrahls in einer Sammellinse

Die Bildschnittweite s_1' eines paraxialen Meridionalstrahls ergibt sich mit Hilfe der Gleichung (3.6–2).

$$s_1' = \frac{1}{\dfrac{n_1}{n_1'}\left(\dfrac{1}{s_1} - \dfrac{1}{r_1}\right) + \dfrac{1}{r_1}} \tag{3.6--5}$$

Bei der Berechnung der zugehörigen Objektschnittweite s_2 muß die Linsendicke d_{12} berücksichtigt werden.

$$s_2 = s_1' - d_{12} \tag{3.6--6}$$

Die Bildschnittweite s_2' leitet sich ebenfalls von der Gleichung (3.6–2) ab.

$$s_2' = \cfrac{1}{\dfrac{n_2}{n_2'}\left(\dfrac{1}{s_2} - \dfrac{1}{r_2}\right) + \dfrac{1}{r_2}} \qquad (3.6\text{–}7)$$

Für die $\varkappa$-te brechende Fläche beträgt die Bildschnittweite

$$s_\varkappa' = \cfrac{1}{\dfrac{n_\varkappa}{n_\varkappa'}\left(\dfrac{1}{s_\varkappa} - \dfrac{1}{r_\varkappa}\right) + \dfrac{1}{r_\varkappa}} \qquad (3.6\text{–}8)$$

und die Objektschnittweite $s_{\varkappa+1}$ für die nächste brechende Fläche

$$s_{\varkappa+1} = s_\varkappa' - d_{\varkappa,\varkappa+1} \quad . \qquad (3.6\text{–}9)$$

Der Index $\varkappa = 1, 2, 3, \ldots$ beziffert die einzelnen in Lichtrichtung hintereinanderliegenden brechenden Flächen. Die Schnittweiten $s_\varkappa$ und $s_\varkappa'$ beziehen sich jeweils auf die $\varkappa$-te brechende Fläche. Bei der Berechnung der Bildschnittweite $s_{\varkappa+1}$ der nächsten brechenden Fläche muß noch die Linsendicke $d_{\varkappa,\varkappa+1}$ berücksichtigt werden.

■ Beispiel 3.6–2 Verlauf eines paraxialen Meridionalstrahls in einer
Sammellinse (Bild 3.2–3, Bild 3.6–3)

Folgende Daten sind gegeben.
Paraxialer Meridionalstrahl $\sigma \to 0$
Objektschnittweite $s_1 = -0{,}06$ m Brechzahlverhältnisse $m_1 = 0{,}5$ $m_2 = 2$
Radien der brechenden Flächen $r_1 = 0{,}03$ m $r_2 = -0{,}03$ m
Linsendicke $d_{12} = 0{,}04$ m

Rechnungsgang

1. Bildschnittweite s_1' (Gl.(3.6–5)) $\qquad\qquad s_1' = 0{,}12$ m
2. Objektschnittweite s_2 (Gl.(3.6–6)) $\qquad\qquad s_2 = 0{,}08$ m
3. Bildschnittweite s_2' (Gl.(3.6–7)) $\qquad\qquad s_2' = 0{,}01714$ m

Die Größe der Schnittweiten nach den Gleichungen (3.6–5), (3.6–6) und (3.6–7) stellen nur eine Näherung dar. Die Gleichungen ergeben dann den exakten Wert, wenn die Lichtstrahlen tatsächlich als Paraxialstrahlen parallel zur optischen Achse auf die sphärische Fläche fallen. Je mehr die Strahlenrichtung von der Richtung der optischen Achse abweicht und je weiter sich die Strahlen aus dem paraxialen Gebiet entfernen, um so ungenauer ist der errechnete Wert.

Lichtstrahlen, die als Paraxialstrahlen parallel zur optischen Achse auf eine Bikonvexlinse fallen schneiden sich hinter der Linse im Brennpunkt. Unter diesen Voraussetzungen läßt sich die Bildschnittweite des Brennpunktes definieren. Wird in Gleichung (3.6–5) $s_1 = \infty$ gesetzt, erhält man die Bildschnittweite des Brennpunktes in Bezug auf die erste brechende Fläche. Die Gleichungen (3.6–6)

und (3.6–7) führen schließlich bei Beachtung der Gleichung (3.1–26) zur Bildschnittweite $s'_{2(F')}$ des bildseitigen Brennpunktes F'(Bild 3.2–3).

$$s'_{2(F')} = \frac{r_2\left[r_1 - d_{12}(1 - m_1)\right]}{(1 - m_1)m_2 r_2 + (1 - m_2)\left[r_1 - d_{12}(1 - m_1)\right]} \tag{3.6–10}$$

Wie genauere trigonometrische oder vektorielle Berechnungen ergeben, schneiden sich parallele Lichtstrahlen mit gleichem Abstand zur optischen Achse, deren Auftreffpunkte näher zum Rand der Linse liegen, in einem Punkt auf der optischen Achse, der näher an der Linse liegt als der Brennpunkt der Paraxialstrahlen. Von einem einheitlichen Brennpunkt aller Strahlen kann also keine Rede sein.

3.6.3   Abbildung durch eine dünne Linse

Eine Abbildung kommt dadurch zustande, daß ein Strahlenbündel, das von einem
Objektpunkt ausgeht, von einem optischen Linsensystem erfasst und in einem
Bildpunkt wieder vereinigt wird. In einem System mit sphärischen Linsen können
nur paraxiale Strahlen zur Bilderzeugung ausgenutzt werden. Die Strahlenbündel dürfen also nur kleine Öffnungswinkel sowie kleine Neigungswinkel gegenüber der optischen Achse haben. Die Berechnungsmethoden der Technischen Optik basieren auf diesen Voraussetzungen und ermöglichen, die Abbildungsverhältnisse optischer Linsensysteme zu ermitteln.

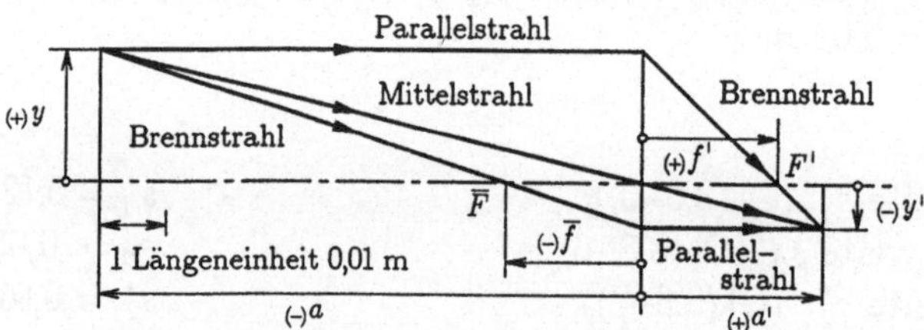

Bild 3.6–1 Abbildung durch eine dünne Linse
(Geometrische Konstruktion)

Charakteristische Größen einer dünnen Linse (Bild 3.6–1)

n	Brechzahl des Mediums vor der Linse	a	Objekt- oder Gegen- standsweite
n'	Brechzahl des Mediums hinter der Linse	a'	Bildweite
$\bar{f}$	objektseitige Brennweite	y	Objektgröße
f'	bildseitige Brennweite	y'	Bildgröße
b	Objektbildabstand	β'	Abbildungsmaßstab

Die Brechzahl des Linsenwerkstoffes spielt bei den Berechnungsgleichungen
(Gl. (3.6–13) bis (3.6–23)) für die dünne Linse keine Rolle. Die optischen Eigenschaften der Linse werden durch die Brennweite ausgedrückt. Bei der Abbildung
sind nur die andersartigen optischen Eigenschaften des Mediums vor und hinter
der Linse von Bedeutung.

In Bild 3.6–1 lautet der Strahlensatz auf der Objektseite unter Berücksichtigung
der Vorzeichenzuordnung nach Bild 3..2–2, Bild 3.2–3 und Bild 3.6–1

$$\frac{-y'}{y} = \frac{-\bar{f}}{-(a-\bar{f})} \tag{3.6-11}$$

und auf der Bildseite

$$\frac{-y'}{y} = \frac{a'-f'}{f'} \quad . \tag{3.6-12}$$

Das Verhältnis der objektseitigen Brennweiten $\bar{f}$ zur bildseitigen Brennweite f'
beträgt

$$\frac{\bar{f}}{f'} = -\frac{n}{n'} \quad . \tag{3.6-13}$$

Aus den Gleichungen (3.6–11), (3.6–12) und (3.6–13) ergibt sich die Abbildungsgleichung für eine dünne Linse.

$$\frac{n'}{f'} = \frac{n'}{a'} - \frac{n}{a} \quad . \tag{3.6-14}$$

Der Abbildungsmaßstab beträgt

$$\beta' = y'/y \quad , \tag{3.6-15}$$

$$\beta' = \frac{a'n}{a\,n'} \quad . \tag{3.6-16}$$

Der nicht vorzeichenbehaftete Objektbildabstand b wird bei Beachtung der Vorzeichen der übrigen technisch-optischen Größen durch die Beziehung

$$b = a' - a \tag{3.6-17}$$

ausgedrückt. Daraus ergeben sich die Beziehungen

$$b = f'(1 - \beta') - \bar{f}\left(1 - \frac{1}{\beta'}\right) \quad , \tag{3.6-18}$$

$$b = f'\left[1 - \beta' + \frac{n}{n'}\left(1 - \frac{1}{\beta'}\right)\right] \quad . \tag{3.6-19}$$

Ist die Linse auf der Vorder- und Rückseite in das gleiche optische Medium eingebettet, gilt also

$$n = n' , \tag{3.6-20}$$

so ergeben sich die Abbildungsgleichung

$$\frac{1}{a'} - \frac{1}{a} = \frac{1}{f'} \quad , \tag{3.6-21}$$

der Abbildungsmaßstab

$$\beta' = \frac{a'}{a} \quad , \tag{3.6-22}$$

und der nicht vorzeichenbehaftete Objektbildabstand

$$b = f'(2 - \beta' - 1/\beta') \quad . \tag{3.6-23}$$

3.6.4 Abbildung durch eine dicke Linse

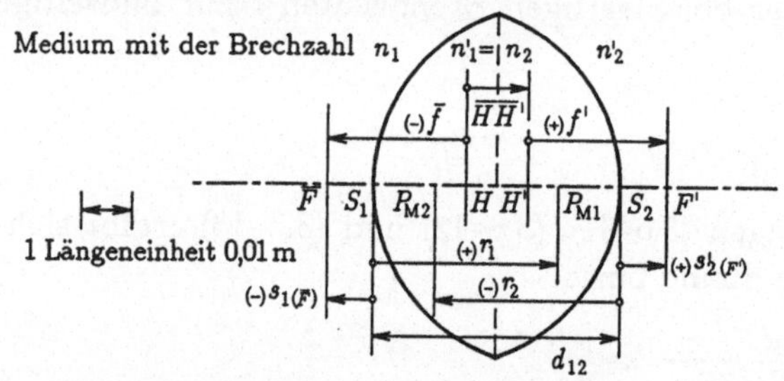

Bild 3.6-2 Optische Daten einer dicken Sammellinse für paraxiale Strahlen

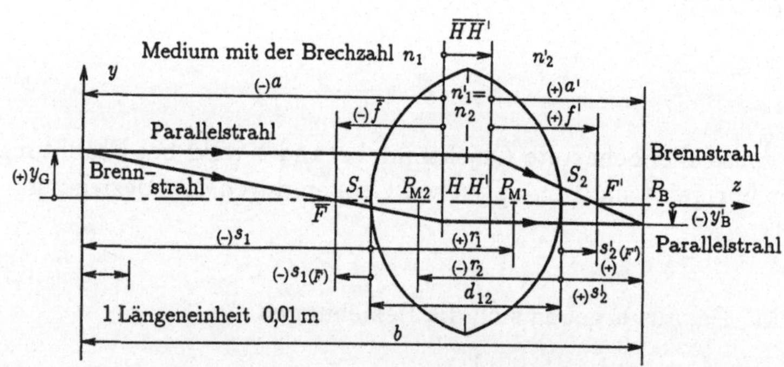

Bild 3.6-3 Abbildung durch eine dicke Sammellinse
(Geometrische Konstruktion)

Charakteristische Größen einer dicken Sammellinse (Bild 3.6-2 und 3.6-3)

$s'_{1(F)}$	objektseitige Brennpunkts-schnittweite	S_1	Scheitelpunkt der ersten brechenden Fläche
$s'_{2(F')}$	bildseitige Brennpunkts-schnittweite	S_2	Scheitelpunkt der zweiten brechenden Fläche

f'	bildseitige Brennweite	H	objektseitiger Hauptpunkt
f	objektseitige Brennweite	H'	bildseitiger Hauptpunkt
d_{12}	Linsendicke	$\overline{S_1 H}$	Objekthauptpunktlage
r_1	Radius der ersten brechenden Fläche	$\overline{S_2 H}'$	Bildhauptpunktlage
r_2	Radius der zweiten brechenden Fläche	$\overline{HH}'$	Abstand der Hauptpunkte
n_L	Brechzahl der Linse	F	objektseitiger Brennpunkt
		F'	bildseitiger Brennpunkt

Neben der Objekt- und Bildschnittweite s und s' sind die Objekt- und Bildweite a und a' sowie der Abbildungsmaßstab β' von Bedeutung.

$$\beta' = \frac{a'\,n}{a\,n'} \tag{3.6-16}$$

Besteht das optische System aus k brechenden Flächen, so beträgt für eine einzelne brechende Fläche der Abbildungsmaßstab je nach der Position $\varkappa$ dieser Fläche

$$\beta_1 = \frac{s'_1 n_1}{s_1 n'_1}, \quad \beta_2 = \frac{s'_2 n_2}{s_2 n'} \ldots \beta_\varkappa = \frac{s'_\varkappa n_\varkappa}{s_\varkappa n'_\varkappa} \ldots \beta_k = \frac{s'_k n_k}{s_k n'_k} \;. \tag{3.6-24}$$

Bei einer einzelnen brechenden Fläche liegt die Hauptebene im Scheitel der Fläche. Dadurch wird bezüglich des Abbildungsmaßstabs die Objekt- und Bildweite a und a' zur Objekt- und Bildschnittweite s und s'. Der Abbildungsmaßstab β' des gesamten Systems setzt sich multiplikativ aus den einzelnen Abbildungsmaßstäbe der Einzelflächen zusammen.

$$\beta' = \beta'_1\, \beta'_2\, \beta'_3 \ldots \; \beta'_\varkappa \ldots \beta'_k \tag{3.6-25}$$

Für die Brechzahlen gilt

$$n'_1 = n_2 \quad n'_2 = n_3 \ldots n'_\varkappa = n_{\varkappa+1} \;. \tag{3.6-26}$$

Für den Abbildungsmaßstab gilt schließlich

$$\beta' = \prod_{\varkappa=1}^{k} \beta'_\varkappa = \frac{n_1}{n'_k} \prod_{\varkappa=1}^{k} \frac{s'_\varkappa}{s_\varkappa} = \frac{n_1}{n'_k} \cdot \frac{a'}{a} \;. \tag{3.6-27}$$

Wenn das Objekt unendlich weit entfernt ist, dann ist sowohl der Abstand zwischen Objekt und Hauptpunkt a als auch der Abstand zwischen Scheitel und Objekt s_1 unendlich groß. Es kann also

$$a/s_1 = 1 \tag{3.6-28}$$

gesetzt werden. Außerdem liegt der Bildpunkt P_B im Brennpunkt. F'. Das läßt sich durch folgende Beziehung ausdrücken.

$$a' = f' \tag{3.6-29}$$

Die Brennweite eines optischen Systems mit k brechenden Flächen beträgt

$$f' = \prod_{\varkappa=1}^{k} s'_\varkappa \Big/ \prod_{\varkappa=2}^{k} s_\varkappa \; . \tag{3.6-30}$$

Als Abbildungsmaßstab β' einer Bikonvexlinse mit $k = 2$ brechenden Flächen erhält man

$$\beta' = \frac{n_1}{n'_2} \cdot \frac{s'_1 s'_2}{s_1 s_2} = \frac{n_1}{n'_2} \cdot \frac{a'}{a} \; . \tag{3.6-31}$$

Schließlich bekommt man für die Brennweite f'

$$f' = \frac{s'_1 s'_2}{s_2} \; . \tag{3.6-32}$$

Die Bildschnittweite s'_2 kann durch folgende Beziehungen ermittelt werden.

$$s'_1 = \frac{1}{\dfrac{n_1}{n'_1}\left(\dfrac{1}{s_1} - \dfrac{1}{r_1}\right) + \dfrac{1}{r_1}} \tag{3.6-5}$$

$$s_2 = s'_1 - d_{12} \tag{3.6-6}$$

$$s'_2 = \frac{1}{\dfrac{n_2}{n'_2}\left(\dfrac{1}{s_2} - \dfrac{1}{r_2}\right) + \dfrac{1}{r_2}} \tag{3.6-7}$$

Es wird vorausgesetzt, daß die Linse auf der Vorder- und auf der Rückseite in das gleiche Medium eingebettet ist. Objekt- und Bildraum sind mit Luft angefüllt, deren Brechzahl mit $n_\mathrm{Luft} = 1$ angenommen wird. Streng genommen gilt dieser Wert nur für das Vakuum.

$$n_1 = n'_2 = 1 \qquad \text{(Luft)} \tag{3.6-33}$$

$$n'_1 = n_2 = n_\mathrm{L} \qquad \text{(Glas)} \tag{3.6-34}$$

Wird in Gleichung (3.6-12)

$$m_1 = n_1/n'_1 = 1/n_\mathrm{L} \tag{3.6-35}$$

$$m_2 = n_2/n'_2 = n_\mathrm{L} \tag{3.6-36}$$

gesetzt, ergibt sich für die bildseitige Brennpunktsschnittweite folgende Beziehung.

$$s'_{2(\mathrm{F}')} = \frac{r_2\left[n_\mathrm{L} r_1 - d_{12}(n_\mathrm{L} - 1)\right]}{(n_\mathrm{L} - 1)\left[n_\mathrm{L}(r_2 - r_1) + d_{12}(n_\mathrm{L} - 1)\right]} \tag{3.6-37}$$

Die bildseitige Brennweite f' einer dicken Linse reicht vom Bildhauptpunkt H' bis zum bildseitigen Brennpunkt F'.

$$f' = \frac{n_\mathrm{L} r_1 r_2}{(n_\mathrm{L} - 1)\left[n_\mathrm{L}(r_2 - r_1) + d_{12}(n_\mathrm{L} - 1)\right]} = -\overline{f} \tag{3.6-38}$$

Die Bildhauptpunktlage $\overline{S_2 H'}$ gibt die Entfernung des Bildhauptpunktes H' vom Scheitelpunkt S_2 an.

$$\overline{S_2 H'} = s'_{2(F')} - f' = - \frac{r_2\, d_{12}}{(n_L - 1)d_{12} + n_L(r_2 - r_1)} \qquad (3.6\text{-}39)$$

Für die Bildweite a' gilt

$$a' = s'_2 - \overline{S_2 H'} \; . \qquad (3.6\text{-}40)$$

Die Bildweite kann aber auch durch die Abbildungsgleichung (Gl.(3.6–21))

$$a' = \frac{f'a}{f' + a} \qquad (3.6\text{-}41)$$

berechnet werden.

Die objektseitigen Daten bekommt man durch eine Rückwärtsrechnung. Dabei wird die Lichtrichtung umgekehrt. Dadurch wird Objekt und Bild vertauscht. Um die gleichen mathematischen Formeln wie bei der Vorwärtsrechnung benutzen zu können, wird die Positionsangabe $\varkappa$ der neuen rückwärtsgerichteten Lichtrichtung angepaßt. Um die von der Lichtrichtung abhängigen Größen unterscheiden zu können bekommen sie einen zusätzlichen Index: R. Die Positionsangaben $\varkappa$ ändern sich mit k als Gesamtzahl der brechenden Flächen in folgender Weise :

Vorwärtsrechnung $\varkappa = 1, \quad 2, \quad 3, \quad 4 \quad \ldots k, \; \overline{F}$
Rückwärtsrechnung $\varkappa = k, \; k\text{-}1, \; k\text{-}2, \; k\text{-}3 \; \ldots 1, \; F' \; .$

Bei einer Sammellinse haben die Radien der brechenden Flächen bei der Rückwärtsrechnung die Größen

$$r_{1R} = - r_2 \; , \qquad (3.6\text{-}42)$$

$$r_{2R} = - r_1 \; . \qquad (3.6\text{-}43)$$

Der Abstand der brechenden Flächen behält seine Größe und sein Vorzeichen. Er ist nicht vorzeichenbehaftet und von der Lichtrichtung unabhängig.

$$d_{12R} = d_{12} \qquad (3.6\text{-}44)$$

Die bildseitige Brennpunktsschnittweite beträgt bei Rückwärtsrechnung gemäß Gl.(3.6–39)

$$s'_{2(F')R} = \frac{r_{2R}\left[n_L r_{1R} - d_{12R}(n_L - 1)\right]}{(n_L - 1)\left[n_L(r_{2R} - r_{1R}) + d_{12R}(n_L - 1)\right]} = - s_{1(\overline{F})} \; . \qquad (3.6\text{-}45)$$

Daraus erhält man mit den Gleichungen (3.6–42), (3.6–43) und (3.6–44) die objektseitige Brennpunktsschnittweite

$$s_{1(\overline{F})} = - \frac{r_1 \left[n_L r_2 + d_{12}(n_L - 1) \right]}{(n_L - 1)\left[n_L(r_2 - r_1) + d_{12}(n_L - 1) \right]} \; . \tag{3.6-46}$$

Die bildseitige Brennweite bei Rückwärtsrechnung gemäß Gl.(3.6-38) beträgt

$$f_R' = \frac{n_L r_{1R}\, r_{2R}}{(n_L - 1)\left[n_L(r_{2R} - r_{1R}) + d_{12R}(n_L - 1) \right]} = -\overline{f} \; . \tag{3.6-47}$$

Daraus erhält man mit den Gleichungen (3.6-44), (3.6-45) und (3.6-46) die objektseitige Brennweite

$$\overline{f} = - \frac{n_L r_1 r_2}{(n_L - 1)\left[n_L(r_2 - r_1) + d_{12}(n_L - 1) \right]} \; . \tag{3.6-48}$$

Weiterhin wird die Objekthauptpunktlage $\overline{S_1 H}$ durch folgende Beziehung beschrieben.

$$\overline{S_1 H} = \overline{S_2 H}' \frac{r_1}{r_2} = - \frac{r_1 d_{12}}{(n_L - 1)d_{12} + n_L(r_2 - r_1)} \tag{3.6-49}$$

$$\overline{S_1 H} = s_{1(F)} - \overline{f} = - \frac{r_1 d_{12}}{(n_L - 1)d_{12} + n_L(r_2 - r_1)} \tag{3.6-50}$$

Die Objektweite beträgt

$$a = s_1 - \overline{S_1 H} \; , \tag{3.6-51}$$

der Abstand der Hauptpunkte $\overline{HH}'$

$$\overline{HH}' = d_{12} - \overline{S_1 H} + \overline{S_2 H}' , \tag{3.6-52}$$

$$\overline{HH}' = d_{12} \left(1 - \frac{r_2 - r_1}{(n_L - 1)d_{12} + n_L(r_2 - r_1)} \right) \tag{3.6-53}$$

und der nicht vorzeichenbehaftete Objektbildabstand

$$b = a' - a + \overline{HH}' \; . \tag{3.6-54}$$

Bei dünnen Linsen kann näherungsweise die Linsendicke $d_{12} = 0$ gesetzt werden. Wenn die Lage der Hauptebenen und der Brennpunkte bekannt sind, lassen sich auch bei der dicken Linse die Abbildungsverhältnisse durch eine geometrische Konstruktion darstellen. (Bild 3.6-3)

■ Beispiel 3.6-3 Optische Daten einer dicken Sammellinse

Folgende Daten sind gegeben. (Bild 3.6-2 und 3.6-3)
Neigungswinkel $\sigma_1 = -1°$ Brechzahlverhältnisse $m_1 = 0{,}5$ $m_2 = 2$
Objektschnittweite $s_1 = -0{,}06$ m   Linsendicke $d_{12} = 0{,}04$ m
Radien der brechenden Flächen $r_1 = 0{,}03$ m $r_2 = -0{,}03$ m
In diesem Beispiel werden zwei verschiedene Rechenmethoden angewandt. Das auf trigonometrischen Berechnungen beruhende Verfahren liefert für alle Nei-

gungswinkel des einfallenden Meridionalstrahls exakte Ergebnisse. Das andere
Verfahren berücksichtigt ausschließlich Paraxialstrahlen.

Rechnungsgang

Exakte Lösung unter Berücksichtigung von Meridionalstrahlen bei einem Neigungswinkel $\sigma_1 = -1°$ des einfallenden Lichtstrahls

1. Einfallswinkel ε_1 (Gl.(3.2–24))		$\varepsilon_1 = 3,0012°$
2. Austrittswinkel ε_1' (Gl.(3.2–25))		$\varepsilon_1' = 1,5001°$
3. Neigungswinkel σ_1' (Gl.(3.2–26))		$\sigma_1' = 0,5011°$
4. Neigungswinkel σ_2 (Gl.(3.2–27))		$\sigma_2 = 0,5011°$
5. Bildschnittweite s_1' (Gl.(3.2–28))		$s_1' = 0,119794\,m$
6. Objektschnittweite s_2 (Gl.(3.2–29))		$s_2 = 0,07979\,m$
7. Einfallswinkel ε_2 (Gl.(3.2–30))		$\varepsilon_2 = -1,8343°$
8. Ausfallswinkel ε_2' (Gl.(3.2–31))		$\varepsilon_2' = -3,6705°$
9. Neigungswinkel σ_2' (Gl.(3.2–32))		$\sigma_2' = 2,3373°$
10. Bildschnittweite s_2' (Gl.(3.2–33))		$s_2' = 0,01709\,m$

Näherungslösung durch Verwendung von Paraxialstrahlen $\sigma_1 \to 0$

11. Bildschnittweite s_1' (Gl.(3.6–5))	$s_1' = 0,12\,m$
12. Objektschnittweite s_2 (Gl.(3.6–6))	$s_2 = 0,08\,m$
13. Bildschnittweite s_2' (Gl.(3.6–7))	$s_2' = 0,01714\,m$
14. bildseitige Brennschnittweite (Gl.(3.6–37))	$s_{2(F')} = 0,0075\,m$
15. bildseitige Brennweite f' (Gl.(3.6–38))	$f' = 0,0225\,m$
16. objektseitige Brennweite $\overline{f}$ (Gl.(3.6–48))	$\overline{f} = -0,0225\,m$
17. Bildhauptpunktlage $\overline{S_2 H}'$ (Gl.(3.6–39))	$\overline{S_2 H}' = -0,015\,m$
18. objektseitige Brennschnittweite (Gl.(3.6–46))	$s_{1(F)} = 0,0075\,m$
19. Objekthauptpunktlage $\overline{S_1 H}$ (Gl.(3.6–49))	$\overline{S_1 H} = 0,015\,m$
20. Abstand der Hauptpunkte $\overline{H H}'$ (Gl.(3.6–53))	$\overline{H H}' = 0,01\,m$
21. Bildweite a (Gl.(3.6–51))	$a = -0,075\,m$
22. Bildweite a' (Gl.(3.6–40))	$a' = 0,03214\,m$
23. Objektbildabstand b (Gl.(3.6–54))	$b = 0,1171\,m$
24. Größter Linsendurchmesser D_L (Gl.(5.2–92))	

$$D_L = 2\sqrt{|r_1|^2 - (|r_1| + |r_2| - |d_{12}|)^2/4} \qquad D_L = 0,05657\,m$$

Je nach Rechenverfahren differieren die Bildschnittweiten s_2'.

Die charakteristischen Größen einer Zerstreuungslinse entsprechen sinngemäß
denen einer Sammellinse. Eine reelle Abbildung kommt hier allerdings nur in
Verbindung mit einer Sammellinse zustande.

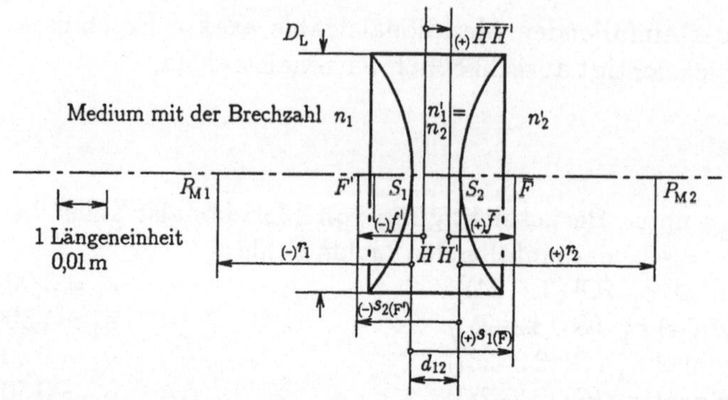

Bild 3.6–4 Optische Daten einer Zerstreuungslinse für paraxiale Strahlen

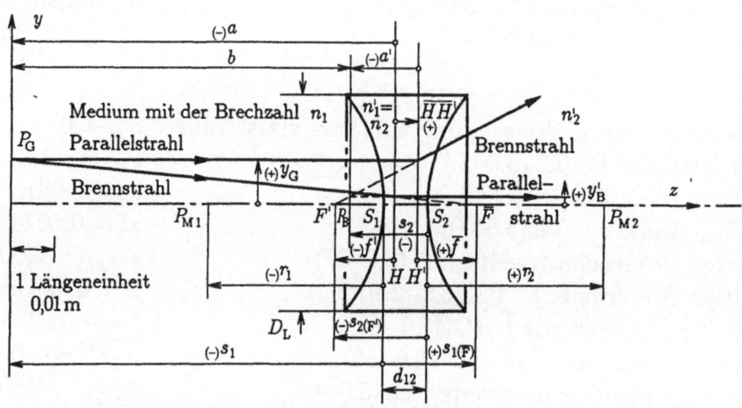

Bild 3.6–5 Verlauf eines Meridionalstrahls in einer sphärischen Zerstreuungslinse
(Geometrische Konstruktion)

■ Beispiel   3.6–4   Optische Daten einer Zerstreuungslinse (Bild 3.6–4 und 3.6–5)

Folgende Daten sind gegeben.

Brechzahlverhältnisse $m_1 = 0{,}5$ $m_2 = 2$ Linsendicke $d_{12} = 0{,}01\,\mathrm{m}$

Radien der brechenden Flächen $r_1 = -\,0{,}04\,\mathrm{m}$ $r_2 = 0{,}04\,\mathrm{m}$

Objektschnittweite $s_1 = 0{,}085\,\mathrm{m}$

Rechnungsgang

1. Bildschnittweite s_1' (Gl.(3.6–5)) $s_1' = -\,0{,}0544\,\mathrm{m}$
2. Objektschnittweite s_2 (Gl.(3.6–6)) $s_2 = -\,0{,}0644\,\mathrm{m}$
3. Bildschnittweite s_2' (Gl.(3.6–7)) $s_2' = -\,0{,}01784\,\mathrm{m}$
4. bildseitige Brennschnittweite   (Gl.(3.6–37)) $s'_{2(\mathrm{F'})} = -\,0{,}02118\,\mathrm{m}$
5. bildseitige Brennweite f' (Gl.(3.6–38)) $f' = -\,0{,}01882\,\mathrm{m}$
6. objektseitige Brennweite $\bar{f}$ (Gl.(3.6–48)) $\bar{f} = 0{,}01882\,\mathrm{m}$

7. Bildhauptpunktlage $\overline{S_2 H}{}'$ (Gl.(3.6–39)) $\overline{S_2 H}{}' = -\,0{,}002352\,\mathrm{m}$
8. objektseitige Brennschnittweite $s_{1(\overline{F})}$ (Gl.(3.6–46)) $s_{1(\overline{F})} = 0{,}02118\,\mathrm{m}$
9. Objekthauptpunktlage $\overline{S_1 H}$ (Gl.(3.6–50)) $\overline{S_1 H} = 0{,}002359\,\mathrm{m}$
10. Abstand der Hauptpunkte $\overline{H H}{}'$ (Gl.(3.6–53)) $\overline{H H}{}' = 0{,}005294\,\mathrm{m}$
11. Objektweite a (Gl.(3.6–51)) $a = -\,0{,}08735\,\mathrm{m}$
12. Bildweite a' (Gl.(3.6–40)) $a' = -\,0{,}015486\,\mathrm{m}$
13. Objektbildabstand b (Gl.(3.6–54)) $b = 0{,}07716\,\mathrm{m}$

3.7 Mehrlinsige Systeme

Zwei Linsen lassen sich rechnerisch zu einer Linse zusammenfassen (Bild 3.7–1).
Durch weiteres Hinzufügen von Linsen kann das System beliebig erweitert werden.

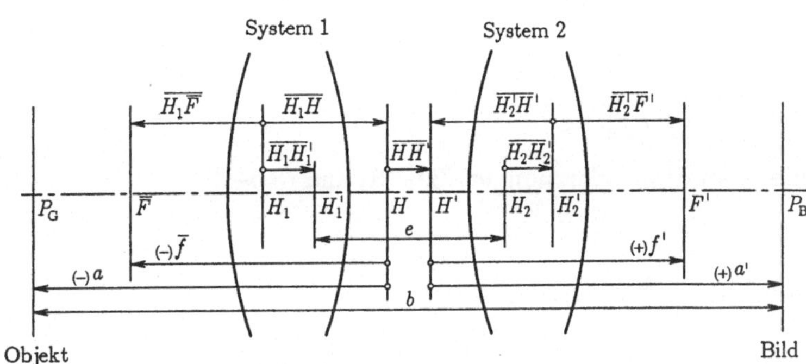

Bild 3.7–1 Zweilinsiges System
(Schematische Darstellung)

Von den beiden Einzellinsen müssen die Lage der Hauptebenen, die Brennweiten
und der Hauptebenenabstand

$$e = \overline{H_1' H_2} \tag{3.7–1}$$

bekannt sein.

Die bildseitige Brennweite f' und die objektseitige Brennweite $\overline{f}$ des Linsensystems beträgt

$$f' = \frac{f_1' f_2'}{f_1' + f_2' - e} = -\overline{f} \; . \tag{3.7–2}$$

Lage des bildseitigen Brennpunktes F'

$$\overline{H_2'F'} = \left(1 - \frac{e}{f_1'}\right)f' \tag{3.7-3}$$

Lage des objektseitigen Brennpunktes $\overline{F}$

$$\overline{H_1\overline{F}} = -\left(1 - \frac{e}{f_2'}\right)f' \tag{3.7-4}$$

Lage des Hauptpunktes H'

$$\overline{H_2'H'} = -\frac{e}{f_1'}f' \tag{3.7-5}$$

Lage des Hauptpunktes H

$$\overline{H_1H} = \frac{e}{f_2'}f' \tag{3.7-6}$$

Hauptebenenabstand $\overline{HH'}$

$$\overline{HH'} = \frac{e^2}{e-f_1'-f_2'} \tag{3.7-7}$$

Objektbildabstand b

$$b = \frac{f_1'f_2'\,(2 - \beta' - 1/\beta') - e^2}{f_1' + f_2' - e} \tag{3.7-8}$$

Es gelten die Abbildungsgleichungen (3.6–21) und (3.6–22).

3.8 Feldlinsen, Kondensoren

Bei mehrstufigen optischen Systemen bilden die Feldlinsen (Bild 3.8–1) die Austrittspupille der vorhergehenden Stufe in die Eintrittspupille der nächsten Stufe ab. Die Feldlinsen liegen bei den Luken der benachbarten Einzelsysteme. Durch die Feldlinsen werden Lichtverluste und Abschattungen vermieden, ohne daß die eigentliche Abbildung beeinflußt wird.

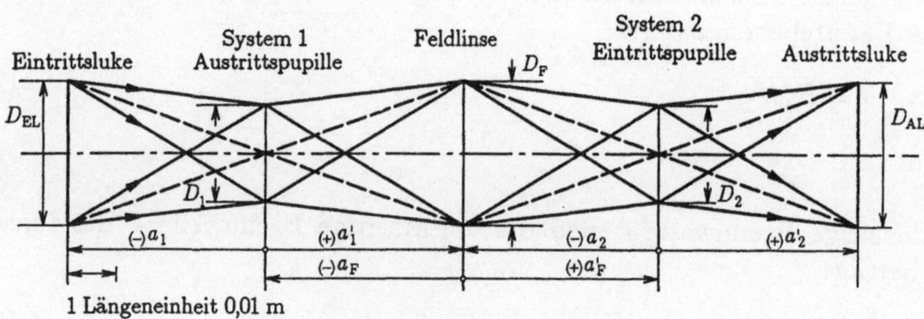

Bild 3.8–1 Feldlinse

■ Beispiel 3.8–1 Feldlinse (Bild 3.8–1)

Folgende Daten sind gegeben

<u>System 1</u> $f_1' = 0{,}02\,\text{m}$ $a_1 = 0{,}04\,\text{m}$ $\beta_1' = -1$ $D_{EL1} = 0{,}03\,\text{m}$

$\qquad D_{L1} = D_{EP1} = D_{AP1} = 0{,}02\,\text{m}$

Wegen einer fehlenden Blende ist die Eintrittspupille D_{EP1} mit der Austrittspupille D_{AP1} identisch und gleich der Linsenfassung D_{L1}. Die Eintrittsluke D_{EL1} entspricht dem Objekt des Gesamtsystems. Die Eintrittsluke D_{EL1} wird in die Hauptebene H_F der Feldlinse abgebildet, die hier identisch mit der Hauptebene H_F' sein soll.

<u>Feldlinse</u> $\beta_F' = -1$

Durch die Feldlinse wird die Austrittspupille des ersten Systems D_{AP1} in die Eintrittspupille des zweiten Systems D_{EP2} abgebildet.

<u>System 2</u> $\beta_2' = -1$ $D_{L1} = D_{EP2} = D_{AP2} = 0{,}02\,\text{m}$

Das System 2 übernimmt das Bild in der Hauptebene der Feldlinse und überträgt es in die Austrittsluke des Gesamtsystems.

Rechnungsgang

1. Objektweite der Feldlinse	$a_F = -\lvert a_1\rvert$	$a_F = -0{,}04\,\text{m}$
2. Bildweite der Feldlinse	$a_F' = \beta_F' a_F$	$a_F' = 0{,}04\,\text{m}$
3. Durchmesser der Feldlinse	$D_{LF} = \beta_1' D_{EL1}$	$D_{EL1} = 0{,}03\,\text{m}$
4. Brennweite der Feldlinse	$f_F' = a_F/(1/\beta_F' - 1)$	$f_F' = 0{,}02\,\text{m}$
5. Objektweite des Systems 2	$a_2 = -\lvert a_F\rvert$	$a_2 = -0{,}04\,\text{m}$
6. Brennweite des Systems 2	$f_2' = a_2/(1/\beta_2' - 1)$	$f_2' = 0{,}02\,\text{m}$
7. Austrittsluke des Gesamtsystems	$D_{AL2} = \lvert\beta_2'\rvert D_{LF}$	$D_{AL2} = 0{,}03\,\text{m}$

Die Austrittsluke des Systems 2 D_{AL2} ist gleichzeitig die Austrittsluke des Gesamtsystems.

Kondensoren dienen zur Beleuchtung von optisch zu erfassenden Objekten. Dabei soll das Licht von einer Quelle unter Vermeidung von Verlusten möglichst gleichmäßig verteilt auf das Objekt gelenkt werden, von wo es in das abbildende System gelangt.

3.9 Blenden, Pupillen, Luken

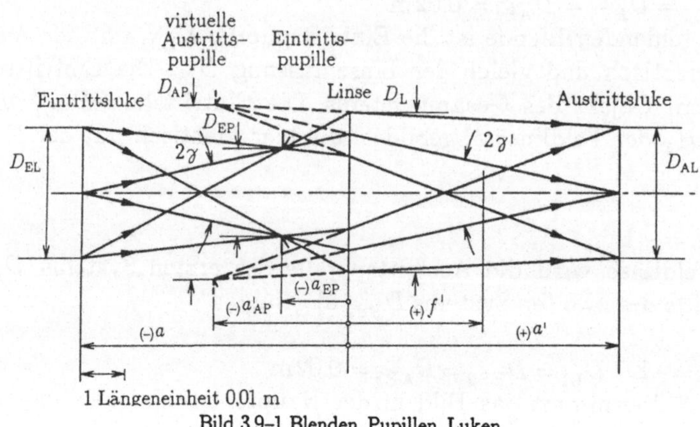

1 Längeneinheit 0,01 m

Bild 3.9–1 Blenden, Pupillen, Luken

Die Begrenzung von Strahlenbündeln kann auf mehrere Arten erfolgen

1. Die Apertur- oder Öffnungsblende (Bild 3.9–1) dient zur Begrenzung von Strahlenbündeln in optischen Systemen. Liegt die Aperturblende im Objektraum, ist sie gleichzeitig die Eintrittspupille, liegt sie im Bildraum, ist sie gleichzeitig die Austrittspupille des optischen Systems. Eintritts- und Austrittspupille sind bezüglich ihrer Größe und Lage durch die Abbildungsgleichungen verknüpft.

2. Die Luke (Bild 3.9–1) liegt als Eintrittsluke am Ort des Objekts und als Austrittsluke am Ort des Bildes. Einer dieser Rahmen ist bestimmend für den Strahlengang und wird dann auch als Feldblende bezeichnet. Eintritts- und Austrittsluke bilden sich ineinander ab.

3. Die Streufeldblende (z.B. Sonnenblende am Fotoapparat) dient zur Abschirmung der den Abbildungsvorgang störenden Streustrahlen. Sie beeinflußt nicht unmittelbar den Abbildungsvorgang.

4 Lichtübertragung

4.1 Ungerichtete Lichtübertragung

Bei der ungerichteten Lichtübertragung liegt der Empfänger im Falle einer einstufigen Übertragung unmittelbar im Strahlenkegel des Senders. Der Sender liefert die Strahlungsleistung oder den Lichtstrom Φ nach Gleichung (2.3–29)

$$\Phi = \pi L\, A_\mathrm{S} \sin^2 \gamma \qquad (2.3\text{–}29)$$

oder nach Gleichung (2.3–20)

$$\Phi = L A_\mathrm{S}\, \omega_\mathrm{S} \cos \varepsilon_\mathrm{S} \quad . \qquad (2.3\text{–}20)$$

Die Bestrahlungs- oder Beleuchtungsstärke E auf der Empfängerfläche läßt sich mit dem fotometrischen Entfernungsgesetz (Gl. (2.3–25))ermitteln.

$$E = \frac{L A_\mathrm{S} \cos \varepsilon_\mathrm{S} \cos \varepsilon_\mathrm{E}}{r^2} \, \Omega_0 \qquad (2.3\text{–}25)$$

Gegenüber der einstufigen Lichtübertragung wird bei der zweistufigen Übertragung zwischen Sender und Empfänger ein zusätzlicher Reflektor, z. B. ein Spiegel oder eine diffus reflektierende Fläche verwendet, ohne daß zwischen Sender und Empfänger Sichtkontakt besteht. Wird als Reflektor eine diffus reflektierende Fläche benutzt, die zur Vereinfachung der Rechnung als Lambertscher Strahler angesehen wird, so wird dadurch der Strahlengang unterbrochen. Die auf den Reflektor mit der Fläche A_R auftreffende Strahlungsleistung oder Lichtstrom Φ wird dem Reflexionsgrad ϱ gemäß zurückgeworfen und im Sinne einer konstanten Strahl- oder Leuchtdichte L_diff in den Halbraum verteilt. Diese diffuse Strahl- oder Leuchtdichte erzeugt im Halbraum die Strahlungsleistung oder den Lichtstrom $\Phi_\mathrm{diff\,Halbraum}$. In den Kegel mit dem halben Kegelwinkel γ ergießt sich, ausgehend von dem Reflektor, die Strahlungsleistung oder der Lichtstrom Φ_diff. Nach dem Lambertschen Gesetz beträgt dieser Lichtstrom

$$\Phi_\mathrm{diff} = \pi L_\mathrm{diff} A_\mathrm{R} \sin^2 \gamma \, \Omega_0 \quad . \qquad (4.1\text{–}1)$$

Für den Halbraum gilt $\gamma = 90°$. Somit beträgt die Strahlungsleistung oder der Lichtstrom in den Halbraum

$$\Phi_\mathrm{diff\,Halbraum} = \pi L_\mathrm{diff} A_\mathrm{R} \Omega_0 \quad . \qquad (4.1\text{–}2)$$

Die in den Halbraum reflektierte Strahlungsleistung oder der Lichtstrom $\Phi_\mathrm{diff\,Halbraum}$wird durch die auffallende Strahlungsleistung oder den Lichtstrom Φ aufgrund des Reflexionsgrades ϱ hervorgerufen.

$$\Phi_{\text{diff Halbraum}} = \varrho\,\Phi \tag{4.1-3}$$

Die reflektierende Fläche erhält die Bestrahlungs- oder Beleuchtungsstärke

$$E = \frac{\Phi}{A_{\text{R}}} \;. \tag{4.1-4}$$

Somit beträgt die diffuse Strahl- oder Leuchtdichte der reflektierenden Fläche

$$L_{\text{diff}} = \frac{\varrho\,E}{\pi\,\Omega_0} \;. \tag{4.1-5}$$

Die reflektierende Fläche kann nun ihrerseits wieder als Sender dienen und eine weitere Empfängerfläche beleuchten. Wenn die Entfernungen zwischen den Flächen groß sind gegenüber den Abmessungen der Flächen, kann wiederum das Lambertsche Gesetz verwendet werden.

4.2 Gerichtete Lichtübertragung

In optischen Signalübertragungsanlagen läßt sich die Lichtübertragung durch Verwendung von Linsensystemen gegenüber der ungerichteten Lichtübertragung wesentlich verbessern. Dabei wird die Licht emittierende Fläche des Senders (Eintrittsluke A_{EL}) an die lichtempfindliche Fläche des Empfängers (Austrittsluke A_{AL}) optisch angepaßt. Der von der Eingangspupille des optischen Systems aufgenommene Lichtstrom oder die entsprechende Strahlungsleistung Φ wird durch das optische System auf die lichtempfindliche Fläche gelenkt, wobei sich der Lichtstrom oder die Strahlungsleistung Φ' hinter dem optischen System durch dessen Absorption etwas abschwächt. Die Senderfläche wird bei der einstufigen Abbildung optisch unmittelbar auf die Empfängerfläche abgebildet.

Der von einer Lichtquelle mit der lichtemittierenden Fläche A_{EL} ausgehende und von der Eingangspupille A_{EP} eines Linsensystems aufgenommene Lichtstrom oder die entsprechende Strahlungsleistung Φ beträgt (Gl. (2.3-29))

$$\Phi = \pi L A_{\text{EL}} \sin^2\gamma\;\Omega_0 \;. \tag{2.3-29}$$

Der Winkel γ wird durch die Eingangspupille A_{EP} und der Objektweite a des Linsensystems bestimmt. Hinter dem optischen System ist der Lichtstrom oder die Strahlungsleistung

$$\Phi' = \tau\,\Phi = \tau\,\pi L A_{\text{EL}} \sin^2\gamma\;\Omega_0 \tag{4.2-1}$$

wirksam. Der Absorptionsgrad α, der Reflexionsgrad ϱ und der Transmissionsgrad τ hängen in folgender Weise zusammen.

$$\alpha + \varrho + \tau = 1 \tag{1.8-37}$$

Die Beleuchtungs- oder Bestrahlungsstärke in der Austrittsluke beträgt

$$E' = \frac{\Phi'}{A_{AL}} = \frac{\tau \pi L A_{EL} \sin^2 \gamma \, \Omega_0}{A_{AL}} \quad . \tag{4.2-2}$$

Der Abbildungsmaßstab β' ist das Verhältnis zwischen Bildhöhe y' und Objekthöhe y sowie Bildweite a' und Objektweite. a.

$$\beta' = \frac{a'}{a} = \frac{y'}{y} \tag{3.6-22}$$

Daraus folgt für das Verhältnis zwischen Austrittsluke A_{AL} und Eintrittsluke A_{EL} folgender Ausdruck.

$$\beta'^2 = \frac{A_{AL}}{A_{EL}} \tag{4.2-3}$$

Für die Beleuchtungs- oder Bestrahlungsstärke in der Austrittsluke erhält man

$$E' = \tau \pi L \frac{\sin^2 \gamma \, \Omega_0}{\beta'^2} \quad . \tag{4.2-4}$$

Bei mehrstufiger gerichteter Lichtübertragung wird der Strahlengang über Luftbilder, Streuscheiben Spiegel oder Feldlinsen in das nächste optische System weitergeleitet. Eine Weiterleitung ist auch über eine reflektierende Fläche möglich, wobei allerdings der direkte Strahlungsfluß durch die diffuse Reflektion der reflektierenden Fläche (Lambertstrahler) unterbrochen wird.

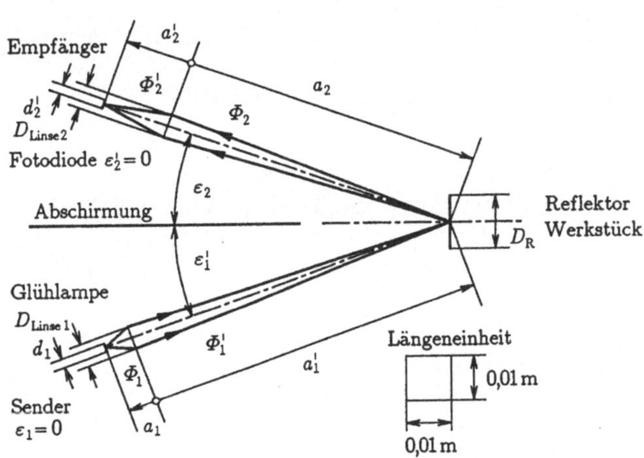

Bild 4.2-1 Optische Anpassung einer Fotodiode an einen Strahler

■ Beispiel 4.2-1 Optische Anpassung einer Fotodiode an einen Strahler

Folgende Daten sind gegeben. (Bild 4.2-1)
Lichtquelle Glühlampe mit Breitwendel $U = 6\,\mathrm{V}$ $I = 5\,\mathrm{A}$ $P = 30\,\mathrm{W}$
Heizwendeldurchmesser $d_1 = 0{,}001\,\mathrm{m}$
Heizwendellänge $l_1 = 0{,}004\,\mathrm{m}$

	Eintrittsluke im System 1		$A_{\mathrm{EL1}} = A_1$
	nutzbare leuchtende Fläche	$A_1 = \pi d_1^2/4$	$d_1 = 0{,}001\,\mathrm{m}$
Reflektor	Durchmesser des Reflektors		$D_{\mathrm{R}} = 0{,}01277\,\mathrm{m}$
	Abstand zwischen Lichtquelle und Reflektor		$b_1 = 0{,}6\,\mathrm{m}$
	Lichteinfallswinkel auf dem Reflektor		$\varepsilon_1' = 20°$
	Lichtausfallswinkel auf dem Reflektor		$\varepsilon_2 = 20°$
	Reflexionsgrad		$\varrho = 0{,}8$
	Abstand zwischen Reflektor und Fotodiode		$b_2 = 0{,}6\,\mathrm{m}$
	Beleuchtungsstärke auf dem Reflektor		$E_1' = E_2 = 10000\,\mathrm{lx}$

Nutzbare Reflektorfläche

$$A_{\mathrm{AL1}} = A_1 \quad \text{Austrittsluke im System 1}$$

$$A_1' = \pi d_1'^2/4 \qquad\qquad d_1' = D_{\mathrm{R}}\cos\varepsilon_1' \qquad d_1' = 0{,}012\,\mathrm{m}$$

$$\text{Eintrittsluke im System 2} \qquad A_{\mathrm{EL2}} = A_2$$

$$A_2 = \pi d_2^2/4 \qquad\qquad d_2 = D_{\mathrm{R}}\cos\varepsilon_2 \qquad d_2 = 0{,}012\,\mathrm{m}$$

	Beleuchtungsstärke des Empfängers		$E_2' = 200\,\mathrm{lx}$
Fotodiode	Austittsluke im System 2	$A_{\mathrm{AL2}} = A_2'$	
	lichtempfindliche Fläche	$A_2' = \pi d_2'^2/4$	$d_2' = 0{,}0027\,\mathrm{m}$

Rechnungsgang

1. Nutzbarer Reflektordurchmesser d_1'

$$d_1' = D_{\mathrm{R}}\cos\varepsilon_1' \qquad\qquad\qquad d_1' = 0{,}012\,\mathrm{mm}$$

2. Nutzbarer Reflektordurchmesser d_2

$$d_2 = D_{\mathrm{R}}\cos\varepsilon_2 \qquad\qquad\qquad d_2 = 0{,}012\,\mathrm{mm}$$

3. Abbildungsmaßstab der Senderoptik β_1' (Gl.(3.6–15))

$$\beta_1' = -\,d_1'/d_1 \qquad\qquad\qquad \beta_1 = -\,12$$

4. Brennweite der Senderoptik f_1' (Gl.(3.6–17) und (3.6–23))

$$f_1' = \frac{a_1' - a_1}{2 - \beta_1' - 1/\beta_1'} \qquad b_1 = a_1' - a_1 \qquad f_1' = 0{,}0426\,\mathrm{m}$$

5. Abbildungsmaßstab der Senderoptik (Nachrechnung bei Abweichung vom berechneten Wert der Brennweite f' aus Gründen der Normung) (Gl.(3.6–23))

$$\beta_1'^2 - \beta_1'\left(2 - \frac{a_1' - a_1}{f_1'}\right) + 1 = 0$$

$$\beta_1' = 1 - \frac{a_1' - a_1}{2 f_1'} \pm \sqrt{\left(1 - \frac{a_1' - a_1}{2 f_1'}\right)^2 - 1} \qquad \beta_1' = -12$$

6. Bildweite der Senderoptik a_1' (Gl.(3.6–21) und (3.6–22))

$$a_1' = f_1'(1 - \beta_1') \qquad\qquad\qquad a_1' = 0{,}5538\,\mathrm{m}$$

7. Objektweite der Senderoptik a_1 (Gl.(3.6–21) und (3.6–22))

$$a_1 = -f_1'(1 - 1/\beta_1') \qquad\qquad\qquad a_1 = -\,0{,}04615\,\mathrm{m}$$

8. Objektbildabstand der Senderoptik b_1 (Nachrechnung bei Abweichung vom berechneten Wert der Brennweite f_1' aus Gründen der Normung) (Gl.(3.6–17))

$$b_1 = a_1' - a_1 \qquad\qquad\qquad\qquad b_1 = 0{,}6\,\mathrm{m}$$

9. Durchmesser der Austrittsluke der Senderoptik $D_{\mathrm{AL}1}$ auf dem Reflektor

$$D_{\mathrm{AL}1} = |\beta_1'| D_{\mathrm{EL}1} \quad D_{\mathrm{EL}1} = d_1 \quad D_{\mathrm{AL}1} = d_1' \qquad d_1' = 0{,}012\,\mathrm{m}$$

10. Lichtstrom der Lampe Φ_{L} (Tabelle 2.3–1)

$$\Phi_{\mathrm{L}} = \eta P \qquad\quad \eta = 9\ \mathrm{lm/W} \qquad\qquad \Phi_{\mathrm{L}} = 270\,\mathrm{lm}$$

11. Lichtstärke der Lampe I_{L} (Gl.(2.3–9) und (2.3–12))

$$I_{\mathrm{L}} = \Phi_{\mathrm{L}}/4\pi\Omega_0 \qquad\qquad\qquad I_{\mathrm{L}} = 21{,}4859\,\mathrm{cd}$$

12. Projizierte Heizwendelfläche A_{L}

$$A_{\mathrm{L}} = d_1 l_1 \qquad\qquad\qquad\qquad A_1 = 4\cdot 10^{-6}\,\mathrm{m}^2$$

13. Leuchtdichte der Glühwendel L_1 (Gl (2.3–39))

$$L_1 = I_{\mathrm{L}}/A_{\mathrm{L}} \qquad\qquad\qquad\qquad L_1 = 5{,}3715\cdot 10^6\,\mathrm{cd/m}^2$$

14. Lichtstrom Φ_1' (Gl.(2.3–14))

$$\Phi_1' = \frac{E_1' A_1'}{\cos\varepsilon_1'} \qquad\qquad\qquad\qquad \Phi_1' = 1{,}2036\,\mathrm{lm}$$

15. Lichtstrom Φ_1 (Gl.(1.8–36))

$$\Phi_1 = \Phi_1'/\tau \qquad\qquad\qquad\qquad \Phi_1 = 1{,}3373\,\mathrm{lm}$$

16. Raumwinkel ω_1 des Lichtstroms Φ_1 des Senders (Gl.(2.3–15) und (2.3–20))

$$\Phi_1 = L_1 A_1 \omega_1 \cos\varepsilon_1 \quad \varepsilon_1 = 0 \qquad \omega_1 = \frac{A_{\mathrm{Linse}\,1}}{a_1^2} = \frac{\pi D_{\mathrm{Linse}\,1}^2}{4 a_1^2}$$

17. Durchmesser der Eintrittspupille der Senderoptik $D_{\mathrm{EP}1} = D_{\mathrm{Linse}\,1}$

$$D_{\mathrm{Linse}\,1} = 2|a_1'|\sqrt{\frac{\Phi_1}{\pi L_1 A_1 \cos\varepsilon_1 \Omega_0}} \qquad\qquad D_{\mathrm{Linse}\,1} = 0{,}02932\,\mathrm{m}$$

18. Öffnungswinkel γ_1 des Lichtstromes Φ_1 (Gl.(2.3–29))

$$\Phi_1 = \pi L_1 A_1 \sin^2\gamma_1 \Omega_0$$

$$\gamma_1 = \arcsin\sqrt{\frac{\Phi_1}{\pi L_{\mathrm{L}} A_1 \Omega_0}} \qquad\qquad \gamma_1 = 18{,}5207\,°$$

19. Durchmesser der Eintrittspupille der Senderoptik $D_{\mathrm{EP}1} = D_{\mathrm{Linse}\,1}$

$$D_{\mathrm{Linse}\,1} = 2|a_1'|\tan\gamma_1 \qquad\qquad D_{\mathrm{Linse}\,1} = 0{,}03092\,\mathrm{m}$$

20. Abbildungsmaßstab β_2' der Empfängeroptik (Gl.(3.6–15))

$$\beta_2' = d_2'/d_2 \qquad\qquad\qquad\qquad \beta_2' = -\,0{,}0225$$

21. Brennweite f_2' der Empfängeroptik (G.(3.6–17) und (3.6–23))

$$f_2' = \frac{b_2}{2 - \beta_2' - 1/\beta_2'} \qquad\qquad f_2' = 0,08996\,\mathrm{m}$$

22. Bildweite a_2' der Empfängeroptik (Gl.(3.6–21) und (3.6–22))

$$a_2' = f_2'(1 - \beta_2') \qquad\qquad a_2' = -\,0,1102\,\mathrm{m}$$

23. Objektweite a_2 der Empfängeroptik (Gl.(3.6–21) und (3.6–22))

$$a_2 = -f_2'(1 - 1/\beta_2') \qquad\qquad a_2 = -\,0,4897\,\mathrm{m}$$

24. Diffuse Leuchtdichte des Reflektors $L_{2\,\mathrm{diff}}$ (Gl.(4.1–5))

$$L_{2\,\mathrm{diff}} = \frac{\varrho E_2}{\pi \Omega_0} \qquad\qquad L_{2\,\mathrm{diff}} = 2546,4791\,\mathrm{cd/m^2}$$

25. Lichtstrom Φ_2' (Gl.(2.3–14))

$$\Phi_2' = E_2' A_2' \qquad\qquad \Phi_2' = 0,001145\,\mathrm{lm}$$

26. Lichtstrom Φ_2 des Reflektors (Gl.(1.8–36))

$$\Phi_2 = \Phi_2'/\tau \qquad\qquad \Phi_2 = 0,001272\,\mathrm{lm}$$

27. Raumwinkel ω_2 des Lichtstromes Φ_2 des Empfängers (Gl.(2.3–15) u. (2.3–20))

$$\Phi_2 = L_{2\,\mathrm{diff}} A_2 \omega_2 \cos\varepsilon_2 \qquad \omega_2 = \frac{A_{\mathrm{Linse\,2}}}{a_2^2} = \frac{\pi D_{\mathrm{Linse\,2}}^2}{4 a_2^2} \qquad \varepsilon_2' = 0$$

28. Durchmesser der Eintrittspupille der Empfängeroptik $D_{\mathrm{EP2}} = D_{\mathrm{Linse\,2}}$

$$D_{\mathrm{Linse\,2}} = 2|a_2|\sqrt{\frac{\Phi_2}{\pi L_{2\,\mathrm{diff}} A_2 \cos\varepsilon_2 \Omega_0}} \qquad\qquad D_{\mathrm{Linse\,2}} = 0,03789\,\mathrm{m}$$

29. Öffnungswinkel γ_2 des Lichstromes Φ_2 (Gl.(2.3–29))

$$\Phi_2 = \pi L_2 A_2 \cos\varepsilon_2 \sin^2\gamma_2 \Omega_0$$

$$\gamma_2 = \arcsin\sqrt{\frac{\Phi_2}{\pi L_{2\,\mathrm{diff}} A_2 \cos\varepsilon_2 \Omega_0}} \qquad\qquad \gamma_2 = 2,2170°$$

30. Durchmesser der Eintrittspupille der Empfängeroptik $D_{\mathrm{EP2}} = D_{\mathrm{Linse\,2}}$

$$D_{\mathrm{Linse\,2}} = 2|a_2|\tan\gamma_2 \qquad\qquad D_{\mathrm{Linse\,2}} = 0,03792\,\mathrm{m}$$

5 Anhang

5.1 Vektorrechnung

5.1.1 Vektorarten

Feste **Ortsvektoren** gehen vom Koordiantenursprung aus und weisen zum Punkt

$$P(x_{\mathrm{P}}, y_{\mathrm{P}}, z_{\mathrm{P}}) \ . \tag{5.1-1}$$

In dieser Abhandlung wird den Ortsvektoren immer das Symbol $\vec{\varrho}$ zugeordnet. Für den Punkt P lautet dann die vollständige Vektorbezeichnung mit den **Einheitsvektoren** oder Basisvektoren $\vec{x}^{\,\circ}$, $\vec{y}^{\,\circ}$ und $\vec{z}^{\,\circ}$

$$\vec{\varrho}_{\mathrm{P}} = \vec{x}^{\,\circ} x_{\mathrm{P}} + \vec{y}^{\,\circ} y_{\mathrm{P}} + \vec{z}^{\,\circ} z_{\mathrm{P}} \ . \tag{5.1-2}$$

Eine hochgestellte Null bezeichnet den Vektor als Einheitsvektor mit der Länge 1. Variable werden durch kursive Schriftzeichen gekennzeichnet, Konstante und Indizes durch steile Schriftzeichen.

Für freie **Vektoren**, die nicht an den Koordinatenursprung angebunden sind, werden die Bezeichnungen $\vec{\sigma}$, $\vec{\tau}$ .. usw. gewählt. Das gilt z.B. für die Vektoren in den (variablen) Hilfssystemen mit den h- und v-Achsen.

$$\vec{\sigma} = \vec{h}^{\,\circ} h + \vec{v}^{\,\circ} v \tag{5.1-3}$$

Auch der Strahlenvektor $\vec{s}$ und die Richtungsvektoren $\vec{t}$, $\vec{u}$, .. sind nicht an den Koordinatenursprung gebunden.

Variable **Vektoren**, die einen ein- oder zweidimensionalen Vektorraum darstellen, also eine Gerade oder Ebene repräsentieren und dabei von Parametern abhängen, werden mit dem Index „Gerade" (Gl.(5.1-20)) oder „Ebene" (Gl.(5.1-23)) gekennzeichnet.

$$\vec{\varrho}_{\mathrm{Gerade}} = \vec{\varrho}_{\mathrm{G}} + a\,\vec{s} \tag{5.1-4}$$

$$\vec{\varrho}_{\mathrm{Ebene}} = \vec{\varrho}_{\mathrm{E}} + a\,\vec{t} + b\,\vec{u} \tag{5.1-5}$$

Die **Strahleneinheitsvektoren** in Richung der zu untersuchenden Lichtstrahlen werden mit $\vec{s}^{\,\circ}$ bzw. $\vec{s}^{\,\circ\prime}$ bezeichnet. Die hochgestellte Null deutet an, daß der Betrag des Vektors gleich 1 ist. Der hochgestellte Strich gibt an, daß die Lichtrichtung unmittelbar hinter der brechenden Fläche gemeint ist. Ohne hochgestellten

Strich ist die Lichtrichtung unmittelbar vor der brechenden Fläche gemeint. Bei mehreren brechenden Flächen werden Indizes (z.B. $\varkappa$) entsprechend der laufenden Nummerierung der brechenden Flächen hinzugefügt.

Normaleneinheitsvektoren werden mit $\vec{n}^{\,\circ}$ bezeichnet. Sie stehen auf den zugehörigen Flächen senkrecht. Bei mehreren brechenden Flächen werden Indizes (z.B. $\varkappa$) entsprechend der laufenden Nummerierung der brechenden Flächen hinzugefügt.

5.1.2   Vektorprodukt

$$\vec{a} = \vec{x}^{\circ} a_x + \vec{y}^{\circ} a_y + \vec{z}^{\circ} a_z \tag{5.1-6}$$

$$\vec{b} = \vec{x}^{\circ} b_x + \vec{y}^{\circ} b_y + \vec{z}^{\circ} b_z \tag{5.1-7}$$

$$\vec{a} \times \vec{b} = \vec{x}^{\circ}(a_y b_z - a_z b_y) + \vec{y}^{\circ}(a_z b_x - a_x b_z) + \vec{z}^{\circ}(a_x b_y - a_y b_x) \tag{5.1-8}$$

$$\vec{a} \times \vec{b} = - \vec{b} \times \vec{a} \tag{5.1-9}$$

$$|\vec{a} \times \vec{b}| = |\vec{a}|\,|\vec{b}|\,\sin\,(\sphericalangle\,\vec{a}/\vec{b}) \tag{5.1-10}$$

$$\vec{x}^{\circ} \times \vec{y}^{\circ} = \vec{z}^{\circ} \qquad \vec{y}^{\circ} \times \vec{z}^{\circ} = \vec{x}^{\circ} \qquad \vec{z}^{\circ} \times \vec{x}^{\circ} = \vec{y}^{\circ} \tag{5.1-11}$$

$$\vec{x}^{\circ} \times \vec{x}^{\circ} = \vec{y}^{\circ} \times \vec{y}^{\circ} = \vec{z}^{\circ} \times \vec{z}^{\circ} = 0 \tag{5.1-12}$$

5.1.3   Skalares Produkt

$$\vec{a} = \vec{x}^{\circ} a_x + \vec{y}^{\circ} a_y + \vec{z}^{\circ} a_z \tag{5.1-13}$$

$$\vec{b} = \vec{x}^{\circ} b_x + \vec{y}^{\circ} b_y + \vec{z}^{\circ} b_z \tag{5.1-14}$$

$$\vec{a}\vec{b} = a_x b_x + a_y b_y + a_z b_z \tag{5.1-15}$$

$$\vec{a}\vec{b} = |\vec{a}|\,|\vec{b}|\cos\,(\sphericalangle\,\vec{a}/\vec{b}) \tag{5.1-16}$$

$$\vec{x}^{\circ}\,\vec{x}^{\circ} = \vec{y}^{\circ}\,\vec{y}^{\circ} = \vec{z}^{\circ}\,\vec{z}^{\circ} = 1 \tag{5.1-17}$$

$$\vec{x}^{\circ}\,\vec{y}^{\circ} = \vec{y}^{\circ}\,\vec{z}^{\circ} = \vec{z}^{\circ}\,\vec{x}^{\circ} = 0 \tag{5.1-18}$$

5.1.4   Entwicklungssatz

$$\vec{a} \times (\vec{b} \times \vec{c}) = (\vec{a}\,\vec{c})\vec{b} - (\vec{a}\,\vec{b})\vec{c} \tag{5.1-19}$$

5.1.5   Vektorielle Geradengleichung
5.1.5.1   Parameterform der Geradengleichung

$$\vec{\varrho}_{\text{Gerade}} = \vec{\varrho}_G + a\,\vec{s} \tag{5.1-20}$$

$\vec{\varrho}_G$ fester Ortsvektor des Punktes P_G auf der Geraden, a Parameter, $\vec{s}$ Richtungsvektor der Geraden

5.1.5.2 Parameterfreie Geradengleichung

Die parameterfreie Geradengleichung ergibt sich durch vektorielle Multiplikation der Parameterform (Gl.(5.1–20)) von links mit dem Richtungsvektor $\vec{s}$.

$$\vec{s} \times \vec{\varrho}_{\text{Gerade}} = \vec{s} \times \vec{\varrho}_G \tag{5.1–21}$$

$$\vec{s} \times (\vec{\varrho}_{\text{Gerade}} - \vec{\varrho}_G) = 0 \tag{5.1–22}$$

5.1.5.3 Normalenform der Geradengleichung

In einem dreidimensionalen Koordinatensystem ist die Aufstellung einer Geradengleichung in Normalenform nicht möglich, da die Normale einer Gerade vieldeutig ist.

5.1.6 Vektorielle Ebenengleichung
5.1.6.1 Parameterform der Ebenengleichung

$$\vec{\varrho}_{\text{Ebene}} = \vec{\varrho}_E + a\,\vec{t} + b\,\vec{u} \tag{5.1–23}$$

$\vec{\varrho}_E$ fester Ortsvektor des Punktes P_E in der Ebene, a und b Parameter, $\vec{t}$ und $\vec{u}$ Richtungsvektoren in der Ebene

5.1.6.2 Parameterfreie Ebenengleichung

Die parameterfreie Ebenengleichung ergibt sich durch skalare Multiplikation der Parameterform mit dem Vektorprodukt $(\vec{t} \times \vec{u})$.

$$(\vec{t} \times \vec{u})\vec{\varrho}_{\text{Ebene}} = (\vec{t} \times \vec{u})\vec{\varrho}_E \tag{5.1–24}$$

$$(\vec{t} \times \vec{u})(\vec{\varrho}_{\text{Ebene}} - \vec{\varrho}_E) = 0 \tag{5.1–25}$$

5.1.6.3 Normalenform der Ebenengleichung

Da die Richtungsvektoren $\vec{t}$ und $\vec{u}$ in der Ebene liegen, ist der Vektor $\vec{n} = \vec{t} \times \vec{u}$ Normalenvektor der Ebene.

$$\vec{n}(\vec{\varrho}_{\text{Ebene}} - \vec{\varrho}_E) = 0 \tag{5.1–26}$$

5.1.6.4 Ebenengleichung in kartesischen Koordinaten

$$\vec{n}\vec{\varrho}_{\text{Ebene}} = \vec{n}\vec{\varrho}_E = k \tag{5.1–27}$$

$$\vec{n} = \vec{x}^{\,o} n_x + \vec{y}^{\,o} n_y + \vec{z}^{\,o} n_z \qquad (5.1\text{-}28)$$

$$\vec{\varrho}_{\text{Ebene}} = \vec{x}^{\,o} x + \vec{y}^{\,o} y + \vec{z}^{\,o} z \qquad (5.1\text{-}29)$$

$$\vec{\varrho}_{\text{E}} = \vec{x}^{\,o} x_{\text{E}} + \vec{y}^{\,o} y_{\text{E}} + \vec{z}^{\,o} z_{\text{E}} \qquad (5.1\text{-}30)$$

$$k = n_x x + n_y y + n_z z = n_x x_{\text{E}} + n_y y_{\text{E}} + n_z z_{\text{E}} \qquad (5.1\text{-}31)$$

5.1.7 Schnittpunkt zwischen Gerade und Ebene

5.1.7.1 Abstand zwischen dem Punkt P_{G} und dem Schnittpunkt P_{S}

Die Bedingungen für den Schnittpunkt der Geraden

$$\vec{\varrho}_{\text{Gerade}} = \vec{\varrho}_{\text{G}} + a\,\vec{s}^{\,o} \qquad (5.1\text{-}20)$$

mit der Ebene

$$\vec{n}^{\,o}(\vec{\varrho}_{\text{Ebene}} - \vec{\varrho}_{\text{E}}) = 0 \qquad (5.1\text{-}26)$$

lautet

$$\vec{\varrho}_{\text{Ebene}} = \vec{\varrho}_{\text{Gerade}} \quad \cdot \qquad (5.1\text{-}32)$$

Im Schnittpunkt entspricht dann der Parameter a dem Abstand e_{S} des Punktes P_{G} vom Schnittpunkt P_{S}.

$$a = e_{\text{S}} \quad . \qquad (5.1\text{-}33)$$

Die beiden Bedingungen (5.1-32) und (5.1-33) führen zu der Gleichung

$$e_{\text{S}} = \frac{\vec{n}^{\,o}\,(\vec{\varrho}_{\text{E}} - \vec{\varrho}_{\text{G}})}{(\vec{n}^{\,o}\,\vec{s}^{\,o})} \quad . \qquad (5.1\text{-}34)$$

5.1.7.2 Ortsvektor des Schnittpunktes P_{S}

$$\vec{\varrho}_{\text{S}} = \vec{\varrho}_{\text{G}} + e_{\text{S}}\,\vec{s}^{\,o} \qquad (5.1\text{-}35)$$

$$\vec{\varrho}_{\text{S}} = \vec{x}^{\,o} x_{\text{S}} + \vec{y}^{\,o} y_{\text{S}} + \vec{z}^{\,o} z_{\text{S}} \qquad (5.1\text{-}36)$$

$$x_{\text{S}} = x_{\text{G}} + e_{\text{S}} s_x \qquad\qquad y_{\text{S}} = y_{\text{G}} + e_{\text{S}} s_y \qquad z_{\text{S}} = z_{\text{G}} + e_{\text{S}} s_z \qquad (5.1\text{-}37)$$

■ Beispiel 5.1-1 Schnittpunkt zwischen Gerade und Ebene (Bild 5.1-1)

Folgende Daten sind gegeben.

Punkt P_{E} in einer Ebene mit dem Normaleneinheitsvektor $\vec{n}^{\,o}$, Punkt P_{G} außerhalb der Geraden und Richtungsvektor $\vec{s}^{\,o}$ der Geraden

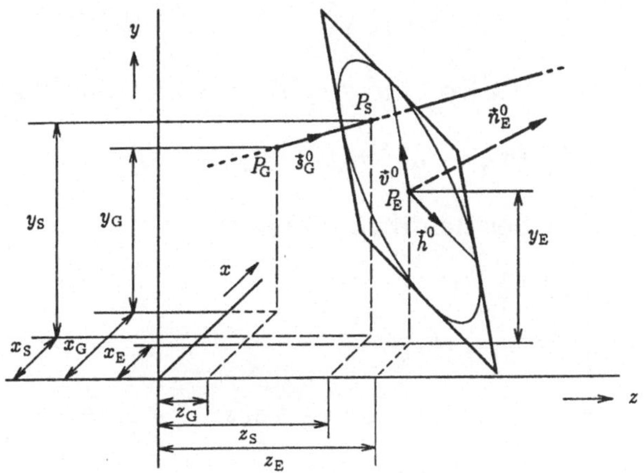

Bild 5.1–1 Schnittpunkt zwischen Gerade und Ebene

Folgende Daten sind gesucht.
Ortsvektor des Schnittpunktes P_S
Die Berechnung erfolgt mit den Gleichungen (5.1–34) und (5.1–37).

5.1.8 Schnittpunkt einer Geraden mit einer Kugel

5.1.8.1 Abstand zwischen dem Punkt P_G und dem Schnittpunkt P_S

Die Bedingungen für den Schnittpunkt der Geraden

$$\vec{\varrho}_{\text{Gerade}} = \vec{\varrho}_G + a\,\vec{s}^{\,\circ} \tag{5.1–20}$$

mit der Kugel

$$\left(\vec{\varrho}_{\text{Kugel}} - \vec{\varrho}_M\right)^2 = r^2 \tag{5.1–38}$$

lauten

$$\vec{\varrho}_{\text{Gerade}} = \vec{\varrho}_{\text{Kugel}} \cdot \tag{5.1–39}$$

Im Schnittpunkt ist der Parameter a gleich dem Abstand e_S zwischen den Punkten P_G und P_S.

$$a = e_S \tag{5.1–40}$$

Die beiden Bedingungen (5.1–39) und (5.1–40) führen zu einer Gleichung, aus der der Abstand e_S zwischen dem Punkt P_G und dem Schnittpunkt P_S berechnet werden kann.

$$\left[\left(\vec{\varrho}_G - \vec{\varrho}_M\right) + e_S\,\vec{s}^{\,\circ}\right]^2 = r^2 \tag{5.1–41}$$

$$e_S = -\,\vec{s}^{\,0}(\vec{\varrho}_G - \vec{\varrho}_M) \pm \sqrt{\left[\vec{s}^{\,0}(\vec{\varrho}_G - \vec{\varrho}_M)\right]^2 - (\vec{\varrho}_G - \vec{\varrho}_M)^2 + r^2} \qquad (5.1\text{--}42)$$

$$\vec{s}^{\,0}(\vec{\varrho}_G - \vec{\varrho}_M) = s_x(x_G - x_M) + s_y(y_G + z_M) + s_z(z_G - z_M) \qquad (5.1\text{--}43)$$

$$(\vec{\varrho}_G - \vec{\varrho}_M)^2 = (x_G - x_M)^2 + (y_G - y_M)^2 - (z_G - z_M)^2 \qquad (5.1\text{--}44)$$

5.1.8.2 Ortsvektor des Schnittpunktes P_S

$$\vec{\varrho}_S = \vec{\varrho}_G + e_S\,\vec{s}^{\,0} \qquad (5.1\text{--}45)$$

$$\vec{\varrho}_S = \vec{x}^{\,0} x_S + \vec{y}^{\,0} y_S + \vec{z}^{\,0} z_S \qquad (5.1\text{--}46)$$

$$x_S = x_G + e_S s_x \qquad\qquad y_S = y_G + e_S s_y \qquad z_S = z_G + e_S s_z \qquad (5.1\text{--}47)$$

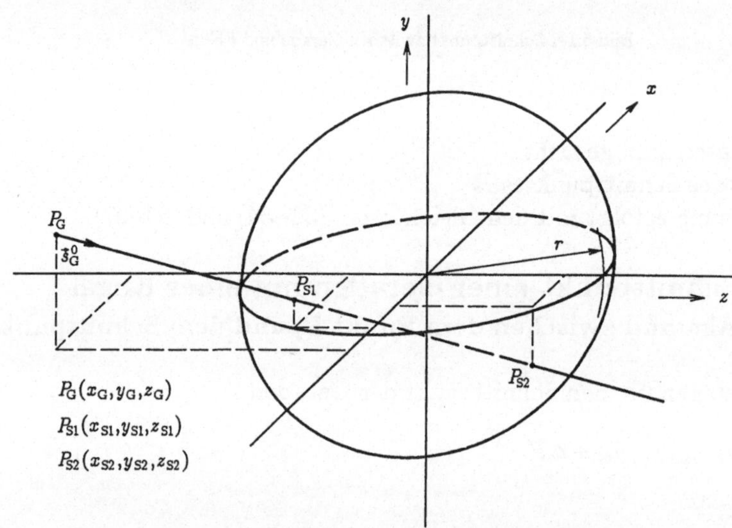

Bild 5.1–2 Schnittpunkte zwischen Gerade und Kugel

■ Beispiel   5.1–2   Schnittpunkt zwischen Gerade und Kugel (Bild 5.1–2)

Folgende Daten sind gegeben.
Punkt P_G auf der Geraden und außerhalb der Kugel, Richtungsvektor der Geraden $\vec{s}^{\,0}$, Ortsvektor des Kugelmittelpunkts $\vec{\varrho}_M$ und Radius der Kugel r
Folgende Daten sind gesucht:
Ortsvektor des Schnittpunktes P_S
Die Berechnung erfolgt mit den Gleichungen (5.1–42) und (5.1–47).

5.2 Kugel in schräger Parallelprojektion

5.2.1 Schräge Parallelprojektion

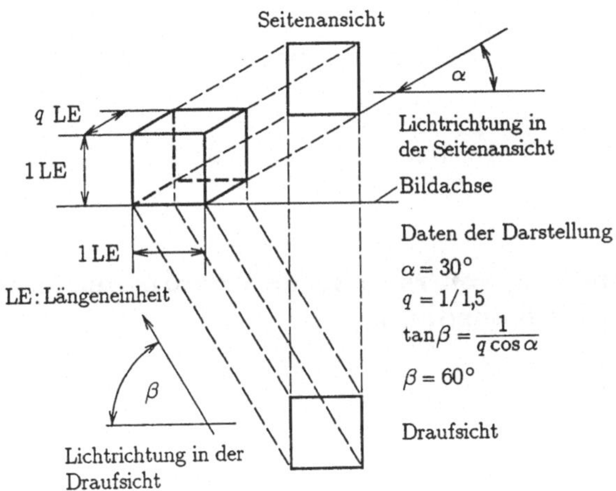

Bild 5.2–1 Schräge Parallelprojektion

Die Darstellungen technischer Anordnungen gewinnen an Anschaulichkeit, wenn
man anstatt der senkrechten die schräge Parallelprojektion oder sogar die Zen-
tralprojektion anwendet. Die Kavalierperspektive (*Kavalier* ist eine Erdaufschüt-
tung in einer früheren Festungsanlage, von der aus man einen besseren Überblick
über das vorgelagerte Gelände hatte.) ist eine schräge Parallelprojektion bei der
das Projektionslicht in der Aufrißebene unter einem Winkel von

$$\alpha = 45° \tag{5.2-1}$$

einfällt. Die senkrecht zur Bildachse nach hinten fliehenden Linien werden ge-
kürzt, wobei der Verkürzungsfaktor

$$q = 1/2 \tag{5.2-2}$$

beträgt. In der Grundrißebene ergibt sich dadurch ein Winkel des Projektions-
lichtes zur Bildachse von

$$\beta = \arctan(1/q\cos\alpha) = 70{,}5288° \tag{5.2-3}$$

Das Projektionslicht erzeugt in der Aufrißebene ein Schattenbild des abzubilden-
den Gegenstandes. Die bildauffangende Ebene liegt in der Bildachse, in der sich
Auf- und Grundrißebene schneiden.

Die bildliche Wiedergabe von sphärischen Linsen führt auf das Problem, Kugeln mit deren Längen- und Breitenkreisen darzustellen. Diese Projektionsart hat den Vorteil, daß die Längenkreise, die Breitenkreise und der Umkreis von Kugeln sich als mathematisch definierte Ellipsen durch die entsprechenden mathematischen Funktionen oder durch die Größe der Halbachsen und deren Neigungswinkel gegenüber den Koordinatenachsen ermitteln und darstellen lassen. Das ist hilfreich beim rechnerunterstützten Zeichnen.

Im Bild 5.2–1 sind wegen einer besseren und kompakteren Darstellung folgende Daten gewählt.

$$\alpha = 30° \qquad q = 1/1{,}5 \qquad \beta = 60°$$

5.2.2 Umwandlung von räumlichen Koordinaten in zweidimensionale Bildkoordinaten

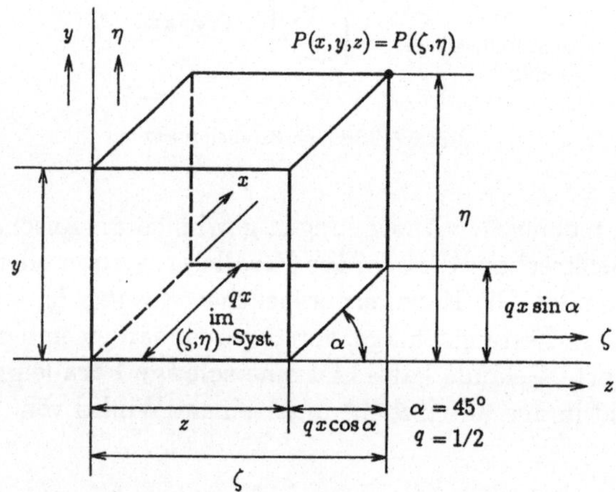

Bild 5.2–2 Umwandlung von räumlichen Koordinaten in
zweidimensionale Bildkoordinaten

Ein Punkt $P(x,y,z)$ im räumlichen x-y-z-Koordinatensystem soll in den Bildpunkt $P(\zeta,\eta)$ im zweidimensionalen ζ-η-Koordinatensystem umgerechnet werden. Dabei wird vorausgesetzt, daß die η-Achse mit der y-Achse und die ζ-Achse mit der z-Achse zusammenfällt. Für die Umrechnung gelten die folgenden Gleichungen.

$$\zeta = z + x\,q\cos\alpha \qquad\qquad (5.2\text{–}4)$$

$$\eta = y + x\,q\cos\alpha \qquad\qquad (5.2\text{–}5)$$

5.2.3 Koordinatentransformation

Das ursprüngliche ζ'-η'-Koordinatensystem soll im Koordinatenursprung um den Winkel φ gedreht werden, so daß das ζ-η-Koordinatensystem entsteht (Bild 5.2–3). Die Umrechnung eines Punktes $P(\zeta',\eta')$ im ursprünglichen Koordinatensystem in den Punkt $P(\zeta,\eta)$ kann durch folgende Gleichungen vorgenommen werden.

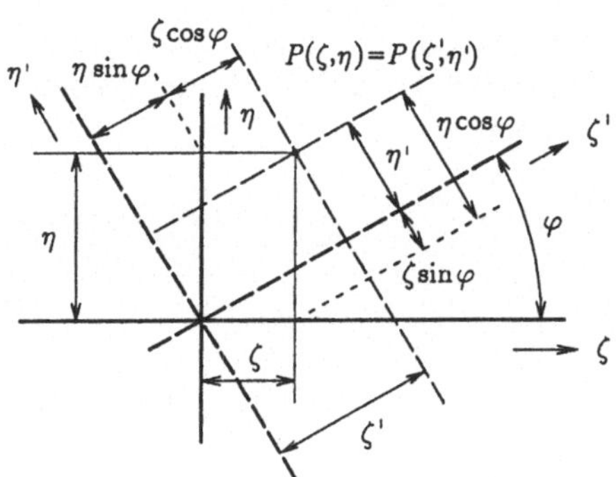

Bild 5.2–3 Koordinatentransformation

$$\zeta' = \zeta \cos\varphi + \eta \sin\varphi \tag{5.2-6}$$

$$\eta' = -\zeta \sin\varphi + \eta \cos\varphi \tag{5.2-7}$$

Die Gleichung einer Ellipse im ζ'-η'-Koordinatensystem lautet mit a und b als Hauptachsen

$$\frac{\zeta'^{2}}{a^{2}} + \frac{\eta'^{2}}{b^{2}} = 1 \tag{5.2-8}$$

und im ζ-η-Koordinatensystem

$$\frac{(\zeta \cos\varphi + \eta \sin\varphi)^{2}}{a^{2}} + \frac{(\eta \cos\varphi - \zeta \sin\varphi)^{2}}{b^{2}} = 1 \ , \tag{5.2-9}$$

$$\zeta^{2}A - 2\zeta\eta B + \eta^{2} C - 1 = 0 \ . \tag{5.2-10}$$

Die Koeffizienten A, B und C haben folgende Größe.

$$A = \frac{\cos^{2}\varphi}{a^{2}} + \frac{\sin^{2}\varphi}{b^{2}} \tag{5.2-11}$$

$$B = \sin\varphi \, \cos\varphi \left(\frac{1}{b^{2}} - \frac{1}{a^{2}} \right) \tag{5.2-12}$$

$$C = \frac{\cos^{2}\varphi}{b^{2}} + \frac{\sin^{2}\varphi}{a^{2}} \tag{5.2-13}$$

Die explizite Form der Ellipsenfunktion lautet, je nachdem ob nach der Variablen ζ oder η aufgelöst wird,

$$\zeta = \eta\frac{B}{A} \pm \sqrt{\eta^2\left(\frac{B^2}{A^2} - \frac{C}{A}\right) + \frac{1}{A}} \qquad \text{oder} \tag{5.2--14}$$

$$\eta = \zeta\frac{B}{C} \pm \sqrt{\zeta^2\left(\frac{B^2}{C^2} - \frac{A}{C}\right) + \frac{1}{C}} \quad . \tag{5.2--15}$$

Wenn die Halbachsen a und b sowie der Neigungswinkel φ gegeben sind, können die Koeffizienten A, B und C mit Hilfe der Gleichnungen (5.2--11), (5.2--12) und (5.2--13) berechnet werden. Sind die Koeffizienten A, B und C gegeben, lassen sich die Halbachsen a und b sowie der Neigungswinkel φ mit Hilfe der Gleichungen (5.2--16), (5.2--17), (5.2--18) und (5.2--19) berechnen.

$$\tan\varphi_{1,2} = \frac{C - A}{2B} \pm \sqrt{\frac{(C - A)^2}{4B^2} + 1} \tag{5.2--16}$$

$$|\varphi_1 - \varphi_2| = 90° \tag{5.2--17}$$

$$a^2 = \frac{1 - \tan^2\varphi}{A - C\tan^2\varphi} \tag{5.2--18}$$

$$b^2 = \frac{1 - \tan^2\varphi}{C - A\tan^2\varphi} \tag{5.2--19}$$

5.2.4 Umrißellipse einer Kugel

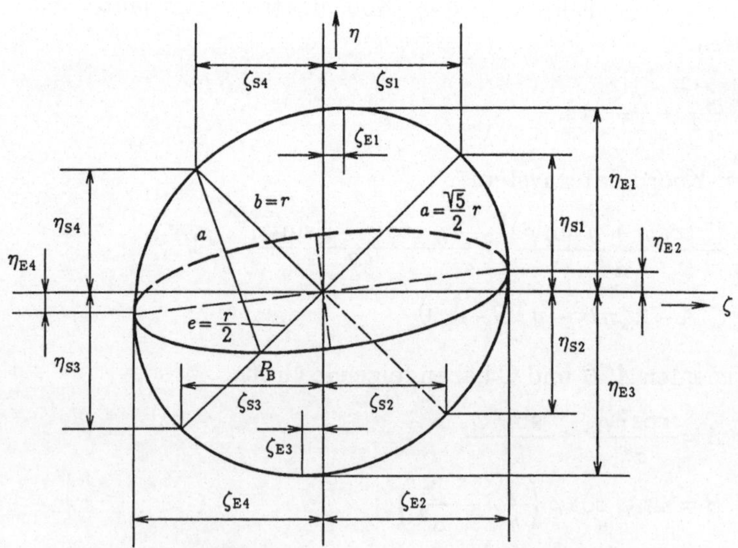

Bild 5.2--4 Umrißellipse einer Kugel in schräger Parallelprojektion

Der Umriß einer Kugel (Bild 5.2–4) mit dem Radius r ist in Kavalierperspektive infoge der geometrischen Gegebenheiten eine Ellipse mit der kleinen Halbachse

$$b = r \tag{5.2-20}$$

und dem halben Brennpunktsabstand

$$e = r/2 \; , \tag{5.2-21}$$

gemäß dem Verkürzungsfaktor $q = 1/2$ nach Gl.(5.2–3), mit dem alle nach hinten fliehenden Linien belegt sind. Die Beziehung

$$e^2 = a^2 - b^2 \tag{5.2-22}$$

liefert die große Halbachse

$$a = r \sqrt{5}/2 \; . \tag{5.2-23}$$

Die große Achse der Umrißellipse ist gegenüber der Bildkoordinatenachse ζ um einen Winkel von

$$\varphi = \alpha = 45° \tag{5.2-24}$$

gedreht. Mit den Größen a, b und φ ergeben sich für die Koeffizienten A, B und C nach den Gleichungen (5.2–11), (5.2–12) und (5.2–13) folgende Werte.

$$A = C = 9/10 \, r^2 \tag{5.2-25}$$

$$B = 1/10 \, r^2 \tag{5.2-26}$$

Dadurch ergeben sich die folgenden Ellipsenfunktionen.

$$\eta = \frac{1}{9} \left(\zeta \pm \sqrt{90 \, r^2 - 80 \, \zeta^2} \right) \tag{5.2-27}$$

$$\zeta = \frac{1}{9} \left(\eta \pm \sqrt{90 \, r^2 - 80 \, \eta^2} \right) \tag{5.2-28}$$

Die Brennpunkte liegen bei

$$\zeta_{B1} = e \cos\varphi = r\sqrt{2}/4 \qquad \eta_{B1} = e \sin\varphi = r\sqrt{2}/4 \tag{5.2-29}$$

$$\zeta_{B2} = -e \cos\varphi = -r\sqrt{2}/4 \qquad \eta_{B2} = -e \sin\varphi = -r\sqrt{2}/4 \; . \tag{5.2-30}$$

Die Scheitel der Ellipse liegen bei

$$\zeta_{S1} = a \cos\varphi = r\sqrt{10}/4 \qquad \eta_{S1} = a \sin\varphi = r\sqrt{10}/4 \tag{5.2-31}$$

$$\zeta_{S2} = b \cos\varphi = r\sqrt{2}/4 \qquad \eta_{S2} = -b \sin\varphi = -r\sqrt{2}/4 \tag{5.2-32}$$

$$\zeta_{S3} = -a \cos\varphi = -r\sqrt{10}/4 \qquad \eta_{S3} = -a \sin\varphi = -r\sqrt{10}/4 \tag{5.2-33}$$

$$\zeta_{S4} = -b\cos\varphi = -r\sqrt{2}/4 \qquad \eta_{S4} = b\sin\varphi = r\sqrt{2}/4 \qquad . \qquad (5.2\text{-}34)$$

Die Extrema der Umrißellipse lassen sich durch Differenzieren der Funktionen $\eta = f(\zeta)$ und $\zeta = f(\eta)$ und anschließendes Nullsetzen ($\mathrm{d}\eta/\mathrm{d}\zeta = 0$ und $\mathrm{d}\zeta/\mathrm{d}\eta = 0$) berechnen. Die Grenzen der Funktionen sind durch das Nullsetzen des Radikanden zu ermitteln. Ihre Kenntnis ist für das rechnerunterstützte Zeichnen der Ellipsen notwendig. Entsprechende Grenzwerte und Extrema sind gleich.

$$\zeta_{E1} = r/3\sqrt{8} \qquad\qquad \eta_{E1} = 3\,r/\sqrt{8} \tag{5.2-35}$$

$$\zeta_{E2} = 3\,r/\sqrt{8} \qquad\qquad \eta_{E2} = r/3\sqrt{8} \tag{5.2-36}$$

$$\zeta_{E3} = -r/3\sqrt{8} \qquad\qquad \eta_{E3} = -3\,r/\sqrt{8} \tag{5.2-37}$$

$$\zeta_{E4} = -3\,r/\sqrt{8} \qquad\qquad \eta_{E4} = -r/3\sqrt{8} \tag{5.2-38}$$

Die vorliegenden Gleichungen gestatten es, die Ellipse rechnerunterstützt in den beiden Bereichen größter und kleinster Krümmung darzustellen.

■ Beispiel 5.2-1 Umrißellipse einer Kugel (Bild 5.2-4)

Umrißellipse einer Kugel mit dem Radius $r = 0{,}04$ m
Ellipsenfunktion nach Gl.(5.2-27) und Gl.(5.2-28)
Extrema (Grenzwerte) P_{E1} bis P_{E4} nach Gl.(5.2-35) bis Gl.(5.2-38)
Scheitelpunkte P_{S1} bis P_{S4} nach Gl.(5.2-31) bis Gl.(5.2-34)

5.2.5 Meridianellipse

Der Längenkreis mit dem **Azimut** χ und dem Radius r (Kugelradius) liegt in einer Ebene, die mit der Ebene des Null-Meridians, die in der y-z-Ebene des räumlichen Koordinatensystems liegen soll, den Winkel χ einschließt. Dieser Längenkreis läßt sich mit Hilfe der Koordinaten x, y und z sowie dem Parameter ψ durch folgende Gleichungen beschreiben.

$$x = r\cos\psi\sin\chi \tag{5.2-39}$$

$$y = r\sin\psi \tag{5.2-40}$$

$$z = r\cos\psi\cos\chi \tag{5.2-41}$$

Damit erhält man mit den Gleichungen (5.2-4) und (5.2-5) folgende Bildkoordinaten für den Längenkreis.

$$\zeta = r\cos\psi\,(\cos\chi + \sin\chi\,q\cos\alpha) \tag{5.2-42}$$

$$\eta = r\,(\sin\psi + \cos\psi\sin\chi\,q\sin\alpha) \tag{5.2-43}$$

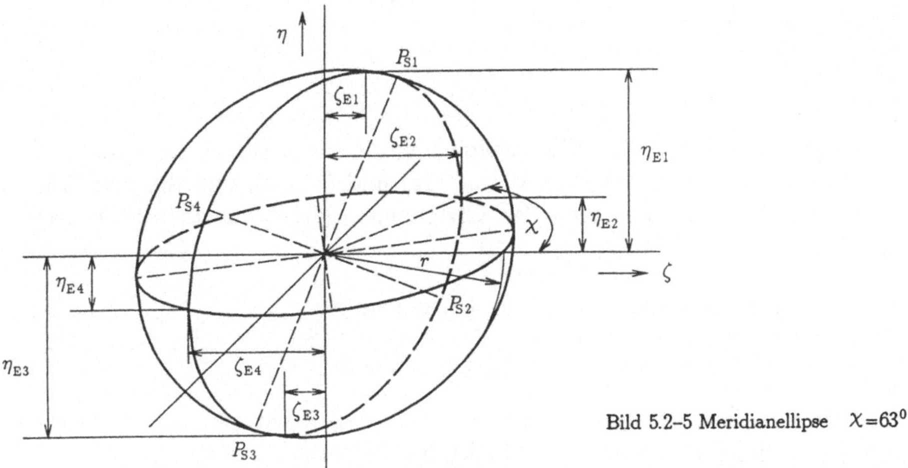

Bild 5.2–5 Meridianellipse $\chi = 63^\circ$

Um eine explizite Gleichung für die Beschreibung des Längenkreises zu erhalten, muß der Parameter ψ eliminiert werden. Unter Beachtung von

$$\sin^2\psi + \cos^2\psi = 1$$

ergibt sich, wenn man $\cos\psi$ aus der Gl. (5.2–42) eliminiert und in Gl. (5.2–43) einsetzt,

$$\eta = \zeta\frac{\sin\chi\, q\sin\alpha}{\cos\chi + \sin\chi\, q\sin\alpha} \pm \sqrt{r^2 - \frac{\zeta^2}{(\cos\chi + \sin\chi\, q\cos\alpha)^2}} \quad . \quad (5.2\text{–}44)$$

Mit den Abkürzungen

$$D = \frac{\sin\chi\, q\sin\alpha}{\cos\chi + \sin\chi\, q\sin\alpha} \quad , \tag{5.2–45}$$

$$E = \frac{1}{\cos\chi + \sin\chi\, q\cos\alpha} \tag{5.2–46}$$

ergeben sich die folgenden Ellipsenfunktionen.

$$\frac{\eta}{r^2} - \frac{2\eta\zeta D}{r^2} + \zeta^2\frac{D^2 + E^2}{r^2} - 1 = 0 \tag{5.2–47}$$

$$\eta = \zeta D \pm \sqrt{r^2 - \zeta^2 E^2} \tag{5.2–48}$$

$$\zeta = \frac{1}{D^2 + E^2}\left(\eta D \pm \sqrt{r^2(D^2 + E^2) - \eta^2 E^2}\right) \tag{5.2–49}$$

Die Koeffiziente A, B und C nach Gl. (5.2–10) haben folgende Größe.

$$A = \frac{E^2 + D^2}{r^2} \tag{5.2–50}$$

$$B = \frac{D}{r^2} \tag{5.2-51}$$

$$C = \frac{1}{r^2} \tag{5.2-52}$$

Der Neigungswinkel φ der Ellipsenachse sowie die Halbachsen a und b können mit Hilfe der Gleichungen (5.2–16), (5.2–18) und (5.2–19) und die Scheitelpunkte P_{S1} bis P_{S4} mit Hilfe der folgenden Gleichungen (5.2–53) und (5.2–54) berechnet werden.

$$\zeta_{S1,3} = \pm\, a \cos\varphi \qquad \eta_{S1,3} = \pm\, a \sin\varphi \tag{5.2-53}$$

$$\zeta_{S2,4} = \pm\, b \cos\varphi \qquad \eta_{S2,4} = \pm\, b \sin\varphi \tag{5.2-54}$$

Die Extrema der Meridianellipse lassen sich durch Differenzieren der Funktionen $\eta = f(\zeta)$ und $\zeta = f(\eta)$ und anschließendes Nullsetzen ($\mathrm{d}\eta/\mathrm{d}\zeta = 0$ und $\mathrm{d}\zeta/\mathrm{d}\eta = 0$) berechnen. Die Grenzen der Funktionen sind durch das Nullsetzen des Radikanden zu ermitteln. Ihre Kenntnis ist für das rechnerunterstützte Zeichnen der Ellipsen notwendig. Entsprechende Grenzwerte und Extrema sind gleich.

$$\zeta_{E1} = r\,\frac{D}{E\sqrt{E^2+D^2}} \qquad \eta_{E1} = r\,\frac{\sqrt{E^2+D^2}}{E} \tag{5.2-55}$$

$$\zeta_{E2} = r/E \qquad \eta_{E2} = r\,D/E \tag{5.2-56}$$

$$\zeta_{E3} = -\,r\,\frac{D}{E\sqrt{E^2+D^2}} \qquad \eta_{E3} = -\,r\,\frac{\sqrt{E^2+D^2}}{E} \tag{5.2-57}$$

$$\zeta_{E4} = -\,r/E \qquad \eta_{E4} = -\,r\,D/E \tag{5.2-58}$$

■ Beispiel 5.2–2 Kugel mit Längenkreis und Äquator (Bild 5.2–5)

Meridianellipse einer Kugel mit dem Radius $r = 0{,}04$ m
Ellipsenfunktion nach Gl.(5.2–48) und Gl.(5.2–49)
Extrema (Grenzwerte) P_{E1} bis P_{E4} nach Gl.(5.2–55) bis Gl.(5.2–58)
Scheitelpunkte P_{S1} bis P_{S4} n ach Gl.(5.2–53) bis Gl.(5.2–54)

Der Längenkreis mit dem **Azimut** $\boldsymbol{\chi} = 0$ liegt in der y-z-Ebene des räumlichen Koordinatensystems. Der Längenkreis läßt sich durch folgende Gleichung beschreiben.

$$y^2 + z^2 = r^2 \qquad (x = 0) \tag{5.2-59}$$

Mit den Gleichungen (5.2–4) und (5.2–5) werden die Bildkoordinaten ζ und η erzeugt.

$$\zeta = z \qquad (x = 0) \tag{5.2-60}$$

$$\eta = y \qquad (x = 0) \tag{5.2-61}$$

Für die Ellipsenfunktionen $\eta = f(\zeta)$ bzw. $\zeta = f(\eta)$ erhält man

$$\eta^2 + \zeta^2 = r^2 \quad . \tag{5.2-62}$$

Die Koeffizienten A, B und C betragen

$$A = 1 \quad , \quad B = 0 \quad , \quad C = 1 \quad . \tag{5.2-63}$$

Für die Koeffizienten D und E erhält man

$$D = 0 \qquad E = 1 \tag{5.2-64}$$

Der Längenkreis mit dem Azimut $\chi = 0$ ist also ein Kreis mit dem Radius r. Sein Mittelpunkt liegt im Koordinatenursprung und damit in der Kugelmitte.

Der Längenkreis mit dem **Azimut $\chi = 90°$** liegt in der x-y-Ebene des räumlichen Koordinatensystems. Dieser Längenkreis läßt sich mit Hilfe der Koordinaten x und y durch folgende Gleichungen beschreiben.

$$x^2 + y^2 = r^2 \qquad (z = 0) \tag{5.2-65}$$

Mit den Gleichungen (5.2-4) und (5.2-5) werden die Bildkoordinaten ζ und η erzeugt.

$$\zeta = x\,q\cos\alpha \qquad (z = 0) \tag{5.2-66}$$

$$\eta = y + x\,q\cos\alpha \tag{5.2-67}$$

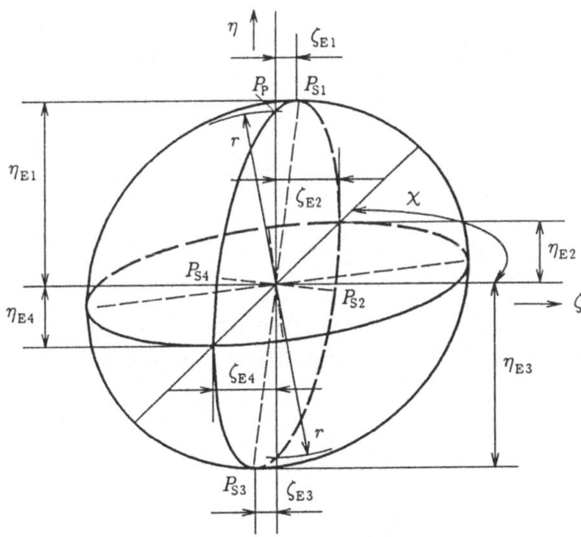

Bild 5.2-6 Meridianellipse $\chi = 90°$

Unter Beachtung der Gleichungen (5.2–1) und (5.2–3) erhält man für die Ellipsenfunktionen $\eta = f(\zeta)$ und $\zeta = f(\eta)$

$$\frac{\eta^2}{r^2} - \frac{2\eta\zeta}{r^2} + \zeta^2 \frac{9}{r^2} - 1 = 0 \ , \tag{5.2–68}$$

$$\eta = \zeta \pm \sqrt{r^2 - 8\zeta^2} \ , \tag{5.2–69}$$

$$\zeta = \frac{1}{9}\left(\eta \pm \sqrt{9\,r^2 - 8\,\eta^2} \right) \ . \tag{5.2–70}$$

Die Koeffizienten A, B und C betragen

$$A = \frac{9}{r^2} \ , \tag{5.2–71}$$

$$B = C = \frac{1}{r^2} \ . \tag{5.2–72}$$

Für die Koeffizienten D und E erhält man

$$D = 1 \ , \quad E = \sqrt{8} \ . \tag{5.2–73}$$

Die Extrema der Meridianellipse lassen sich durch Differenzieren der Funktionen $\eta = f(\zeta)$ und $\zeta = f(\eta)$ und anschließendes Nullsetzen ($d\eta/d\zeta = 0$ und $d\zeta/d\eta = 0$) berechnen. Die Grenzen der Funktionen sind durch das Nullsetzen des Radikanden zu ermitteln. Ihre Kenntnis ist für das rechnerunterstützte Zeichnen der Ellipsen notwendig. Entsprechende Grenzwerte und Extrema sind gleich.

$$\zeta_{E1} = r/3\sqrt{8} \qquad\qquad \eta_{E1} = 3\,r/\sqrt{8} \tag{5.2–74}$$

$$\zeta_{E2} = r/\sqrt{8} \qquad\qquad \eta_{E2} = r/\sqrt{8} \tag{5.2–75}$$

$$\zeta_{E3} = -r/3\sqrt{8} \qquad\qquad \eta_{E3} = -3\,r/\sqrt{8} \tag{5.2–76}$$

$$\zeta_{E4} = -r/\sqrt{8} \qquad\qquad \eta_{E4} = -r/\sqrt{8} \tag{5.2–77}$$

Der Neigungswinkel φ der Ellipse errechnet sich gemäß Gl. (5.2–16) aus folgender Beziehung.

$$\tan\varphi = 4 \pm \sqrt{17} \tag{5.2–78}$$

Die Halbachsen a und b können mit Hilfe der Gleichungen (5.2–18) und (5.2–19) und die Scheitelpunkte P_{S1} bis P_{S4} mit Hilfe der (5.2–53) und (5.2–54) berechnet werden.

■ Beispiel 5.2–3 Kugel mit Längenkreis und Äquator (Bild 5.2–6)

Meridianellipse einer Kugel mit dem Radius $r = 0{,}04$ m
Ellipsenfunktion nach Gl.(5.2–69) und Gl.(5.2–70)
Extrema (Grenzwerte) P_{E1} bis P_{E4} nach Gl.(5.2–74) bis Gl.(5.2–77)
Scheitelpunkte P_{S1} bis P_{S4} nach Gl.(5.2–53) bis Gl.(5.2–54)

5.2.6   Äquatorellipse

Der Äquator liegt in der x-z-Ebene des räumlichen Koordinatensystems. Seine Gleichung lautet

$$x^2 + z^2 = r^2 \ . \qquad (y = 0) \tag{5.2-79}$$

Die Übertragung dieses Kreises in das Bildkoordinatensystem erfolgt durch die folgenden Beziehungen.

$$\zeta = z + x\,q\cos\alpha \tag{5.2-80}$$

$$\eta = x\,q\cos\alpha \qquad (y = 0) \tag{5.2-81}$$

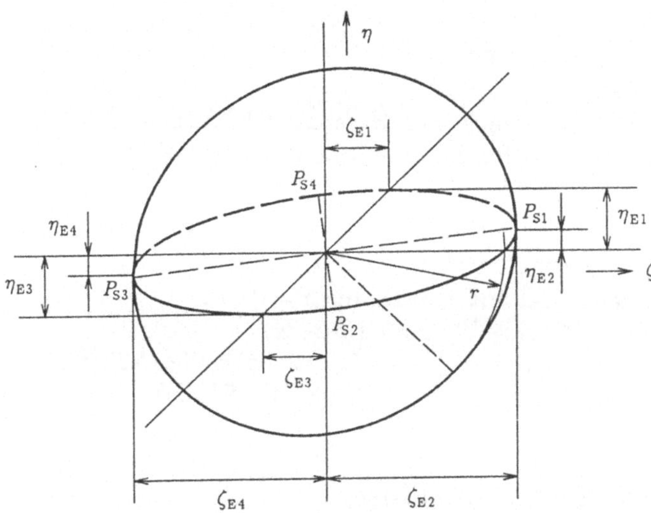

Bild 5.2-7 Äquatorellipse

Unter Beachtung der Gleichungen (5.2-1) und (5.2-3) erhält man für die Ellipsenfunktionen $\eta = f(\zeta)$ und $\zeta = f(\eta)$

$$\eta^2\frac{9}{r^2} - \frac{2\eta\zeta}{r^2} + \zeta^2\frac{1}{r^2} - 1 = 0 \ , \tag{5.2-82}$$

$$\eta = \frac{1}{9}\left(\zeta \pm \sqrt{9\,r^2 - 8\zeta^2}\right) \ , \tag{5.2-83}$$

$$\zeta = \eta \pm \sqrt{r^2 - 8\eta^2} \ . \tag{5.2-84}$$

Die Koeffizienten A, B und C betragen

$$A = B = \frac{1}{r^2} \ , \qquad C = \frac{9}{r^2} \ . \tag{5.2-85}$$

Die Extrema der Äquatorellipse lassen sich durch Differenzieren der Funktionen $\eta = f(\zeta)$ und $\zeta = f(\eta)$ und anschließendes Nullsetzen ($\mathrm{d}\eta/\mathrm{d}\zeta = 0$ und $\mathrm{d}\zeta/\mathrm{d}\eta = 0$) berechnen. Die Grenzen der Funktionen sind durch das Nullsetzen des Radikanden zu ermitteln. Ihre Kenntnis ist für das rechnerunterstützte Zeichnen der Ellipsen notwendig. Entsprechende Grenzwerte und Extrema sind gleich.

$$\zeta_{E1} = r/\sqrt{8} \qquad\qquad \eta_{E1} = r/\sqrt{8} \tag{5.2-86}$$

$$\zeta_{E2} = 3\,r/\sqrt{8} \qquad\qquad \eta_{E2} = r/3\sqrt{8} \tag{5.2-87}$$

$$\zeta_{E3} = -\,r/\sqrt{8} \qquad\qquad \eta_{E3} = -\,r/\sqrt{8} \tag{5.2-88}$$

$$\zeta_{E4} = -\,3\,r/\sqrt{8} \qquad\qquad \eta_{E4} = -\,r/3\sqrt{8} \tag{5.2-89}$$

Der Neigungswinkel φ der Ellipse errechnet sich gemäß Gl. (5.2–16) aus folgender Beziehung.

$$\tan\varphi_{1,2} = -\,4 \pm \sqrt{17} \tag{5.2-90}$$

Die Halbachsen a und b können mit Hilfe der Gleichungen (5.2–18) und (5.2–19) und die Scheitelpunkte P_{S1} bis P_{S4} mit Hilfe der Gl.(5.2–53) und (5.2–54) berechnet werden.

- Beispiel 5.2–4 Äquatorellipse (Bild 5.2–7)

Äquatorellipse einer Kugel mit dem Radius $r = 0{,}04$ m
Ellipsenfunktion nach Gl.(5.2–83) und Gl.(5.2–84)
Extrema (Grenzwerte) P_{E1} bis P_{E4} nach Gl.(5.2–86) bis Gl.(5.2–89)
Scheitelpunkte P_{S1} bis P_{S4} n ach Gl.(5.2–53) bis Gl.(5.2–54)

5.2.7   Sphärische Sammellinse

Die sphärische Sammellinse (Bild 5.2–8) entsteht durch die Durchdringung zweier Kugeln. In der perspektivischen Darstellung wird die Vorderseite der Linse, in die das Licht eintritt, durch den entsprechenden Teil der Umrißellipse der Kugel 1 und die Rückseite der Linse, aus der das Licht wieder austritt, durch den entsprechenden Teil der Umrißellipse der Kugel 2 gebildet. Der Abstand der Mittelpunkte d_M der beiden Kugeln berechnet sich mit Hilfe der vorgegebenen Kugelradien r_1 und r_2 und der Linsendicke d_L. Bei Verwendung der vorzeichenbehafteten Linsendaten nach den Regeln der Technischen Optik müssen bei geometrischen, trigonometrischen, algebraischen und vektoriellen Berechnungen die Größen mit ihren Absolutwerten eingesetzt werden. Mittelpunktsabstand d_M, Linsendicke d, und Objektbildabstand b sind keine vorzeichenbehafteten Größen im Sinne der Technischen Optik. Sie kommen nur als (positive) Absolutwerte vor.

$$d_M = |r_1| + |r_2| - |d_L| \tag{5.2-91}$$

Da bei der speziellen Berechnungsmethode der Technischen Optik vorzeichenbehaftete Größen vorkommen, sind hier, um Irrtümern vorzubeugen, die fraglichen Größen mit Absolutstrichen versehen, da es sich hier um eine geometrische Betrachtung handelt und nicht um ein technisch-optisches Problem.

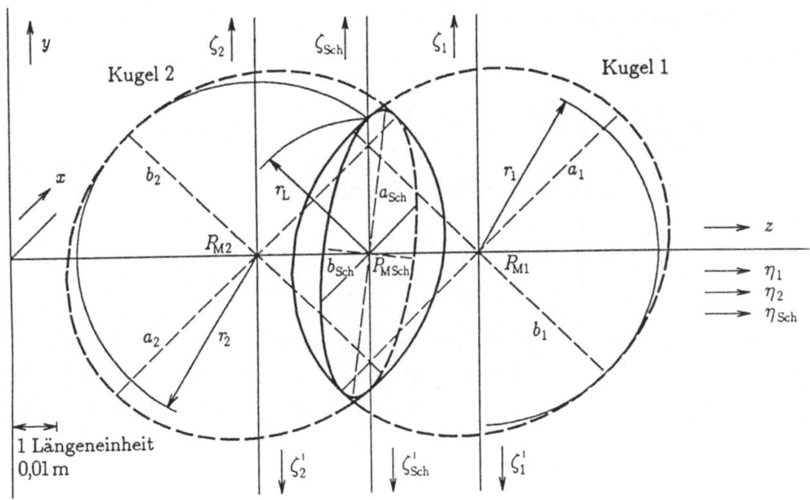

Bild 5.2–8 Sphärische Sammellinse

■ Beispiel 5.2–5 Sphärische Sammellinse (Bild 5.2–8)

Folgende Daten sind gegeben.

Kugelradien $r_1 = 40\,\text{mm}$ $r_2 = 40\,\text{mm}$ Linsendicke $d_L = 30\,\text{mm}$

Der Radius der gemeinsamen Schnittfläche beider Kugeln ist der größte ausnutzbare Linsenhalbmesser r_L. In Gleichung (5.2–92) könnten die Absolutstriche auch entfallen, da nur quadratische Größen vorkommen.

$$r_L = \sqrt{|r_1|^2 - \left(\frac{|d_M|^2 + |r_1|^2 - |r_2|^2}{2\,|d_M|}\right)^2} \tag{5.2–92}$$

Der Linsenrand entspricht einer Meridianellipse mit einem Azimut von $\chi = 90°$ und mit den Ellipsenfunktionen (5.2–69) und (5.2–70).

Den Umrißellipsen liegen die Ellipsenfunktionen (5.2–27) und (5.2–28) zugrunde, wobei der Abstand der Ellipsenmittelpunkte gemäß Gleichung (5.2–91) beachtet werden muß.

Bei der rechnerunterstützten Darstellung von Linsen in Kavalierperspektive mit Hilfe von Zeichenbefehlen, die auf der Aneinanderreihung von Linienelementen basieren, muß die Ellipse mit Hilfe der Ellipsenfunktion in eine obere und untere

Hälfte aufgeteilt werden, um zu gewährleisten, daß jedem Abszissenwert ein eindeutiger Ordinatenwert zugeordnet werden kann. Um die Ellipsen auch im Berreich der Extrema lückenlos als geschlossene Linie darstellen zu können, ist es ratsam , mit Hilfe der Ellipsenfunktion eine Aufteilung der Ellipse in eine rechte und linke Hälfte vorzunehmen.

Für die Umrißellipse der Kugel 1 ist für die obere Ellipsenhälfte im Sinne von Bild 5.2–8 die Funktion

$$\eta_1 = \frac{1}{9}\left(\zeta_1 + \sqrt{90\,r_1{}^2 - 80\,\zeta_1{}^2}\right) \tag{5.2-93}$$

zuständig und für die untere Ellipsenhälfte die Funktion

$$\eta_1 = \frac{1}{9}\left(\zeta_1 - \sqrt{90\,r_1{}^2 - 80\,\zeta_1{}^2}\right) \quad . \tag{5.2-94}$$

Für die Darstellung der Ellipse als rechte und linke Hälfte muß die Ellipsenfunktion $\eta_1 = f(\zeta_1)$ nach der Variablen ζ_1 aufgelöst werden. Es ist zu beachten, daß die Koordinatenachsen gemäß Bild 5.2–8 bei der Darstellung erhalten bleiben sollen. Das macht noch eine Transformation in das ζ_1'-η_1'-Koordinatensystem notwendig. Die Auflösung der Ellipsenfunktion nach der Variablen ζ_1' ergibt

$$\zeta_1' = \frac{1}{9}\left(\eta_1' \pm \sqrt{90\,r_1{}^2 - 80\,\eta_1'{}^2}\right) \quad . \tag{5.2-95}$$

Wenn weiterhin die Transformation

$$\eta_1' = -\,\eta_1 \quad \text{und} \quad \zeta_1' = \zeta_1 \tag{5.2-96}$$

angewandt wird, erhält man für die rechte Elipsenhälfte

$$\zeta_1 = -\frac{1}{9}\left(\eta_1 - \sqrt{90\,r_1{}^2 - 80\,\eta_1^2}\right) \tag{5.2-97}$$

und für die linke Ellipsenhälfte

$$\zeta_1 = -\frac{1}{9}\left(\eta_1 + \sqrt{90\,r_1{}^2 - 80\,\eta_1^2}\right) \quad . \tag{5.2-98}$$

Die Umrißellipse für Kugel 2 ergibt sich auf die gleiche Weise.

Der Linsenrand kann mit Hilfe der Gleichungen (5.2–69) und (5.2–70) dargestellt werden. Mit der gleichen Überlegung wie bei der Umrißellipse erhält man für die obere Hälfte des Linsenrandes

$$\eta_{Sch} = \zeta_{Sch} + \sqrt{r_L^2 - 8\zeta_{Sch}^2} \; , \tag{5.2-99}$$

für die untere Hälfte

$$\eta_{Sch} = \zeta_{Sch} - \sqrt{r_L^2 - 8\zeta_{Sch}^2} \; , \tag{5.2-100}$$

für die rechte Hälfte

$$\zeta_{\text{Sch}} = -\frac{1}{9}\left(\eta_{\text{Sch}} - \sqrt{9\,r_{\text{L}}^{2} - 8\,\eta_{\text{Sch}}^{2}}\right)\ ,\tag{5.2-101}$$

und für die linke Hälfte

$$\zeta_{\text{Sch}} = -\frac{1}{9}\left(\eta_{\text{Sch}} + \sqrt{9\,r_{\text{L}}^{2} - 8\,\eta_{\text{Sch}}^{2}}\right)\ .\tag{5.2-102}$$

5.2.8 Sphärische Zerstreuungslinse

Der Abstand der Mittelpunkte d_{M} der beiden Kugeln berechnet sich mit Hilfe der vorgegebenen Kugelradien r_1 und r_2 sowie der Linsendicke d_{L}.

$$d_{\text{M}} = |r_1| + |r_2| + |d_{\text{L}}|\tag{5.2-103}$$

Bei gegebenem Linsenradius r_{L} beträgt die Randdicke der Linse

$$d_{\text{R}} = |d_{\text{M}}| - \sqrt{|r_1|^{2} - |r_{\text{L}}|^{2}} - \sqrt{|r_2|^{2} - |r_{\text{L}}|^{2}}\ .\tag{5.2-104}$$

Die Umrißellipsen der Kugeln sowie die Ellipsen der Linsenränder berechnen sich bei Beachtung der Ellipsenmittelpunkte in ähnlicherweise wie bei der sphärischen Sammellinse. Die Absolutstriche in den Gleichungen (5.2-103) und (5.2-104) deuten an, daß es sich um geometrische Berechnungen handelt und die Vorzeichen der Linsen- und Abbildungsdaten, die in den Abbildungsgleichungen der Technischen Optik eine Rolle spielen, hier ohne Bedeutung sind.

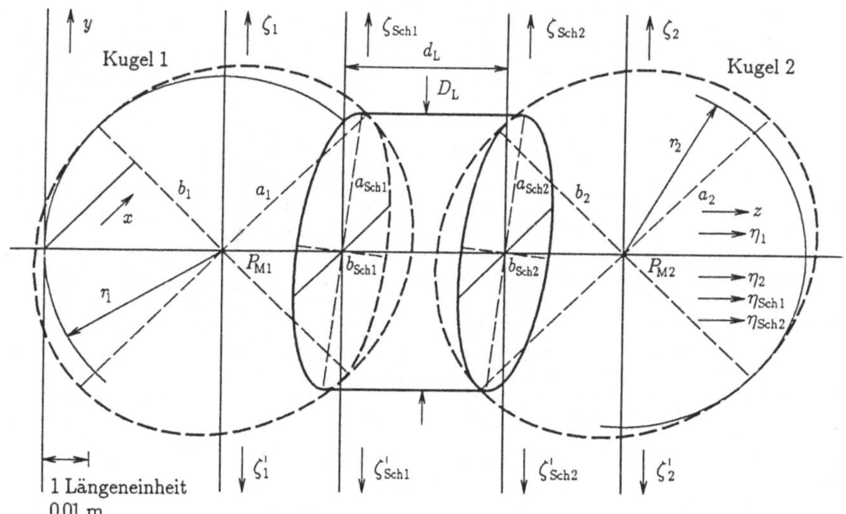

Bild 5.2-9 Sphärische Zerstreuungslinse

■ Beispiel 5.2–6 Sphärische Zerstreuungslinse (Bild 5.2–9)

Folgende Daten sind gegeben.
Kugelradien $r_1 = 40$ mm $r_2 = 36$ mm   Linsenhalbmesser $r_L = 30$ mm
Linsendicke $d_L = 10$ mm

5.3 Ersatzfunktion

5.3.1   Normalfunktion

Die Charakteristiken von optischen Sendern und Empfängern haben in ihrer Abhängigkeit von der Wellenlänge des Lichts häufig eine Glockenform. Das trifft auch auf die Augenempfindlichkeit $V(\lambda)$ zu. Sie ist in DIN 5031 mit insgesamt 401 Werten zwischen den Wellenlängen $\lambda = 380$ nm und $\lambda = 780$ nm angegeben mit einem Maximum bei $\lambda = 555$ nm. In Anlehnung an die Normalverteilung kann eine Ersatzfunktion folgender Form gewählt werden.

$$f(x) = \frac{1}{e^{\left(\frac{x-m}{b}\right)^2}} \tag{5.3–1}$$

Das Maximum der Funktion beträgt $f(x)_{max} = 1$ und liegt bei $x = m$. Die Breite wird durch die Größe b bestimmt. Um die Ersatzfunktion $V(\lambda)_{ers}$ an die die Augenempfindlichkeitscharakteristik $V(\lambda)$ anzupassen, muß
$m = 0.555$, $b = 0{,}06$, $x = \lambda/1000$ nm   und $f(x)_{max} = V(\lambda)_{max}$
gesetzt werden.

$$V(\lambda)_{ers} = V(\lambda)_{max} \frac{1}{e^{\left(\frac{\lambda/1000 \text{ nm} - m}{b}\right)^2}} \tag{5.3–2}$$

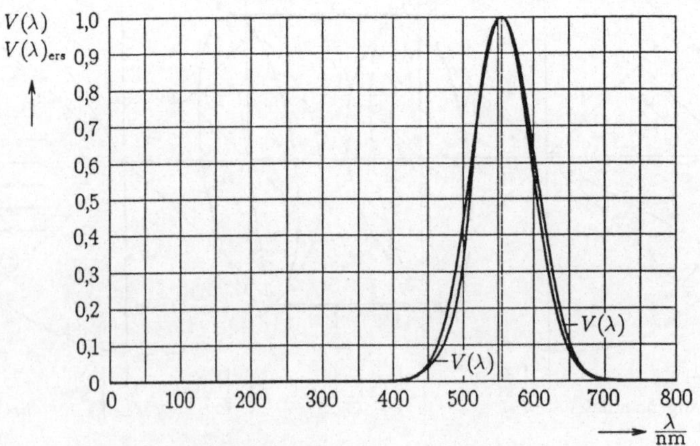

Bild 5.3–1 Augenempfindlichkeit $V(\lambda)$ und deren Ersatz durch
die Funktion $V(\lambda)_{ers}$ Maximum bei $\lambda = 555$ nm

5.3.2   Logarithmische Normalfunktion

Eine weitere Funktion für den Ersatz der Augenempfindlichkeit $V(\lambda)$ kann in Anlehnung an an die logarithmische Normalverteilung aufgestellt werden.

$$f(x) = \frac{1}{e^{\left(\frac{\ln x - \ln m}{b}\right)^2}} \qquad (5.3\text{--}3)$$

Das Maximum der Funktion beträgt $f(x)_{max} = 1$ und liegt bei $x = m$. Die Breite wird durch die Größe b bestimmt. Um die Ersatzfunktion $V(\lambda)_{ers}$ an die die Augenempfindlichkeitscharakteristik $V(\lambda)$ anzupassen, muß
$m = 0.555$, $b = 0{,}1088944$, $x = \lambda/1000\,\text{nm}$ und $f(x)_{max} = V(\lambda)_{max}$
gesetzt werden.

$$V(\lambda)_{ers} = V(\lambda)_{max} \frac{1}{e^{\left(\frac{\ln(\lambda/1000\,\text{nm}) - \ln m}{b}\right)^2}} \qquad (5.3\text{--}4)$$

Die Ersatzfunktionen geben die Augenempfindlichkeit nicht exakt wieder. Bei Verwendung eines Rechners hat man aber den Vorteil, daß die 401 Wertepaare der DIN-Norm durch einen einfachen Schleifenbefehl ersetzt werden können. Die Ungenauigkeit muß dann aber in Kauf genommen werden.

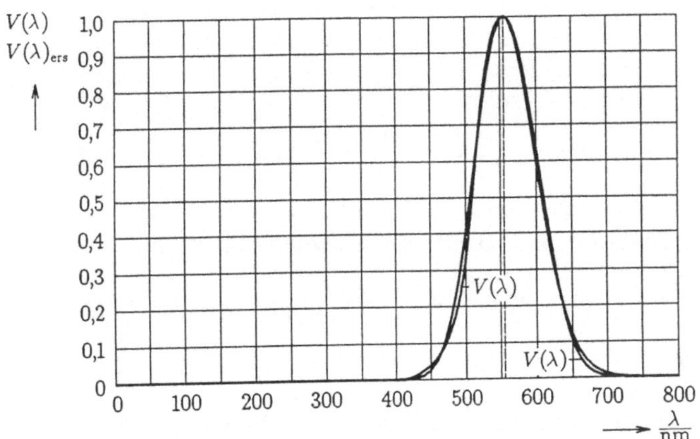

Bild 5.3–2 Augenempfindlichkeit $V(\lambda)$ und deren Ersatz durch die Funktion $V(\lambda)_{ers}$ Maximum bei $\lambda = 555\,\text{nm}$

5.4 Numerische Integration

Das Integral
$$S = \int_{x=a}^{x=b} f(x)\,dx$$

soll im Bereich zwischen der unteren Grenze a und der oberen Grenze b nach der Simsonschen Regel numerisch berechnet werden. Dabei wird der Integrationsbereich in die gerade Anzahl von $n = 2m$ gleichen Teilen mit der Breite h eingeteilt. Dadurch ergeben sich $n+1$ Stützstellen der Funktion $f(x)$.

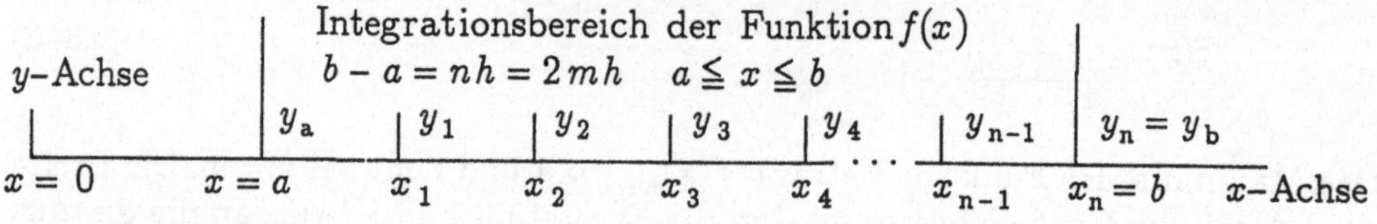

$(n + 1)$ Stützstellen:
$$(a,y_a)\,,\,(x_1,y_1)\,,\,(x_2,y_2)\,,\,(x_3,y_3)\,,\,(x_4,y_4)\,\ldots\,(x_{n-1},y_{n-1})\,,\,(b,y_b)$$

Fläche des inneren Polygons (Untersumme)

$$P = h\,(y_a + y_1 + y_2 + y_3 + \ldots y_{n-1}) \tag{5.4-1}$$

$$h = \frac{b-a}{n} \tag{5.4-2}$$

Fläche des äußeren Polygons (Obersumme)

$$Q = h\,(y_1 + y_2 + y_3 \ldots y_{n-1} + y_b) \tag{5.4-3}$$

Die Trapezformel liefert als arithmetische Mittel beider Flächen schon eine gute Näherung.

$$M = \frac{P+Q}{2} = h\left(\frac{y_a + y_b}{2} + y_1 + y_2 + y_3 + \ldots y_{n-1}\right) \tag{5.4-4}$$

Zur Verbesserung des Ergebnisses wird noch eine weitere Beziehung, die Tangentenformel aufgestellt. Die Breite der einzelnen Streifen beträgt hier $2h$.

$$T = 2h\,(y_1 + y_3 + y_5 + \ldots + y_{2m-1}) \tag{5.4-5}$$

$$m = n/2 \tag{5.4-6}$$

Die Simpsonsche Regel faßt alle drei Berechnungsformeln zusammen. Dadurch ergibt sich eine noch höhere Genauigkeit.

$$S = \frac{2M + T}{3} \tag{5.4-7}$$

Literatur

[1]   *Bronstein, I. N., Semendjajew, K. A.,*
Taschenbuch der Mathematik,
Verlag Harri Deutsch, Thun und Frankfurt a. Main 1979

[2]   *Dreszer, Jerzy,*
Mathematik-Handbuch für Technik und Naturwisenschaft,
Verlag Harri Deutsch, Zürich - Frankfurt a. Main - Thun 1975

[3]   *Heinhold, Josef* und *Gaede, Karl-Walter,*
Zufall und Gesetz,
Oldenbourg Verlag, München 1974

[4]   *Fetzer, Viktor,*
Einführung in die Grundlagen der mathematischen Statistik,
UTB 261 Uni-Taschenbuch,
Dr. Alfred Hüthig Verlag, Heidelberg 1973

[5]   *Greiner, Walter* und *Neise, Ludwig* und *Stöcker, Hans,*
Thermodynamik und Statistische Mechanik,
Theoretische Physik, Band 9,
Verlag Harri Deutsch, Thun - Frankfurt a. Main 1987

[6]   *Paul, Reinhold,*
Halbleiterphysik,
Dr. Alfred Hüthig Verlag, Heidelberg 1975

[7]   *Stroppe, Heribert,*
Physik, Teilchen, Felder, Ströme, Wellen, Quanten,
Carl Hanser Verlag, München - Wien 1976

[8]   *Wilks, J.,*
Der dritte Hauptsatz der Thermodynamik,
Friedr. Vieweg & Sohn, Braunschweig, 1963

[9]   *Hesse, Klaus,*
Halbleiter I, Taschenbuch Band 788,
Bibliographisches Institut, Mannheim - Wien - Zürich 1974

[10]   *Jaworski, B. M.* und *Detlaf, A. A.,*
Physik griffbereit
Verlag Friedr. Vieweg + Sohn, Braunschweig 1972

[11]   *Kuchling, Horst,*
Taschenbuch der Physik,
Verlag Harri Deutsch, Thun - Frankfurt a. Main 1984

[12]   *Haken, Hermann,*
Licht und Materie I, Elemente der Quantenoptik,
Bibliographisches Institut, Mannheim - Wien - Zürich 1979

[13]   *Haken, Hermann* und *Wolf, Hans Christoph,*
Atom- und Quantenphysik, Einführung in die experimentellen
und theoretischen Grundlagen,
Springer-Verlag, Berlin Heidelberg 1980

[14]   *Schilling, Heinz,*
Optik und Spektroskopie, Physik in Beispielen,
Verlag Harri Deutsch, Thun und Frankfurt /M. 1980

[15]   *Haferkorn, Heinz,*
Optik,
Verlag Harri Deutsch, Thun Frankfurt /M. 1981

[16]   *Born, Max,*
Optik,
Springer-Verlag, Berlin Heidelberg New York 1976

[17]   *Hodam, Fritz,*
Formelsammlung und Tabellenbuch der Technischen Optik,
Verlag für Augenheilkunde und Optik, Berlin

[18]   *Hodam, Fritz,*
Technische Optik,
VEB Verlag Technik, Berlin 1967

[19]   *Flügge, Johannes,*
Leitfaden der geometrischen Optik und des Optikrechnens,
Verlag Vandenhoek & Ruprecht, Göttingen 1956

[20]   *Haferkorn, Heinz,*
Bewertung optischer Systeme,
VEB Deutscher Verlag der Wissenschaften, Berlin 1986

[21]   *Klein*, Miles V. und *Furtac, Thomas E.,*
Optik,
Springer Verlag, Berlin Heidelberg New York London Paris
Tokyo 1988

[22]   *Schröder, Gottfried,*
Technische Optik,
Vogel-Verlag, Würzburg 1990

[23]   *Schröder, Gottfried,*
Übungen zur Technischen Optik,
Vogel-Verlag, Würzburg 1979

[24]   *Reiner, Josef,*
Auge und Brille, Beiträge zur Optik des Auges und der Brille,
Bücherei des Augenarztes, Heft 59,
Ferdinand Enke Verlag, Stuttgart 1978

[25]   *Mütze, Karl,*
ABC der Optik,
Verlag Werner Dausien, Hanau 1961

[26]   *Haferkorn, Heinz,*
Lexikon der Optik,
Verlag Werner Dausien, Hanau 1988

[27]   *Schmidt, Wolfgang* und *Feustel, Ortwin,*
Optoelektronik,
Vogel-Verlag, Würzburg 1975

[28]	Das Opto-Kochbuch,
	Texas Instruments 1975

[29]	*Jansen, Dirk*,
	Optoelektronik,
	Friedr. Vieweg & Sohn, Braunschweig Wiesbaden 1993

[30]	*Albrecht, Hans* u. a.,
	Optische Strahlungsquellen,
	Kontakt und Studium Band 15,
	Lexika-Verlag Grafenau, Württemberg 1977

[31]	*Bergh, Arpad A.* und *Dean, P. J.*,
	Lumineszenzdioden, Grundlagen, Halbleitende Verbindungen,
	Anwendungen,
	Dr. Alfred Hühtig Verlag, Heidelberg 1976

[32]	*Goercke, P.* und *Mischel, P.*,
	Optoelektronische Bauelemente für die Automatisierung,
	Dr. Alfred Hüthig Verlag, Heidelberg 1976

[33]	*Fischbach, Jörn-Uwe* u. a.,
	Optoelektronik-Bauelemenmte der Halbleiter-Optoelektronik,
	expert verlag, Grafenau / Württ. 1982

[34]	*Hatzinger, Günther*,
	Optoelektronische Bauelemente und Schaltungen,
	Siemens AG, Berlin München 1977

[35]	*Goercke, Paul*,
	Lichtempfindliche Bauelemente für die Automatisierung,
	R. V. Decker 's Verlag, G. Schenk, Hamburg Berlin Bonn 1960

[36]	*Stahl, Konrad* und *Miosga, Gerhard*,
	Infrarottechnik
	Dr. Alfred Hüthig Verleg, Heidelberg 1980

[37]	*Bleicher, Maximilian*,
	Halbleiter-Optoelektronik
	Uni-Taschenbuch 538
	Dr. Alfred Hüthig Verlag, Arbeitsgemeinschaft,
	Heidelberg 1975

[38]	*Bleicher, Maximilian*,
	Halbleiter-Optoelektronik
	Dr. Alfred Hüthig Verlag, Heidelberg 1986

[39]	*Liviu Constantinescu-Simon*
	Handbuch elektrische Energietechnik (Lichttechnik)
	Friedr. Vieweg & Sohn Verlagsgesellschaft, Braunschweig/Wies-
	baden, 1996

	DIN-Normen
	Firmenschriften:
	Siemens, Valvo, Philips, Hamamatsu, Polytec, Spindler & Hoyer,
	Hewlett-Packard, Oriel, Melles Griot, Schott Glaswerke, Jenoptik
	u. a.

Register